100가지 예상 주제로 보는

중·고등학교

과학토론 완전정복

박재용·정기영 지음

100가지 예상 주제로 보는

중·고등학교

과학토론 완전정복

박재용 · 정기영 지음

개정판 발간에 부쳐

작년 이맘때쯤 『과학토론 완전정복』을 출간하며 이 책을 통해 중·고등학생들이 과학토론을 준비하는 데 조금이라도 도움이 되었으면 하는 바람이 있었습니다. 그런데 책이 출간되고 얼마 지나지 않아 국내 코로나19 확진자가 늘어나면서, 예기치 않은 코로나19 사태로 대부분의 학교에서 과학토론이 연기되었다가 취소되는 사태가 발생했습니다.

일선 학교에서 과학토론을 준비하던 선생님이나 학생들이 겪었을 혼란에 비하면 아무 것도 아니었겠지만, 저자의 입장에서도 꽤나 당황스러운 상황이었습니다. 그러나 불행 중 다행으로 과학토론 대회가 무산되었음에도 불구하고 저희의 예상을 뛰어넘는 많은 분들이 『과학토론 완전정복』을 사랑해주셨습니다.

그 관심에 보답하고자 새로 2021년 개정판을 준비하여 이제 그 출간을 앞두고 있습니다. 기존 2020년 판의 일부 이슈를 빼고, '코로나19와 새로운 쟁점들' 챕터를 추가한 것이 가장 큰 변화입니다. 아무래도 과학토론대회의 성격상 새롭게 등장한 과학계의 이슈를 살펴보는 것이 중요하다는 판단에서 이루어진 변화입니다. 그리고 새로운 이슈들이 많이 등장한 만큼, 부록을 포함해 100개의 주제를 모았던 것을 부록을 제외하고도 주제가 100가지가 될 수 있도록 맞추었습니다.

과학적 사실은 가치중립적이지만 과학이 사회와 마주치면 가치 판단이 필요한 영역이 생겨날 수밖에 없습니다. 그러한 부분이 개정판에서는 조금 더 보강되었습니다. 토론에 옳고 그름은 없지만, 독자 여러분이 책을 읽으며 본인의 생각을 펼치고 더 단단하게 만들 수 있는 계기가 되었으면 합니다. 이번 개정판이 아무쪼록 과학토론대회를 준비하는 선생님과 학생들에게 필요한 참고자료가 되었으면 하는 희망을 품어봅니다.

2021년 2월 대표집필자 박 재용

들어가는 글

저는 과학에 대해 글을 쓰는 사람입니다. 더 많은 사람들이 과학과 친밀해졌으면 하는 마음에 강의도 다니며 과학에 대해 많은 이야기를 나누는 편입니다. 이때 자주 듣는 질문이 있습니다. '과학, 그거 배워서 어디에 쓰나요?' 혹은, '과학과 세상은 너무 동떨어져 있지 않나요?' 하는 질문입니다. 그렇게 생각할 수 있습니다. 2억 5,000만 년 전의 페름기 대멸종과 우리의 일상은 큰 관련이 없게 느껴질 수 있지요. 특정한 성분의 분자 구조가 어떻게 생겼는지 안다고 해서 삶이 더 윤택해지기란 쉽지 않습니다.

이렇게 일반적으로 우리는 과학이 우리 일상과 꽤 멀리 떨어져 있다고 생각하지만, 이 책에 담긴 토론대회 관련 논제들을 살펴보다 보면, 그렇지 않다는 것을 깨닫게 될 것입니다. 기후위기나 환경오염과 관련한 문제는 물론, 현대 과학기술이 불러올 미래 사회의 변화는 모두 과학에 기인하고 있으며 또 과학이 해결책을 찾고 있는 문제들입니다. '라돈 침대' 문제가 왜 일어났었는지, 빛이 어떻게 '공해'가 될 수 있는지, 도시에 많은 비둘기는 왜 유해동물로 지정되었는지 등의 흥미로운 주제들을 살펴보다 보면 과학과 일상의 거리가 꽤 가깝다는 것을 느끼게 됩니다.

과학토론대회, 더 정확하게 한국과학창의재단이 주관하는 '청소년과학탐구대회'의 과학토론 부문은, 매년 10만 명이 넘는 전국의 중 · 고등학교 학생이 참가하는 토론대회입니다. 과학토론을 통해 창의력과 비판적 사고력, 논리력, 의사소통 역량 등을 키워내는 데 목적을 두고 있지요. 이 책은 과학토론대회의 준비에 도움이 되고자 만들어졌습니다. 이를 준비하는 과정에서 우리 주변에 존재하는 과학을 만나고, 더 많은 관심을 가질 수 있게 된다면 과학계 종사자로서 더 바랄 일이 없을 것입니다.

이것 외에도 과학토론대회가 가지는 매력은 많습니다. 무엇보다 입시가 중요한 학생과 학부모들의 입장에서, 과학토론 분야는 입시 전략으로도 요긴한 종목이기도 합니다. 본선에 진출하여 '대상'을 수상하면 과학기술정보통신부 장관상을 수여하게 되기 때문이지요. 또 항공우주와 같은 종목과 달리, 문과 성향의 학생도 참여하기 용이하다는 장점이 있습니다.

그런데 보니 과학토론대회를 준비하는 학생들 및 선생님들이 마주하는 몇 가지 어려움들이 있더군요. 학생들의 경우 겨울방학 무렵부터 과학토론대회를 준비하지만, 무엇을 어떻게 준비해야 할지 감이 잘 잡히지 않아 제대로 된 준비를 하지 못하는 경우가 굉장히 많았습니다. 정보 홍수의 시대에서 어떤 과학적 쟁점이 이슈가 되고 있는지 제대로 된 정보를 찾기 힘들다는 것, 찾더라도 정확히 어떤 내용인지 정리하는 일이 만만치 않다는 것이 제일 큰 어려움이었습니다.

학교의 과학 선생님에게 도움을 얻고 싶어도, 선생님이 곧 대회 준비 및 심사위원 역할을 하기 때문에 학생들의 준비과정에 적극적으로 도움을 주기가 어려운 실정이었습니다. 과학 선생님도 어려움을 느끼기는 마찬가지입니다. 과학토론대회를 준비하며 공정하게 심사하기 용이한 주제를 선택하는 것, 또 이에 대한 자료를 학생들의 수준에 맞게 준비하는 것 등 여러 가지 고충이 생깁니다.

특히 주제가 광범위하다 보니, 주제 선정과 이에 대한 정확한 정보를 찾아내는 것이 학생과 선생님들이 느끼는 어려움의 핵심이라는 생각이 들었습니다. 과학인으로서 도움을 줄 수 있는 부분이 있지 않을까 고민하다가, 현재 과학계에서 이슈가 되고 있는 주제들과 이에 대한 정보들을 한 권의 책에 묶어보면 어떨까 생각했습니다.

그중에서도 되도록 현실감 있는, 동시에 학생들이 접근하기에 너무 어렵지 않은 과학 쟁점들을 모아보려 노력했습니다. 여기에 각 쟁점들에 대한 논제 또한 제 나름대로 추천해 보았습니다. 하지만 고민 끝에 논제에 대한 답은 제시하지 않았습니다. 토론에 정답은 없기 때문이기도 하고, 학생들이 스스로 답을 찾아가는 과정, 그리고 토론 속에서 답을 모아가는 과정이 무엇보다 중요하다고 생각했기 때문입니다. 이 책을 통해 학생들이 자신만의 생각을 키워나가는, '생각의 근력'이 키워져 과학토론 역량은 물론 종합적 사고를 다질 수 있는 계기가 되길 바랍니다.

2020년 1월 대표집필자 박 재용

차례

환경과 과학

생명공학과 윤리

현대 과학과 갈등

인공지능과 그 친구들

부록: 과학토론대회 입론 및 쟁점 토론 예제

과학토론대회를 어떻게 준비할까요?

이 책은 국가 차원의 공식 대회이자 가장 공신력 있는 '전국청소년과학탐구대회(한국과학창의재단 주관)'의 '과학토론' 분야를 기준으로 준비과정을 다지는 책입니다. 전국청소년과학탐구대회는 보통 과학의 달인 4월에 열리는 학교대회를 시작으로, 각 교육청에서 주관하는 지역대회 예선을 거쳐, 8월 경 전국대회인 본선이 개최됩니다. 학교대회에서 선발된 학생이 각 시 · 도 교육청에서 주최하는 지역대회 예선(총 2차)에 진출하고, 이 예선을 통과한 학생이 전국대회인 본선에 진출하게 되는 것이지요.

과학기술의 중요성이 날로 중요해지고 있는 오늘날, 국가 차원에서 과학기술문화 확산 정책을 펴고, 미래 과학기술인재를 육성하는 일은 일종의 숙원 사업이 되었습니다. 그 일환으로 전국청소년과학탐구대회 프로그램도 추진된 것이지요. 그중에서 '과학토론' 분야가 주목을 받고 있는 데에는 그만한 이유가 있습니다.

과학토론은 문 · 이과적 역량을 함께 키워줄 수 있다는 점에서 큰 의미가 있습니다. 또 실생활과 사회현상 등 직접 경험하는 문제 상황에 대해 실제적으로 사고할 수 있는 역량을 길러줍니다. 일반토론과 달리 과학토론은 이 문제들을 '과학적'으로 분석한다는 점에서 창의적 사고와 논리 · 비판적 사고력 등 종합적 사고를 기를 수 있도록 도와줍니다.

특히 최근의 입시 트렌드나 사회에서 요구하는 역량 역시 다양한 사고와 경험을 요구하는 경우가 많기 때문에 더욱 관심을 받고 있지요. 뿐만 아니라 개인주의가 심화되고 있는 현대사회에서의 '의사소통' 기술 함양에도 도움이 됩니다.

그렇다면 과학토론에서 중요한 것은 무엇일까요? 바로 '토론하는 법'을 익히는 것과, '과학적 배경지식'을 쌓는 것이라 할 수 있겠습니다. 그래서 먼저 과학토론이란 무엇인지, 또 과학토론은 어떻게 진행되는지에 대해 살펴볼 것입니다. 이어서 과학적 배경지식을 쌓는 데 도움이 될 만한 100가지의 예상 주제와 300여 개의 논제를 준비했습니다. 책의 부록에는 두 가지 예제를 두었습니다. 이를 바탕으로 실전에 대비해 볼 수 있을 것입니다.

과학토론이란 무엇인가

먼저 '토론'이란 무엇일까요? 토론은 토의와는 다릅니다. 쟁점에 대해 찬반을 다투는 일이지요. 그렇기 때문에 토론대회에서는 찬반의 구별이 분명한 경우가 많은 논제가 주어집니다. 토론의 목적은 기본적으로 상대방을 설득하는 것이지만, 상대방의 의견이 더 논리적인 경우 이를 받아들이는 자세도 필요합니다. 무엇보다 토론대회에는 심사위원과 청중들이 있습니다. 이들의 반응이 주요한 관건이 되니 결국 토론대회의 또 다른 목적은 심사위원과 청중들을 설득하는 것이라 할 수 있습니다.

토론의 좋은 점이라고 한다면 제대로 말하는 능력을 훈련할 수 있다는 것입니다. 말하기 능력은 먼저 논제를 이해하고, 자료를 읽고, 정리하는 것에서 시작됩니다. 그리고 의견이 다른 상대방과 논쟁하면서 상대방의 의견을 경청하고, 주장의 핵심을 이해하고, 이에 반박하거나 이를 수용하는 과정을 통해 서로 존중하는 자세를 기를 수 있습니다.

사회는 언제나 다양한 갈등을 가지고 있습니다. 대표적으로 최근 원자력 발전을 계속하는 것이 맞는지, 미세먼지와 온실가스 발생을 줄이기 위해 화력발전을 줄여야 하는지 등의 의견이 첨예하게 부딪히고 있습니다. 더불어 인간의 활동으로 인해 발생한 쓰레기나 미세플라스틱이 심각한 수준에 이르러 이를 줄이기 위한 방안을 도출하는 것, 인공지능이나 각종 무인 자동차, 무인 기술 등이 인간에게 끼칠 변화는 무엇인지 이해하고 이를 어떻게 시행해야 할지에 대해 고려하는 것 등이 중요해졌습니다. 과학지식이 늘어나면서, 그만큼 사회적 판단에 대한 과학적 이해 또한 중요해진 것입니다. 토론이 주는 장점에 더해, 과학토론의 중요성이 더 커진 것이지요.

그렇다면 과학토론에서는 어떠한 논제들을 다룰까요? 과학토론에서 주어지는 논제는 크게 사실논제, 가치논제, 정책논제로 나뉩니다. 사실논제는 사실여부를 증명해야 하는 논제입니다. 화이트홀이 존재할 수 있는지, 태양광 발전이 환경을 파괴할 수 있는지 등을 따지는 것이 예가 될 수 있습니다.

가치논제는 가치관에 따라 주장이 달라지는 논제입니다. 경제발전과 환경보존 중 더 중요한 것이 무엇인지 따져본다든지, CCTV와 같은 감시 장비가 인권을 침해하는 동시에 범죄를 예방해 주기도 하는데 둘 중 무엇이 더 중요한지 논의해 보는 것입니다.

정책논제는 실제로 정책을 어떻게 시행할 것인지를 물어보는 것입니다. CCTV를 어떤 기준으로 설치할 것인지에 대해 토론한다든가, 미세먼지를 줄이기 위해 어떠한 제도가 필요한지에 대해 이야기해 볼 수 있습니다.

지구온난화를 예로 들어볼까요? 인간의 화석연료 사용이 지구온난화에 영향을 끼치는지를 묻는다면 사실논제가 되고, 지구온난화와 경제 발전 중 어느 것이 중요한가를 묻는다면 가치논제가 됩니다. 또, 지구온난화 방지를 위해 신재생에너지 사용을 어떻게 권장할 것인지에 대해 물어본다면 정책논제가 됩니다.

과학토론대회는 어떻게 진행될까?

아래 표는 2019년 시행된 '전국청소년과학탐구대회'의 '과학토론' 분야 본선대회가 진행된 방식을 정리한 것입니다. 학교대회의 경우 학교마다 토론 방식의 변형이 자유롭게 허용되고, 각 지역대회에서는 대체로 전국대회의 방식을 따릅니다.

①	토론 논제 발표 및 요강, 주의사항 안내	20분
②	본선토론 순서 추첨	20분
③-1	본선토론 준비(자료 찾기)	240분
③-2	본선토론 준비(자료 세팅)	10분
④-1	본선 : 발표	팀당 5분
④-2	본선 : 작전타임	15분
④-3	본선 : 질의·응답하기	팀당 20분 이내
④-4	본선 : 작전타임	5분
④-5	본선 : 주장 다지기	팀당 2분

이 과정 중에서 학생이 염두에 두어야 부분은 토론 논제 발표, 본선 : 발표, 본선 : 질의 · 응답하기, 본선 : 주장 다지기입니다.

토론 논제 발표

학교 대회의 경우 토론 논제가 며칠 전에 제시되어 학생들에게 준비할 시간을 주기도 하고, 본선대회와 같이 토론 대회장에서 당일에 제시되기도 합니다. 토론 당일에 논제가 제시되는 경우 논제와 함께 보통 관련 자료들이 같이 주어집니다. 토론이 시작되면 인터넷 기기를 쓸 수가 없습니다. 따라서 주최 측에서 제공한 자료를 활용하여 자신의 주장을 뒷받침해야 합니다.

본선 : 발표

발표, 즉 입론은 자신 혹은 자신이 속한 팀의 주장을 담은 글입니다. 학교에 따라 꼭 작성해야 하는 경우도 있고 그렇지 않은 경우도 있지만 주장에 일관성이 있는지, 논리적 비약은 없는지, 근거는 확실한지 등을 검토하기 위해서는 이를 글로 써보는 것이 가장 좋습니다.

이런 종류의 글을 별로 써보지 않았다면 대회 당일에 바로 쓰기가 힘들겠지요. 그래서 미리미리 연습을 해보는 것이 좋습니다. 입론서를 작성하는 과정은 과학토론대회뿐만 아니라 앞으로 자신의 생각을 정리해서 발표해야 할 모든 곳에 도움이 될 것입니다.

발표서 작성에 큰 제약은 없으나 대부분 5분 내외의 발표를 하기 때문에 A4 2페이지 정도 분량으로 작성하면 대략 맞을 것입니다.

본선 : 질의·응답하기

질의 및 응답(반론)은 상대방의 주장에 대한 대응입니다. 따라서 상대방이 무엇을 주장하는지, 그 주장의 근거는 무엇인지, 논리상 도약이나 허점은 없는지 등을 잘 파악하는 것이 먼저입니다. 즉 잘 들어야 하는 것이지요. 토론은 듣는 것으로부터 시작됩니다. 잘 들어야 질문도 잘 할 수 있고 반론도 잘 펼 수 있습니다. 상대의 입론을 들은 뒤 그에 대한 질문과 반론을 준비합니다. 질문은 상대의 주장 중 근거가 부족한 부분 그리고 논리적 비약이 있는 부분에 집중합니다. 잘못된 부분이 아닌 '빠진 부분'이지요. 반론은 나의 주장과 다른 상대의 주장이 잘못된 논리나 근거를 포함하고 있을 때, 자신이 틀리다고 생각하는 지점에 대해 반론하는 것입니다.

본선 : 주장 다지기

상대의 질문과 반론까지 끝나면 이제 주장 다지기가 남습니다. 자신의 주장을 무조건 관철하는 것이 능사가 아니기 때문에 나와 다른 의견은 어떠한 주장을 담고 있으며, 그 근거는 무엇인지를 파악합니다. 또 자신의 주장 중 잘못된 부분은 제외하고, 정확하지 않은 부분은 그 근거를 분명히 하고, 논리적 비약이 있는 부분은 논리를 다듬습니다. 상대의 반론과 질문을 잘 들었다면 이 부분을 정리하기가 손쉬울 것입니다. 한편으로는 상대가 나를 도와주는 것이지요.*

---

* <토론, 설득의 기술> (양현모 외 지음, 리얼커뮤니케이션즈)을 참조하세요.

이 책을 100% 활용하는 방법

과학토론대회가 어떻게 진행되는지를 살펴봤으니 이제 이 책을 활용하여 과학토론대회를 준비하는 방법에 대해 살펴보도록 하겠습니다. 앞서 과학토론대회는 당일에 대회장에서 토론 주제가 제시되고 인터넷 사용이 불가하다고 했습니다. 즉 주제가 제시된 뒤에는 주최 측에서 제공하는 자료 이외의 정보를 얻기 힘들다는 이야기입니다.

따라서 과학토론대회의 준비는 두 가지가 될 것입니다. 첫 번째는 다양한 주제의 과학적 쟁점에 대해 미리 파악하는 것이고, 두 번째는 실제 과학토론대회에 대한 시뮬레이션을 통해 적응 연습을 하는 것입니다.

이를 위해 현재 이슈가 되고 있는 과학토론 주제 100가지를 엄선해 책에 담았습니다. 또 각 주제들에 대해서는 토론해 볼 만한 2~4가지의 논제들을 함께 제시해 두었습니다. 그리고 주제에 대한 이해를 도울 수 있는 간단한 설명을 덧붙였지요. 그럼 다음 순서에 따라 이 책을 100% 활용해 볼까요?

1단계 : 주제 정하고 논제 정하기

일단 이 책의 주제 중 하나를 정해봅시다. 꼭 책의 순서를 따르지 않아도 되지만 대주제 하나를 정해 그 파트의 소주제 모두를 같이 연습하면 좋습니다. 이를 통해 주제 하나만으로는 파악하기 어려운 전반적인 상황을 같이 살펴볼 수 있기 때문입니다.

예를 들어 '기후위기'라는 대주제를 선택하면 그 아래에 기후위기의 원인에 대한 소주제, 기후위기가 실제 지구 생태계에 미치는 각 영향에 대한 소주제, 기후위기를 극복하기 위한 여러 방안들에 대한 소주제들이 함께 들어가 있습니다. 매일 혹은 매주 기후위기라는 범주 아래의 소주제들을 연속적으로 찾아보고 정리하다 보면 기후위기 전반에 대한 폭넓은 이해가 싹틀 것이고, 그렇게 되면 각 소주제를 보는 시각도 이전보다 더 깊어질 것입니다.

'태양광 발전'이라는 소주제를 정해봅시다. 그리고 먼저 책의 '들여다보기'를 읽습니다. 이해가 어느 정도 되면, 다시 쟁점을 읽고 내용을 정리합니다. 그리고 논제를 살펴봅니다. 논제가 하나가 아닌 여러 개지요? 그중 하나의 논제를 정합니다.

이제 정한 논제에 대한 자신의 생각을 글로 정리해 봅니다. 그러다 보면 중간에 논리적으로 연결이 되지 않는 부분, 그리고 근거가 부족해서 대충 넘어간 부분 등이 나올 것입니다. 그런데 이런 지점들은 혼자서는 잘 보이지 않습니다. 그래서 두세 명의 친구들과 모여서 하면 더 좋습니다. 문제되는 지점들이 보여지면 그 부분에 대해 찾아봅니다.

2단계 : 자료 찾기

교과서 및 인터넷 검색

자료 찾기의 가장 좋은 예는 교과서입니다. 일단 교과서의 해당 분야를 살펴보며 자신이 찾는 내용이 있는지 살펴봅니다. 모두 찾을 수 있으면 다행이지만 실제로는 비어 있는 부분이 있지요. 이제 인터넷 검색을 할 차례입니다. 물론 검색은 네이버나 다음 등에서도 할 수 있지만 되도록 구글에서 할 것을 권합니다. 필자의 경험으로는 구글에서 보다 정확한 자료를 찾을 확률이 많이 높았습니다. 검색 시 도움이 되었으면 하는 바람으로 각 주제마다 키워드를 정리해 두었으니 이를 활용하는 것도 한 방법입니다.

자료를 찾기 쉬운 곳으로는 위키피디아나 나무위키도 있습니다. 특히 나무위키는 가독성이 좋지요. 쉽게 읽힙니다. 하지만 이들 사이트는 찾는 내용에 따라 그 깊이가 균일하지 못하다는 단점이 있습니다. 그리고 내용의 정확성을 완전히 담보하지 못합니다. 검색의 시작으로 활용하기는 좋으나 여기에서 검색을 끝내는 것은 위험합니다.

영어 읽기 연습을 하는 셈치고 영문 위키도 검색을 하면 좋습니다. 아무래도 이용자가 많다 보니 한글 위키보다 내용이 더 풍부한 경우가 많습니다. 특히 특정 데이터에 대한 각주가 잘 정리되어 있어 그 내용이 정확한지 살펴보기 좋습니다.

크로스 체크

여기서 하나 주의할 점이 있습니다. 처음 살펴본 사이트에서 제공하는 내용을 완전히 신뢰할 수는 없기 때문입니다. 예를 들어 어느 사이트에서 '2004년 한국의 생태발자국은 1인당 3.05ha이다'라는 내용을 찾았습니다. 그런데 다시 찾아보니 다른 곳에는 '2004년 한국의 생태발자국은 1인당 3.65ha이다'라고 써 있습니다. 당연히 있을 수 있는 일입니다. 누군가 어느 보고서의 내용을 보고 사이트에 입력하다 잠시 착각했거나, 오타가 났을 수 있으니까요. 따라서 검색을 할 때 구체적 수치가 나오면 한 번 더 체크하는 것이 좋습니다. 약간의 수고를 더해 정확성을 확보하는 것이지요.

때로는 주장에 대해서도 확인할 필요가 있습니다. 이전에 어느 환경운동단체 사이트에서 '인도의 빈곤자살은 GMO 면화 종자의 도입과 깊은 관련이 있다'라는 주장을 본 적이 있습니다. 그런데 다른 통계 자료를 보니 인도의 빈곤 자살은 GMO 종자의 도입 때문이 아니라 인도가 WTO에 가입한 것이 오히려 주요 원인이었습니다. 물론 환경단체 역시 고의로 잘못된 주장을 했다기보다 잘못된 자료를 보고 그런 주장을 하게 되었을 것입니다. 그래서 더욱 확인이 중요한 것이지요.

책 찾아보기

요사이 유튜브 등 동영상 검색을 통해 관련 지식을 찾아보는 경우가 늘어나고 있습니다. 동영상을 통해 관련 지식을 습득하는 것은 독서나 문서를 읽는 것보다 직관적이어서 이해가 쉽게 되는 장점이 있는 반면, 지식의 깊이가 낮아 마치 1만큼밖에 모르는데 100을 아는 것 같은 착각을 불러일으키기 쉽습니다. 또 쉽게 이해된다는 것은 그만큼 동영상의 내용을 비판적으로 바라보기 어렵다는 뜻이어서 팩트체크를 하기 어려운 경우가 많습니다.

물론 인터넷 검색이 다른 방식보다 정보를 접하기에는 편하고 좋지만 어떤 지식이든 독자적으로 존재하는 지식은 없습니다. 이를 이루는 배경이 있고, 다른 지식과의 연관성이 있지요. 이런 지점을 꼼꼼히 살펴보는 데에는 관련 교양서나 전공서적을 보는 것이 훨씬 도움이 됩니다.

특히 중요하다고 생각되는 주제에 대해서는 관련 서적을 찬찬히 읽어보는 것이 인터넷 검색에 비해 체계적인 지식을 갖추는 데 훨씬 도움이 됩니다. 책도 한 권만 보아서는 지식의 균형이 맞지 않을 수 있습니다. 따라서 도서관에서 관련 항목을 검색하여 연관된 책의 목록을 뽑아보고, 목차를 살펴보며 필요한 책을 몇 권 선정하여 읽어보는 것이 좋습니다.

그리고 필요하다고 생각되는 부분을 읽어봅니다. 이때 책 전체를 다 읽을 필요는 없습니다. 이렇게 필요한 부분만 읽는 독서를 '발췌독'이라고 합니다. 내용이 아주 깊고 체계적이어서 두고두고 볼 만한 책이라면 따로 구입해서 필요할 때마다 살펴보는 것도 좋겠지요.

3단계 : 입론 작성과 토론 해보기

이렇게 필요한 자료가 얼추 모이면 앞서 선택했던 논제에 따라 각자 입론을 작성해 봅니다. 그리고 발표를 하고, 그 내용에 대해 서로 반론과 질문을 합니다. 즉 친구들과 조그마한 과학토론대회를 해 보는 것입니다. 이후 주장 다지기까지 같이 해보면 더 좋겠지요.

처음에는 어떤 논제에 대해 토론을 할 것인지를 정하고, 하루나 이틀 뒤 다시 만나 입론 발표를 하는 식으로 하는 것도 좋습니다. 그리고 조금 익숙해지면 자료를 찾고 입론을 쓰는 시간을 조금 타이트하게 가지는 것이 과학토론대회 준비에 도움이 될 것입니다. 방학이나 주말 오전에 만나 논제를 정하고, 한두 시간 자료를 찾고 입론을 쓰는 시간을 가진 뒤 바로 발표하는 식으로 말이지요.

책의 마지막에 담아 둔 과학토론대회 시뮬레이션 예제는 이런 과정에 도움이 되길 바라는 마음으로 실었습니다. 토론과정이 익숙해진다면 책에 담긴 다른 주제들을 기반으로 토론을 진행해 보는 것도 방법일 것입니다.

이제 시작해봅시다!

코로나19와 새로운 쟁점들

2020년은 코로나19로 기억될 듯합니다. 집단 면역, 방역을 위한 휴대폰 위치 추적, 코로나19로 인한 '인류 일시정지'로 복원된 생태계 등 다양한 쟁점들이 부각되었습니다. 팬데믹으로 인해 나타난 불평등과 원격 의료 논쟁도 빼놓을 수 없는 코로나19 대유행의 주제이지요. 이러한 인수공통감염병의 유행이 21세기 들어 더 잦아지고 있는 현상에 대해서도 많은 이들이 우려를 표하고 있습니다.

이 외에도 2020년은 민간 우주 산업이 본격적으로 이루어진 해이기도 했습니다. 전기 자동차의 보급 속도도 가속화되기 시작했지요. 이에 따라 기존 내연기관 자동차 산업에서 발생할 실업 문제도 화두에 올랐습니다.

또 인간과 로봇의 협업 과정에서 생겨나는 갈등도 주목 받기 시작했습니다. '딥페이크'와 같이 인공지능이 발달함에 따라 생겨나는 부작용도 이슈가 되었지요. 기후위기 문제 또한 여전히 해결해야 할 숙제입니다.

집단면역

들여다보기

코로나19가 전 세계적으로 유행하면서 일각에서는 집단면역을 통해 위기를 극복하자는 주장을 한다. 그 대표적인 예가 스웨덴이었다. 집단면역을 주장하는 이들은 코로나19에 의해 경제 활동이 침체되는 것이 오히려 서민층을 더 힘들게 한다는 것을 그 이유로 내세웠다. 코로나로 죽기 전에 굶어 죽게 생겼다는 것이 그 주장이다. 코로나19의 치사율이 낮고 또 증상도 아주 심하지 않으니, 차라리 사회 내 다수가 면역력을 갖게 되는 집단면역을 통해 코로나를 극복하자는 것이다.

집단면역이 되려면 최소한 집단 내의 60% 정도가 항체를 가지고 있어야 한다. 이 수치를 우리나라에 대입해보자. 총 인구가 대략 5,000만 명 정도니 약 3,000만 명 정도가 항체를 가지고 있어야 한다. 백신 접종을 하지 않고 항체를 가지려면 결국 코로나19에 걸려야 한다. 즉 3,000만 명이 감염되었다 나아야 하는 것이다. 물론 코로나19에 걸린다고 모두 증상이 나타나지는 않는다. 현재의 연구결과에 따르면 무증상감염, 즉 감염이 되었지만 아무런 증상이 나타나지 않은 경우도 꽤 등장한다. 하지만 아직 포괄적으로 조사를 하지 않아서 무증상감염의 비율이 얼마인지 정확히 파악하기는 힘들다. 가령 무증상감염과 증상이 나타나는 경우를 2:1로 생각해보자. 그렇다면 3,000만 명 중 2,000만 명은 무증상감염이 되고 증상이 나타나는 경우는 1,000만 명 정도가 된다. 우리나라의 경우 증상이 나타난 환자의 치사율이 약 1.7% 정도다. 즉 1,000만 명에게서 증상이 나타나는 경우 17만 명 정도가 사망에 이른다는 것이다.

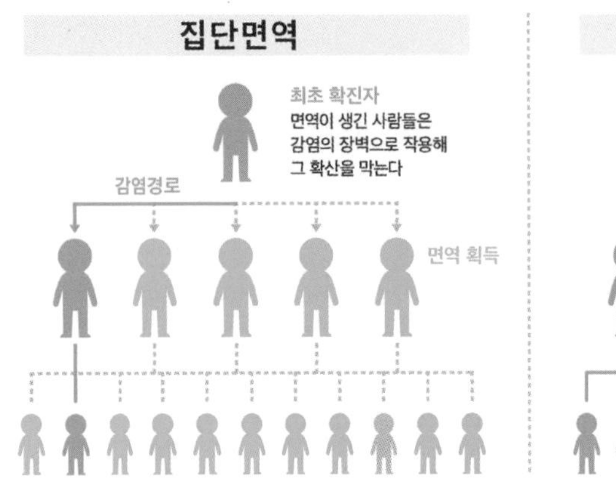

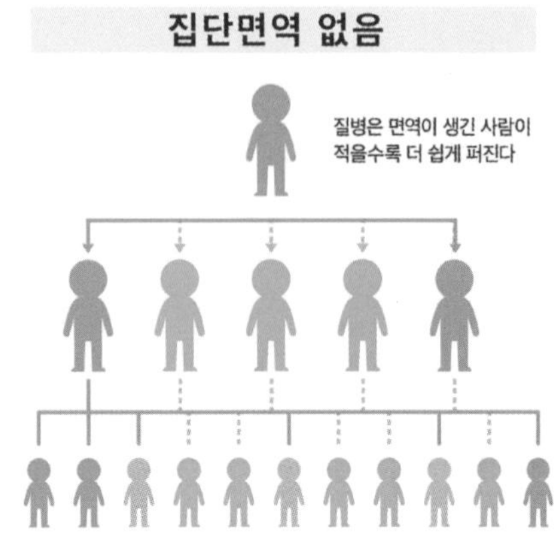

집단 구성원의 대부분이 감염병에 대한 면역을 가지게 되면, 면역을 가지지 않은 구성원도 간접적인 보호를 받게 된다.

또한 사망에까지 이르지는 않지만 상당히 심각한 상태가 되어 중환자실에 입원해야 하는 사람도 최소한 사망자 수와 비슷하게 나올 것이다. 따라서 약 40만 명에 가까운 사람이 목숨을 잃거나 잃을 수도 있는 상황에 처하게 된다. 우리나라 전체 의료기관의 병상수는 2019년을 기준으로 53만 개가 조금 넘고 그중 중환자실은 8,300개가 조금 넘는 수준이다. 즉 코로나19 환자가 매달 1만 명 정도만 발생해도 중환자실이 모자라 입원할 수 없는 상황이 되는 것이다. 여기서 더 크게 문제가 되는 것은 코로나와 무관하게 발생하는 질환 등에 의해 중환자실에 입원해야 하는 이들이 있다는 것이다. 즉 코로나19 유행이 거세져서 코로나19 환자들이 중환자실에 대거 입원할 경우 기타 질환자들이 입원할 곳이 없어진다는 문제가 생긴다. 또한 코로나19 환자들이 급증하게 되면 의료 종사자들이 이들에 대한 치료 등에 집중하게 되면서 여타 질환자에 대한 진단 및 치료가 미뤄질 수밖에 없다는 문제도 있다. 일정한 수 이상의 환자가 발생할 경우 우리나라의 전체 의료체계가 이를 감당하기에는 아직 무리가 있다.

집단면역을 주장하는 이들의 또 다른 제안은 치사율이 50대 이하에서는 독감 수준으로 아주 낮은 반면 고연령층에서 높아지니, 고연령층은 철저한 자가격리를 하고 50대 이하는 자유롭게 다니자는 것이다. 이를 반대하는 이들은 우리나라의 가족 구조가 고연령층과 저연령층이 동거하는 형태가 많다는 부분을 지적하고 있다. 가령 한 집에 70대 노인 한 명과 그를 부양하는 40~50대 부부 그리고 10~20대 자녀가 같이 산다면, 70대 노인의 자가 격리는 집안에만 머무는 정도가 아니라 집안에서도 자기 방에만 머물러야 효과가 있다는 점을 지적한다. 2018년을 기준으로 우리나라에서 자녀와 동거하고 있는 노인은 전체의 27.3%로, 약 네 명 중 한 명은 자녀와 동거 중이다. 이들에 대한 대책 없이 젊은층을 중심으로 집단면역을 시도한다면 이는 대단히 큰 윤리적 문제를 야기할 것이다.

쟁점

1. 코로나19로 인한 경제적 타격이 크니 집단면역을 통해 경제를 살리면서 코로나를 극복하자는 주장이 대두되고 있다.
2. 백신 없는 집단면역은 많은 사람의 희생이 전제된다.
3. 치명률이 낮은 연령층은 자유롭게 활동을 하고, 치명률이 높은 고위험군은 거리두기를 하자는 주장이 있다.
4. 감염자가 늘면 의료체계에 과부하가 걸리게 되고 여타 질환자의 진료에 문제가 생길 수 있다.

논제

1. 백신이 존재하지 않을 때 집단면역을 시도하려면 어떠한 조건들이 고려되어야 하는지를 논하시오.
2. 감염병이 대유행하면 기존 병원 시스템만으로는 이들을 모두 감당할 수 없게 된다. 이 때 감염병에 걸렸으나 증상이 약한 환자를 수용할 건물에는 어떤 조건이 필요할지를 제시하시오.
3. 감염병 확산을 막기 위한 사회적 거리두기는 경제활동을 위축시켜 또 다른 고통을 불러온다. 사회적 거리두기를 하면서도 경제활동이 위축되지 않기 위해서는 어떤 과학기술이 도입되어야 할지를 제시하시오.
4. 백신에 의한 집단면역을 위해 백신 접종을 의무화하는 것에 대해 찬반을 정하고 이유를 제시하시오.

키워드

코로나19 / 집단면역 / 치명률 / 경제활동 위축

용어사전

집단면역 집단 구성원의 대부분이 감염병에 대한 면역성을 가졌을 때, 감염병의 확산이 느려지거나 멈추게 됨으로써 면역성이 없는 개인이 간접적인 보호를 받게 되는 상태

치사율 어떤 질환에 의한 사망자수를 그 질환의 환자수로 나눈 것으로, 백분율로 나타낸다.

항체 면역계에 의해 생성되는 단백질로 바이러스나 박테리아와 같은 유해한 요소를 공격한다.

무증상감염 질환에 의한 증상은 없지만 다른 사람에게 바이러스를 감염시킬 수 있는 상태

자가격리 전염병에 감염되었거나 감염 우려가 있는 사람이 자신의 집 또는 폐쇄된 장소에 홀로 칩거하며 스스로를 사회로부터 격리시키는 행위

찾아보기

김수진.(2020.11.23).코로나19로 촉발된 집단면역 논란, 과연 가능할까.바이오타임즈.

이은기.(2020.10.31).스웨덴 집단면역이 옳았다? 아니다!.한국일보.

김종택.(2020.10.21).해외서 재점화 짐답면역 논쟁...유행→요양시설 되풀이 한국선 '글쎄'.뉴시스.

휴대폰 위치추적

들여다보기

신종 코로나바이러스 감염증이 확산하면서 확진 환자의 이동 동선을 공개하고 일반인의 이동 동선 정보를 이와 비교하는 애플리케이션(앱)들이 속속 개발되고 있다. 스스로 확진자와 동선이 겹치는지를 확인하고 겹치는 경우 보다 빠르게 검진을 받는 것은 개인에게도 도움이 되지만 사회 전체적으로도 조기 방역을 통한 코로나19 확산 저지에 큰 도움이 된다.

불특정 다수가 모인 지난 8월 15일 광화문 집회 당시에는 모임 부근의 기지국과 연결되었던 휴대폰 사용자들을 파악해 조기 검진을 실시하기도 했는데, 감염병 대유행을 막을 새로운 방법이라는 호응을 얻기도 했다. 휴대폰은 통화를 하지 않는 경우에도 인근 기지국과 끊임없이 연락을 주고받는데, 이 데이터를 이용하여 다수의 확진자가 있던 곳 주변의 사람들을 파악한 것이다.

하지만 이런 방법은 우리나라에서 거의 유일하게 사용하고 있다. 휴대폰 보급이 우리나라와 비슷하게 광범위하게 이루어진 서유럽이나 미국의 경우 휴대폰을 이용한 동선 확인은 거의 활용되고 있지 않다. 개인이 동의하지 않은 동선 정보를 국가가 파악하는 것에 거부감이 크기 때문이다. 휴대폰 정보를 확인하는 과정에서 개인의 동선 정보가 중앙 서버에 전송되는 등 실제로 사생활 침해 등의 우려가 있는 것 또한 현실이다. 물론 이렇게 저장된 정보는 일정 시점이 지나면 삭제되지만, 자신의 위치 정보가 언제든 확인될 수 있다는 것이 개인에게는 석연치 않게 다가올 수 있다.

한동수 카이스트 교수 연구팀이 블랙박스 기술을 바탕으로 개발한 코로나19 확산방지시스템의 모습.

이런 문제를 기술적으로 해결하고자 하는 시도가 없는 것은 아니다. 스마트폰에만 위치 정보를 저장하는 '블랙박스' 방식의 확산방지시스템이 개발됐다. 한동수 KAIST 전산학부 교수 연구팀은 스마트폰의 이동 동선을 기록하는 스마트폰 블랙박스를 기반으로 한 '코로나19 감염병 확산방지시스템'을 개발했다고 밝혔다. 시스템은 앱과 웹 모두에서 활용할 수 있도록 개발됐다.

연구팀이 개발한 블랙박스 시스템은 스마트폰에 내장된 위성위치확인시스템GPS과 와이파이, 블루투스, 관성 센서 등을 통해 수집된 신호를 스마트폰 내부에 저장한다. 앱 형태로 구동돼 1~5분 단위로 신호를 수집하고 기록하는 이 시스템은 코로나19를 대상으로 할 때는 14일간의 신호를 보관하고 이전 신호는 폐기한다.

확산방지시스템은 일반인을 위한 '바이러스 노출 자가진단 시스템'과 감염병 관리 기관을 위한 '확진자 역학조사 시스템', '격리자 관리 시스템' 등 3가지로 구성된다. 바이러스 노출 자가진단 시스템은 확진 환자의 동선과 개인 스마트폰 블랙박스 속 동선이 겹치는지를 확인한다. 현재 공공에서 활용하고 있는 방식은 확진 환자의 정보가 문자를 통해 전달되면 개개인이 직접 동선을 확인하는 방식이지만 이 시스템에서는 사용자가 앱의 버튼만 눌러도 동선이 겹치는지를 빠르게 확인할 수 있다.

하지만 여전히 확진자의 동선을 공개하는 것에 대해 우려의 목소리가 없지 않다. 공공의 이익을 위한 것이라고는 하지만 확진자의 동선을 공개함으로써 누가 확진되었는지를 특정하게 할 수 있다는 점에서 이것이 지나친 사생활 침해가 될 수 있다는 주장이다. 실제로 일부 확진자의 신상이 공개되어, 온라인 커뮤니티 내에서 마녀사냥의 대상이 된 경우도 있었다.

쟁점

1. 확진자의 동선을 파악하는 것은 조기 방역을 위해 필수적이다.
2. 확진자의 동선이 대중에게 공개되는 것에 대해 사생활 침해를 우려하는 목소리도 있다.
3. 확진자와 접촉한 사람의 동선을 파악하는 것 또한 조기 방역에 커다란 도움이 된다.
4. 접촉한 사람의 동선 또한 개인 정보에 해당하므로 이를 공개하는 것은 사생활 침해의 문제가 될 수 있다.

논제

1. 확진자의 휴대폰 사용 기록을 이용하여 동선을 추적하는 것에 대해 찬반 입장을 정하고 그 이유를 설명하시오.
2. 확진자의 휴대폰 사용 기록을 이용하여 동선을 추적하면서도 동시에 확진자의 개인 정보가 드러나는 것을 막을 수 있는 방안을 제시하시오.
3. 확진자와 밀접 접촉을 한 사람의 동선을 휴대폰을 이용하여 추적하는 것에 대해 찬반 입장을 정하고 그 이유를 설명하시오.

키워드

휴대폰 위치추적 / 사생활 침해 / 확진자 동선추적

용어사전

블랙박스 비행기나 차량의 사고 전후 영상을 기록하여 사고 정황 파악에 필요한 정보를 제공해 주는 장치

역학조사 전염병의 발생 원인과 그 특성을 밝히는 일로, 이를 토대로 합리적 방역 대책을 세우는 것을 목적으로 한다.

마녀사냥 14~17세기에 유럽 국가와 교회가 이단자를 마녀로 판결하여 화형에 처하던 일로, 특정 사람에게 죄를 뒤집어씌우는 것을 비유적으로 이르는 말이다.

찾아보기

조승한.(2020.6.10).사생활 침해 없는 코로나19 추적 앱 나온다.동아사이언스.

홍성수.(2020.4.16).인권을 위한 공익, 공익을 위한 인권.한겨레.

휴대폰 위치추적 데이터와 코로나19: Q&A.Human Right Watch [웹사이트] Retrieved from https://www.hrw.org/ko/news/2020/05/13/375128

코로나19와 제6의 대멸종

들여다보기

코로나19로 사람들의 활동이 줄어들자 생태계가 복원되고 있다는 보고가 있다. 인적이 사라진 미국 샌프란시스코 시가지를 어슬렁거리는 코요테의 모습이 뉴스 화면을 장식했고, 칠레 산티아고에서는 도심을 활보하는 퓨마가, 웨일스의 란디드노에서 산양 무리가 도로를 다니는 모습이 나타났다. 태국에서는 관광객이 사라지자 숨어있던 듀공(바다소목의 한 종류)이 다시 나타났다. 이렇게 인간의 활동이 대규모로 줄어드는 것을 전문 용어로 '인류 일시정지anthropause'라고 하는데, 이런 현상이 일어날 때마다 생태계가 급속히 복원된다.

일례로 러시아 체르노빌 핵발전소 사고 이후에 일어난 일을 들 수 있다. 체르노빌 핵발전소 인근에서 인간의 활동이 정지되자 불과 몇 년이 지나지않아 접근금지 구역에서 비둘기나 쥐 등 인간과 밀접한 종은 점차 사라지고, 멧돼지나 사슴, 늑대와 같은 야생동물들이 번식하는 것이 관찰되었다. 이와 비슷한 현상이 코로나19로 인해 인간 활동의 감소가 이어지자, 불과 한두 달 만에 나타난 것이다.

코로나19로 인한 환경의 변화는 이뿐만이 아니다. 산업활동이 줄어들고 사람과 물자를 수송하는 자동차의 운행이 이전보다 줄어들자 대기의 질도 달라졌다. 나사NASA의 대기관측 위성의 자료 분석에 따르면 한창 코로나19가 확산되어 이동제한 명령이 내려졌던 2월의 중국에서는 이산화질소의 농도가 현저하게 감소했다. 미국 로스앤젤레스도 5년 전에 비해 이산화질소 농도가 30% 감소했으며 프랑스 파리는 45%, 호주

시드니는 38% 감소했다. 우리나라에서도 2020년 상반기의 미세먼지 농도가 눈에 띠게 감소한 것을 확인할 수 있다.

코로나19로 인해 가장 극적으로 감소한 것은 비행기의 운항이다. 공항 부근의 대기질을 조사한 과학자들에 따르면 볼티모어 워싱턴 국제공항은 60%, 애틀랜타 국제공항은 70%까지 운항이 줄었는데, 두 곳 모두 이산화질소와 포름알데히드 등의 대기 오염물질 양이 극적으로 줄어든 것을 확인했다.

코로나19로 인간활동이 감소하면서 나타나는 생태계 복원은 우리에게 많은 것을 시사하고 있다. 과학자들과 환경운동가들은 벌써부터 인간활동에 의해 생태계가 제6의 대멸종에 진입했다고 주장하며, 현재와 같은 상황이 지속되면 머지않아 인간 이외의 다른 생태계가 복구 불가능할 정도로 파괴될 것이라고 경고하고 있다. 과거 고생대부터 중생대 말에 이르기까지 총 다섯 번의 대멸종이 있었고 그 때마다 지구상의 생물종이 최소 75%에서 최대 99%에 이르기까지 멸종했었다. 그런데 연구결과에 따르면 현재 진행되는 제6의 대멸종은 과거에 일어났던 다섯 번의 대멸종보다 훨씬 빠른 속도로 이루어지고 있으며, 그 원인은 모두 인간활동에 의한 것이라고 한다.

이런 상황에서 코로나19로 인한 인간활동의 일시정지는 우리가 무슨 일을 해야 하는지를 보여주었다. 그러나 코로나19로 인한 현재 모습은 일시적인 것이고 백신 접종으로 집단면역이 생겨나고 치료제가 개발되면 인간활동은 다시 활발해질 것이다. 꼭 제6의 대멸종이 이유가 되지 않을지라도, 점점 더 많이 훼손되고 있는 생태계를 보존하고 복원하기 위해서는 인류 전체의 노력이 필요하다.

쟁점

1. 코로나19로 인해 인간활동이 줄어들자 세계 곳곳에서 생태계가 복원되는 모습이 나타났다.
2. 코로나19로 인한 인간활동의 감소가 환경에도 유의미한 변화를 이끌어냈다.
3. 과학자들과 환경운동가들은 인간활동에 의해 현재 제6의 대멸종이 진행되고 있다고 판단하고 있다.

논제

1. 제6의 대멸종을 막는 데 도움이 되는 신기술에는 어떤 것이 있을지 제안하시오.
2. 생태계 복원을 위해 인간활동을 축소하면 다양한 문제점이 파생할 수 있다. 어떤 문제가 있을지를 추론하고 그에 대한 대책을 제안하시오.
3. 생태계 복원을 위해 산이나 초지 등에 인간의 출입을 더욱 강력하게 통제하는 정책을 실시하는 것에 대해 찬반입장을 정하고 이유를 제시하시오.

키워드

코로나19 생태계 복원 / 제6의 대멸종 / 코로나19 환경변화 / 인류 일시정지

용어사전

포름알데히드 실내 공기를 오염시키는 휘발성 유기화합물을 발생기키는 주요 원인물질로 전 세계의 규제대상이다. 발암물질로도 알려져 있으며 인간의 눈, 코, 목 등을 자극한다.

대멸종 지구상에 동물이 출현한 이래 몇 차례에 걸쳐 생물이 크게 멸종했는데, 그 가운데 가장 큰 멸종이 있었던 다섯 차례를 대멸종이라고 부른다.

찾아보기

빅토리아 길.(2020.6.24).코로나19: 인류의 활동 감소는 야생동물에 어떤 영향을 미칠까?.BBC.
박홍구.(2020.4.60).코로나19의 '역설' 생태계 복원... 인류에 과제 남겨.YTN.
조승한.(2020.9.9).우주에서도 확인한 코로나19가 바꿔놓은 지구의 풍경.동아사이언스.
김승준.(2020.6.7).곤충 50만종·척추동물 515종 수십년내 멸종?…"앞으로 20~30년이 중요".뉴스원.

기후위기와 탈성장

들여다보기

기후위기를 일으키는 주범인 이산화탄소는 산업부문과 발전부문에서 전체의 70% 가까이 발생하고, 운송부문과 축산부문에서 전체의 20% 가량이 나온다. 산업부문 중에서 특히 이산화탄소 발생량이 많은 산업은 철강산업, 시멘트산업, 석유화학과 플라스틱산업, 제지산업과 알루미늄 제련산업이다. 우리나라를 포함한 전 세계에서 이들 여섯 산업이 배출하는 이산화탄소는 산업부문 이산화탄소 배출량의 약 80% 가량을 차지한다. 즉 현대 자본주의 사회의 근간을 이루는 산업들에서 이산화탄소가 가장 많이 발생하는 것이다. 비닐봉지 대신 장바구니를 들고 다니고, 일회용 플라스틱 사용을 자제했는데도 이산화탄소 발생량이 유의미하게 줄어들지 않는 이유가 여기에 있다.

이에 많은 환경운동가들이 탈성장degrowth을 이야기하고 있다. 기존 산업체제 자체가 이산화탄소를 발생시킬 수밖에 없는 구조이니 기존 산업에서의 제품 생산량을 과감하게 줄이자는 주장이다. 이들은 자원이 한정된 세상에서의 무한한 성장은 불가능하다고 주장한다. 지구 자원의 한계로 인해 영구적인 성장이 불가능할 것이며, 설령 성장이 계속된다고 해도 인간의 삶에 필수적인 자연, 사회적 조건들이 파괴되어 결국 인간사회도 파멸에 이를 것이라고 이야기한다. 그 대표적인 예가 바로 기후위기다.

그러나 현실적으로 탈성장은 실현되기 어려울 뿐 아니라 실현되는 과정에서 많은 고통을 수반하게 된다. 예를 들어 제철산업에서 가장 많은 제품을 구매하는 곳은 자동차산업이다. 우리가 탈성장과 환경 보호를 위해서 자가용 대신 대중교통을 주로 이

발전소에서 뿜어져 나오는 이산화탄소. 친환경 발전이 대안으로 활용되고 있지만 전 세계의 전력 수요를 감당하기에는 아직 역부족이다.

용하면, 자연스럽게 자동차 구매가 줄어들게 될 것이다. 자동차 판매가 줄어들면 완성차 업체는 고용하는 노동자를 줄이게 될 것이고, 부품업체로부터 구매하는 부품량도 줄일 것이다. 그러면 부품업체 또한 판매량이 줄어드니 고용하는 노동자를 줄일 것이다. 물론 제철산업도 타격을 입을 것이다. 그러면 이렇게 일자리를 잃는 노동자와 그 가족들은 큰 곤란에 처하게 된다.

또한 자동차가 줄어들면 자동차 정비업체들도 일거리가 줄어들 것이니 자연스럽게 고용이 줄어들 수밖에 없다. 또한 휘발유를 판매하는 주유소도 타격을 입을 수밖에 없다.

그러나 또 다른 일부에서는 기후위기가 전면화되면 인류가 주도하는 탈성장이 아니라 강제적인 탈성장을 할 수밖에 없게 될 것이며 그 때는 더 큰 고통을 겪게 될 것이므로 힘들더라도 자발적인 탈성장을 통해 기후위기를 막아야 한다고 주장하고 있다. 만약 지구의 온도가 산업혁명을 기준으로 2도 이상 올라가게 되면 해수면 상승

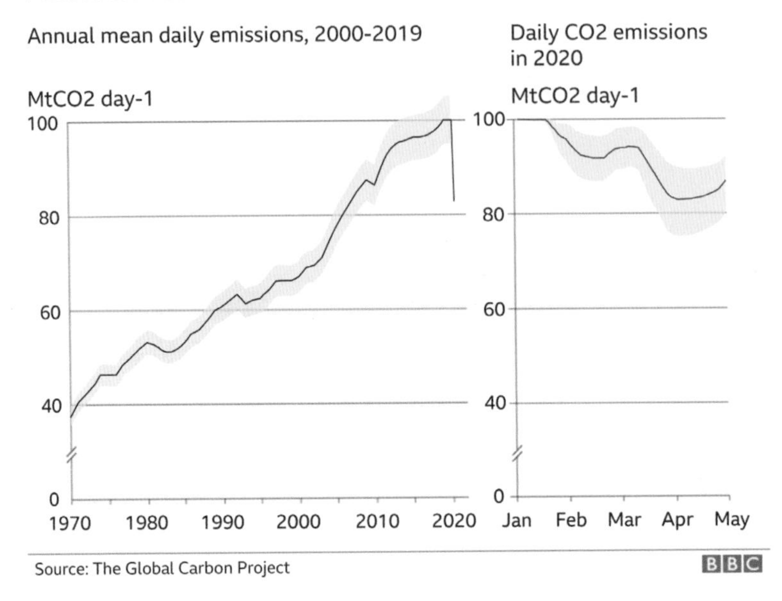

2020년 코로나19의 확산으로 인해 유례없는 이산화탄소 배출량의 하락세가 관측되었다.

등으로 인해 기후 난민이 수억 명 이상 발생할 것이며 그 외에도 해류 순환 파탄, 바다 생태계의 완전 파괴 등이 예상된다.

코로나19로 인한 상황도 이와 비슷하다. 세계기상기구는 코로나19 이후 산업 활동과 수송의 감소로 인해 전 세계 탄소배출량이 약 6% 감소할 것으로 진단했다. 하지만 이 과정에서 이미 우리나라를 비롯한 지구촌의 많은 사람들이 일자리를 잃고 생계를 걱정해야 했다. 이로 인해 코로나19가 촉발한 여러 현상이 바로 탈성장이 현실화되었을 때에 나타날 모습이라 여기는 이들이 많다.

쟁점

1. 기후위기의 주범인 이산화탄소를 가장 많이 배출하는 곳은 산업부문이다.
2. 산업부문의 이산화탄소 배출량 감소를 위해 생산량을 줄이자는 주장이 있다.
3. 주요 산업부문의 생산량이 줄어들면 우리의 실생활에 커다란 고통이 따른다.

논제

1. 기후위기를 극복하기 위해서는 이산화탄소 발생량을 줄이는 것이 필수적이다. 이를 위해서는 산업부문의 이산화탄소 발생량을 줄여야 하는데 이에 어떤 방안이 있을지에 대해 논하시오.
2. 탄소세 도입에 대해 찬반입장을 정하고 그 이유를 논하시오.
3. 기존 산업부문에서 줄어드는 일자리를 그린뉴딜로 대체할 수 있을지에 대해 찬반입장을 정하고 그 이유를 제시하시오.

키워드

산업부문 이산화탄소 발생량 / 기후위기 / 탈성장

용어사전

제련 금속을 필요한 순도로 추출해 최종의 형태로 만드는 공정

탈성장 성장으로 성장의 문제를 해결하려는 기존의 방식에서 벗어나, 생산과 소비를 포함한 새로운 생활 방식과 다양한 대안들을 만들고자 하는 움직임

완성차 모든 공정을 거쳐 완전히 다 만들어진 자동차를 일컫는 말

찾아보기

박재용.(2020.4.13).코로나19로 아침에 탈성장? 실업에 대한 사회적 합의가 필요하다.뉴스톱.

김형수.(2020.5.4).탈성장이 대안의 길이 되려면.레디앙.

김형수.(2019.9.26).그린뉴딜과 탈성장, 한 길인가 분기점인가?.녹색전환연구소.

인수공통감염병의 등장속도가 빨라졌다

들여다보기

인수공통감염병이란 사람과 동물이 동일한 병원체에 의해 감염되는 병을 말한다. 코로나19의 경우 인간 이외에도 반려견 등이 감염되는 사례가 확인되었다. 코로나19 이외에도 21세기 들어 우리나라와 전 세계에서 문제가 되었던 감염병은 대부분 인수공통감염병이었다. 메르스MERS, 사스SARS, 조류인플루엔자Avian flu 등이 그 예이다. 그 외에도 후천성면역결핍증AIDS, 에볼라Ebola 등도 인수공통감염병에 해당된다.

새로 등장하는 인수공통감염병의 유행이 21세기 들어 이전보다 더 잦아졌다는 연구결과가 있다. 이에 대한 이유로 과학자들은 몇 가지를 꼽고 있다.

열대지역의 인구증가가 가장 중요한 이유다. 열대지역은 지구상에서 생태계 다양성이 가장 높은 지역이다. 따라서 다양한 동물에 기생하는 바이러스와 세균 또한 가장 다양하고 많을 수밖에 없다. 그런데 이 열대지역에서 인구 증가가 크게 일어나고 있다. 2020년 현재 전 세계 인구는 78억 명 가량 되는데, 가장 큰 증가세를 나타내는 곳이 인도, 중동, 아프리카, 중남미, 동남아시아 등 적도를 중심으로 한 열대와 아열대 지역이다. 경제 성장률이 높아지면서 개인의 평균 수명이 늘어난 것이 한 이유이고, 다산의 전통이 아직 남아있는데 의료체계가 갖추어지면서 영아 사망률이 낮아진 것도 이유 중 하나다. 이들 지역의 인구 증가세는 당분간 계속될 것으로 예측된다. 이렇게 인구가 증가하면서 기존의 야생 동물들이 살던 지역을 개간하고, 도시가 들어서는 등 기존 야생 생태계와 인간의 접촉면이 늘어나고 있다. 이에 따라 야생동물들이 가

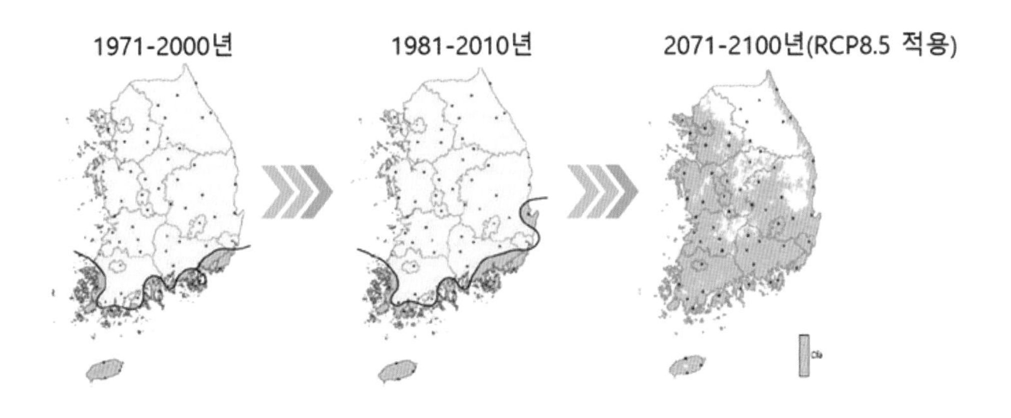

우리나라의 아열대기후 지역 변화 과정과 전망. 계속해서 아열대기후 지역의 범위가 넓어지고 있다.

지고 있던 인수공통감염병을 일으키는 세균이나 바이러스 등에 인간이 노출되는 일이 늘고 있는 것이다.

두 번째로는 기후위기로 인한 열대지역 및 아열대지역의 확대가 문제가 된다. 지구온난화로 기존의 아열대지역은 열대지역이 되고, 온대지역은 아열대지역화 되는 경향이 계속되고 있다. 이런 과정에서 기존에 열대지역에서만 유행하던 풍토병이 점차 그 범위를 확대하고 있다.

세 번째 이유는 인구 증가와 경제 개발에 따른 도시 집중 현상에 있다. 인구가 증가하면서 동시에 경제가 활발해지자 도시에 거주하는 사람들의 비율이 지속적으로 늘고 있다. 도시는 농촌에 비해 사람간의 접촉이 높아 감염병이 확산되기 좋은 조건을 가지고 있다. 우리나라의 경우도 인구가 집중된 도시를 중심으로 코로나19가 확산되는 현상을 보이고 있다.

네 번째로 인간 사이의 접촉 확대와 세계화 현상이 또 다른 이유다. 국경을 넘어 다른 나라를 가는 일이 조선 시대 서울에서 수원을 가는 것보다 쉬워졌고, 과거에 비해 이동의 이유도 많아졌다. 여러 나라 간의 교류는 시간이 지날수록 증가하고 있고,

이는 감염병이 지역과 국경을 넘어 세계 전체에 퍼지게 되는 시간을 매우 단축시켰다. 중국에서 시작된 코로나19는 불과 한두 달 만에 우리나라와 일본 그리고 미국과 서유럽으로 퍼졌고, 다시 전 세계로 퍼졌다.

인수공통감염병이 이전보다 자주 그리고 빠르게 확산되는 이유를 살펴보면 감염병의 확산 현상은 앞으로도 지속될 것으로 보인다.

쟁점

1. 기후위기로 숙주가 서식하기 좋은 지역이 증가하고 있다.
2. 도시화로 인간 사이의 감염 확산이 더 용이해지고 있다.
3. 세계화로 감염병의 세계적 확산 속도가 빨라지고 있다.

논제

1. 인수공통감염병의 발생을 억제하기 위한 과학기술적 방안을 제시하시오.
2. 인수공통감염병의 확산을 억제하기 위한 과학기술적 방안을 제시하시오.
3. 국경을 뛰어넘는 감염병 확산을 억제하기 위해 공항과 항구 등 국경에서의 방역에 필요한 과학기술적 대안을 제시하시오.

키워드

인수공통감염병 / 열대지역 인구증가 / 기후위기와 감염병

용어사전

생태계 다양성 지구 각지의 자연계에 존재하는 생물의 다양성

아열대지역 일반적으로 위도 25~35도 사이에 위치한 지역을 말하며 열대와 온대기후 사이에 분포한다.

개간 직접 이용하지 못하는 바닷가의 간석지나 산림지 등을 농지 또는 그 밖의 목적으로 이용하기 위해 토지를 조성하고 개량하는 것

풍토병 열대지방의 말라리아와 같이 특정 지역에 사는 주민들에게서 지속적으로 발생하는 질환을 말한다.

찾아보기

김원근.(2019.11.5).인수공통감염병(Zoonosis) 발생 동향 및 향후 전망.생물학연구정보센터.

손종관.(2011.4.25)."인수공통감염병이 몰려온다".메디컬옵저버.

인수공통감염병.위키백과[웹사이트]. Retrieved from https://ko.wikipedia.org/wiki/인수공통감염병

감염의 불평등

들여다보기

코로나19가 처음 유행했을 때는 평등한 질병이라고 했다. 빈부를 가리지 않고 감염이 된다는 뜻이었다. 그러나 코로나19가 진행되면서 감염의 불평등함이 드러났다.

2020년 상반기 집단감염의 주 사례인 신천지, 콜센터, 물류센터, 이태원 클럽 등을 보면 신천지를 제외하고 모두 우리 사회의 소수자들이 모인 곳이었다. 콜센터와 물류센터는 우리 사회에서 가장 열악한 근무 환경에 근무하는 노동자들이 밀집한 장소였고, 이태원 클럽 확진자의 일부는 의료 서비스에 접근하는 것을 두려워하는 성소수자들이었다. 바이러스가 알고 접근한 것은 아니지만 바이러스에 노출되기 쉽고, 노출되었을 때 확산되기 쉬운 곳은 바로 이런 소수자들이 모인 곳이었다.

여러 사람들이 오랜 시간 같은 장소에 있는 경우 감염병에 노출되기도 쉽고 확산되기도 쉽다. 그래서 정부는 사회적 거리두기를 통해 이를 극복하려 했지만, 거리두기 자체가 힘든 경우도 많다. 실제로 우리나라에서 코로나19로 사망한 최초의 환자는 정신병원에서 나왔다. 정신병원이나 요양원에 거주하는 이들은 코로나19 취약계층이다. 그리고 가족들이 그들을 요양병원에서 데려와 집에서 모시는 데에는 한계가 있다. 애초에 집에서 수발을 들기 어려워 요양원에 모신 것이니 말이다. 요양병원이 위험하다고 다시 집으로 데려오면 누군가 그 시중을 들어야 하는데, 가난한 집에서는 쉬운 일이 아니다.

회사 근무를 재택근무로 돌리는 것도 사무직은 일부 가능하지만 생산직은 불가능

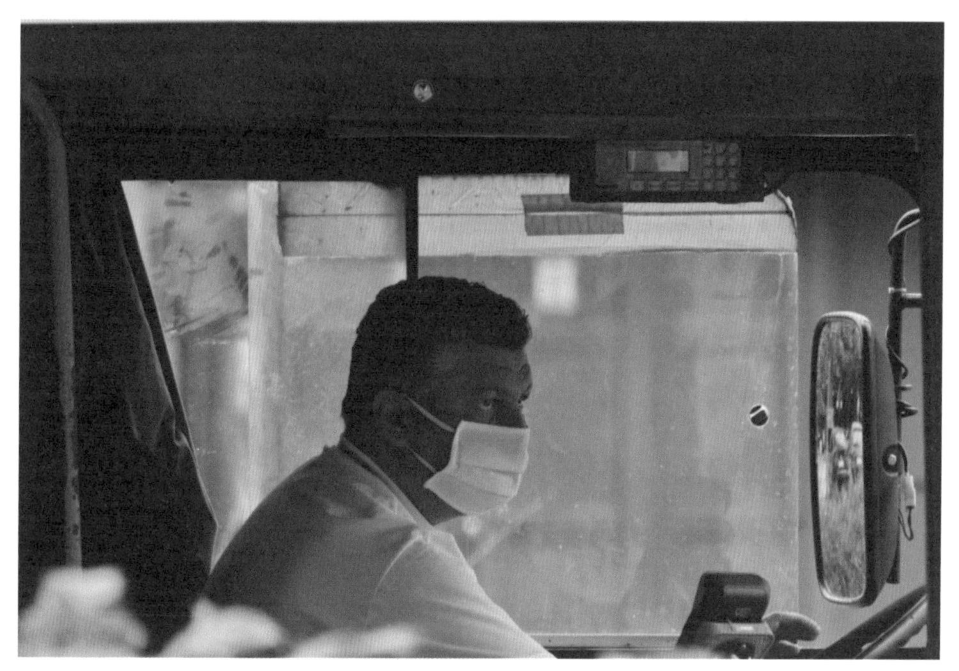

재택근무가 가능한 일부 직종을 제외하고는 일상감염에 조금 더 취약한 환경에서 일하는 경우가 많다.

하다. 코로나19가 아무리 기승을 부려도 제품을 만들려면 생산직 노동자는 출근을 해야 한다. 그리고 고시원에 사는 이들은 사회적 거리두기가 아예 불가능하다. 이들은 공동 주방을 사용하고, 공동 샤워실 그리고 공동 화장실을 이용한다. 밀폐된 공간에 모여 살기 때문에 누군가 한 명이 전염병에 걸리면 2차 감염도 쉽게 일어난다.

온라인 쇼핑몰의 물류센터나 콜센터에서 근무하는 이들은 대부분이 비정규직인데 코로나19 감염을 우려해 휴가를 쓰거나 휴직을 하기가 쉽지 않다. 매일 출근 여부를 문자를 통해 확인해야 하는 이들이다. 휴직은 곧 해고다.

거리두기에서만 불평등이 나타나는 것은 아니다. 또 하나의 불평등은 코로나19로 인한 재정적 타격을 가장 크게 입는 집단이 저소득층이란 사실이다. 영국의 경우 엔터테인먼트와 레크레이션, 숙박, 요식업은 3대 최저임금 산업에 속하는데 코로나19 동안 폐쇄되거나 거래가 중단된 기업의 80% 이상이 이들 산업이었다. 우리나라의 경우도 피트니스센터의 개인 트레이너, 음식점이나 노래방 등의 종업원들이 코로나19

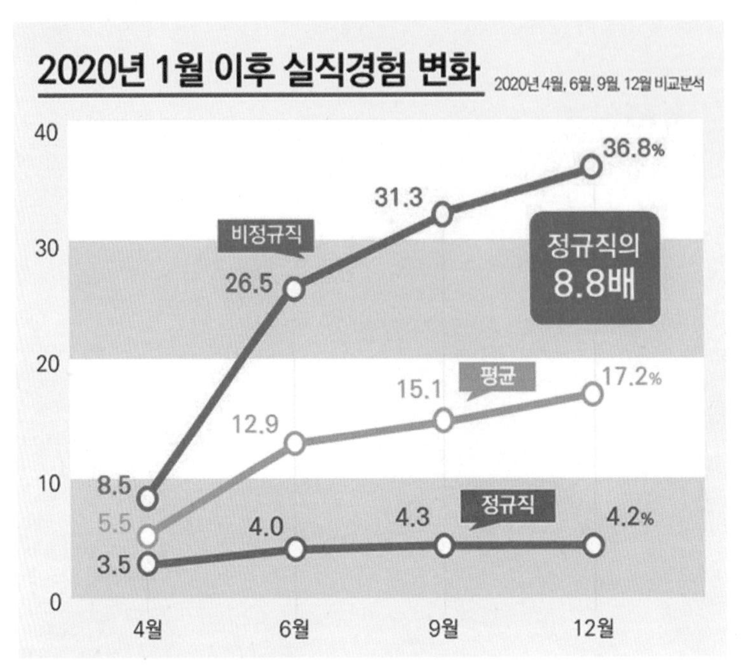

코로나19로 인한 실직률에 있어서도 정규직과 비정규직의 차이가 크게 벌어졌다.

유행에 의해 가장 먼저 해고된 이들이었다. 코로나 대유행 기간 동안 정규직이 약 4%의 실직을 경험할 때 비정규직은 약 37%가 실직을 경험했다.

쟁점

1. 감염병 유행에 취약한 이들은 주로 저소득층과 소수자들인 경우가 많다.
2. 저소득층일수록 감염병 대처에 소극적일 수밖에 없다.
3. 감염병 유행은 저소득층에게 더 많은 재정적 타격을 준다.

논제

1. 밀집 노동 구역에서 코로나19와 같은 감염병 확산 저지를 위해 필요한 과학기술적 대안을 모색해보시오.
2. 감염병 유행에 취약한 고연령층을 위한 기술적 지원에 어떤 것이 있을 수 있는지 제안하시오.
3. 감염병이 유행할 경우 식당이나 카페 등 서비스업을 운영하는 자영업자들의 피해가 크다. 어떠한 비대면 기술을 이용하면 피해를 줄일 수 있을지 대안을 제시하시오.

키워드

코로나19 불평등 / 코로나19 자영업 / 코로나19 서비스업

용어사전

소수자 문화나 신체적 차이로 인해 사회의 주류문화에서 벗어나 있는 사람이나 집단

재택근무 회사의 사무실로 통근하지 않고 자신의 집에서 회사의 통신 회선 등을 이용해 업무를 보는 일

찾아보기

정유진.(2020.6.29).[아침을 열며]코로나19가 드러낸 '불평등 사회'.경향신문.

아나스타샤 페트라키.(2020.6.11).코로나19로 인해 조명된 사회적 불평등은 어떤 의미인가?.슈로더.

민간 우주 항해 시대 개막

들여다보기

2020년 미국의 민간 우주개발기업 스페이스X[Space X]는 민간 최초로 우주비행사를 국제우주정거장으로 보냈다. 미항공우주국[NASA]은 비용절감을 위해 민간 우주비행선을 택했다. 1980년부터 2010년까지 30년간 NASA가 우주왕복선에 투입한 비용은 214조원이 넘었다. 한 번 발사 때마다 1조 6천억 원씩 쓴 셈이다. 이후 나사는 러시아 정부의 발사체를 이용해왔는데, 2020년의 발사비용은 1인당 1,083억 원이었다. 나사는 민간 우주선을 이용함으로써 앞으로 40조 원 정도의 비용을 절감할 수 있을 것으로 보인다.

미국은 여기에 그치지 않고 국제우주정거장 운영을 포함하여 지구 근거리 관련 우주 사업을 모두 민간에게 맡기는 '지구 저궤도 경제'라는 상업화 정책을 실행에 옮기고 있다. 미국 비영리단체인 '스페이스 파운데이션[Space Foundation]'에 따르면 2018년의 우주산업 규모는 약 490조 원인데, 이 중 정부 주도의 우주산업 예산은 약 101조 원이며 나머지 389조 원은 민간부문에서 나왔다. 위성통신, 위성RV 등 우주 상업제품 및 서비스 산업이 약 272조 원이며, 위성 제작, 발사체 제작 등 상업 인프라와 지원 산업이 약 118조 원에 달한다고 한다.

1단 로켓의 회수 및 재사용 등으로 발사 비용이 급격히 줄어들면서 우주산업은 향후 더 크게 발전할 것으로 보인다. 2015년 1kg의 화물을 우주로 보내는 데에는 약 2,390만 원이 들었지만 스페이스X의 팰컨헤비[Falcon Heavy] 로켓의 경우 같은 질량의 화물

이륙하는 스페이스X 팰컨헤비의 모습.

수송비를 기존의 약 10분의 1 가격인 260만 원까지 낮출 수 있었다. 거의 10분의 1에 가깝게 낮췄다. 앞으로 수송비가 약 70만 원대까지 낮아질 경우 우주 태양광 산업 등이 상업성을 갖출 것이라는 전망도 있다.

이에 새롭게 우주산업에 뛰어든 스타트업 또한 급격히 늘어나서 미국 약 500개, 유럽 300개의 업체들이 현재 치열한 경쟁 중이다. 그러나 이 과정에 우주산업 세계 10위의 경쟁력을 가진 우리나라는 아직 참여가 미미하다. 현재 우리나라의 우주산업 스타트업은 10개 정도일 뿐이다. 이런 상황에서 우리나라의 우주항공산업에 도움이 될 만한 일이 발생했다.

2020년 7월 한미 양국은 한국의 우주발사체(로켓)에 대한 고체연료 사용 제한을 해제하는 새 미사일 지침에 합의했다. 전문가들은 앞으로 고체연료를 사용한 다양한 우주발사체의 개발과 생산이 가능해져 한국에서도 민간 우주기업이 등장할 발판이 마련되었다고 평가한다. 고체연료 로켓은 액체연료 로켓보다 구조가 간단해 제작하기 쉽고 개발에 들어가는 비용도 저렴하다. 또한 발사 과정이 단순하다는 점도 고체 연료 로켓의 장점이다.

이제 소형 발사체를 만들고 이를 이용해서 자체 제작한 인공위성을 쏘아 올리는 일이 이전보다 훨씬 용이해졌다. 또한 각종 연구와 국제사업 참가 등을 통해 국책 연구소와 대학에서 축적한 우주산업 관련 기술도 적지 않다. 그러나 우주산업은 많은 비용이 투자되어야 하는 일이면서 동시에 여러 규제에 묶여있는 산업이기도 하다. 이런 문제들이 해결되어야 미국이나 서유럽, 일본, 중국, 러시아 등에 비해 뒤처진 우주산업 분야의 길을 빠르게 쫓아갈 수 있을 것이다.

쟁점

1. 우주 발사체 사업이 정부에서 민간주도로 바뀌고 있다.
2. 인공위성 등 우주항공산업의 수요가 정부보다 민간부문에서 더 커지고 있다.
3. 우리나라의 우주항공산업은 다른 선진국들에 비해 조금 뒤처져 있다.

논제

1. 우주항공분야를 민간 기업이 주도함으로써 생기는 문제점을 파악하고 이에 대한 대책을 논하시오.
2. 우리나라 우주항공산업의 발전을 위해 필요한 정책을 제안하고 설명하시오.

키워드

우주항공산업 / 스페이스X / 블루오리진

용어사전

우주정거장 지구궤도에 건설되고 있는 대형 우주 구조물로서 인간ㄴ이 반영구적으로 생활하면서 우주실험이나 우주관측을 할 수 있도록 만든 곳

스타트업 설립된 지 얼마되지 않은 창업기업으로, 보통 고위험·고성장·고수익 가능성을 지닌 기술·인터넷 기반의 회사를 지칭한다.

찾아보기

NASA는 왜 민간우주기업의 우주선을 빌려탈까 동아사이언스 2020년 5월 31일

http://dongascience.donga.com/news.php?idx=37067

뉴 스페이스 시대… 우주항공 스타트업이 뜬다 시장규모 500조원, 민간주도 우주산업 본격화 2020년 3월 3일

https://www.mk.co.kr/news/business/view/2020/03/224151/

한국판 스페이스X… 민간기업 소형 우주발사체 개발 길 열렸다 2020년 8월 3일 동아일보

https://www.donga.com/news/It/article/all/20200802/102268107/1

인간과 로봇의 협업

들여다보기

미국과 유럽, 한국 등의 물류센터에 로봇이 대량으로 보급되고 있다. 대표적인 온라인 판매회사인 아마존은 미국 전역에 위치한 물류센터에 20만 대 이상의 로봇을 도입해 운영하고 있다. 이렇게 한 장소에서 로봇과 인간이 같이 일하게 되면서 이 둘의 상호관계가 중요한 현안으로 등장하고 있다.

미국 공익 매체인 'VOA Voice Of America'에 따르면 로봇과 인간의 공존이 확대되면서 인간 작업자의 스트레스 증상이 심해지고, 로봇으로 인한 부상의 우려도 높아지고 있는 것으로 나타났다.

로봇을 만드는 회사나 이를 도입하는 기업의 입장에서는 반복적이고 힘든 일을 로봇이 대신 수행하면서 작업자의 노동 강도가 약해지고 고객들의 온라인 주문에 효과적으로 대응할 수 있게 되었다고 주장한다.

VOA는 미국 커네티컷 주의 아마존Amazon 물류센터에서 근무하고 있는 아만다 테일론Amanda Taillon의 사례를 소개하고 있다. 그녀는 로봇만 일하는 공간에 들어가 떨어진 물건을 줍거나 로봇의 교통 적체를 해소하는 일을 하고 있다. 그녀는 아마존이 작업자의 안전을 위해 제공하는 웨어러블 수트 '로보틱 테크베스트Robotic Tech Vest'를 입고 로봇의 작업공간에 들어간다. 이 수트를 입고 있으면 로봇이 작업자를 인지해 피해가거나 속도를 늦춘다. 그러나 그녀는 이 수트의 무거운 무게는 둘째치고 주변에 수많은 로봇이 움직이는 공간에 들어가다 보면 신경이 곤두설 수밖에 없다고 말한다.

아마존의 물류 자동화 시스템.

비판론자들은 인간-로봇 협력 작업이 이처럼 작업자에게 적지 않은 스트레스를 준다고 지적한다. 새로운 로봇의 작업 속도에 맞추다 보니 작업자의 노동 강도가 종전보다 훨씬 높아져 심한 경우 '번아웃burnout' 증세가 나타난다고 한다. 또한 아마존에서 지난 4년간 로봇을 도입한 곳을 대상으로 조사한 결과 로봇 도입 후 작업자의 중상 비율이 4배 가량 높아졌다고 한다.

한편 아마존은 로봇 자동화 시스템 도입 없이는 빠르게 증가하는 고객들의 주문 수요를 따라갈 수 없다며 로봇 자동화가 인간의 능력을 확장시키고 있다는 입장이다. 아마존 로보틱스의 CTO인 타이 브레이디Tye Brady는 "로봇과 인간의 협력 작업이 제품의 공급 가격을 낮추는 데 매우 중요하다"고 강조하면서 그러나 노동자의 안전이 여전히 매우 중요하다고 말했다.

하지만 도시 경제 개발을 연구하는 일리노이대학의 베스 구텔리우스Beth Gutelius는 "원만한 인간-로봇 관계에 대한 희망은 현실이 아니다"라고 반박하며 노동자의 시각에서 보면 인간과 로봇의 협업이 아직은 긍정적이지 못하다고 지적한다. 한편 물류 로봇 스타트업인 페치 로보틱스Fetch Robotics의 대표는 "아마존의 로봇 시스템이 작업자들로 하여금 비인체공학적인 동작을 취하게 만든다"고 말했다. 로봇 시스템 도입 후 작업자들이 너무 낮은 곳이나 높은 곳에 위치한 물건을 잡기 위해 무리한 동작을 하는 경우가 많다는 지적이다.

코로나19 이후 필요한 물품을 온라인으로 주문하는 비율이 급속히 늘면서 많은 온라인 쇼핑몰들이 물류센터의 자동화에 많은 투자를 하고 있으며, 따라서 물류센터의 로봇 비중은 점차 증가할 것이다. 물류센터 뿐만 아니라 다양한 공장에서도 마찬가지로 로봇의 도입이 활발하다. 인간과 로봇이 같은 장소에서 일하게 되는 경우는 앞으로 더욱 많아질 것이다.

쟁점

1. 로봇이 산업 현장이나 물류 등 다양한 작업 공간에 투입되고 있으며 점차 그 비율이 높아질 것으로 예상된다.
2. 로봇과 인간이 같은 공간에서 일하게 되면서 인간이 로봇의 활동에 자신을 맞추다보면 여러 가지 무리가 생길 수 있다.

논제

1. 물류센터에서 물건을 운반하는 로봇을 제작할 때 인간과 협업을 하기 위해 필요한 사항을 제시하시오.
2. 인간이 로봇과 같이 협업을 할 때 일어날 수 있는 위험 사항을 정리하고 인간의 보호를 위해 필요한 가이드라인을 제시하시오.

키워드

로봇과 인간의 공존 / 아마존 물류 로봇

용어사전

웨어러블 안경, 시계, 옷과 같이 사용자가 거부감 없이 신체의 일부처럼 착용하여 사용할 수 있는 컴퓨터

번아웃 한 가지 일에 몰두하던 사람이 정신적, 육체적 피로를 심히 느끼고 이로 인해 무기력해지는 증상

자동화 컴퓨터나 전자 기기를 이용하여 일 처리가 자동으로 되는 것

인체공학적 인체의 효율성, 안전성, 편리성을 최대로 하여 사람을 중심으로 설계하는 것

찾아보기

Mario Ritter, Jr.(2020.1.5).How Well Can People Work with Robots?.VOA.

장길수.(2020.1.9)."아마존, 로봇 도입 후 노동자 부상 비율 높아져".로봇신문.

원격의료 논쟁

들여다보기

원격의료란 환자가 직접 병원을 방문하지 않고 통신망이 연결된 모니터 등의 의료 장비를 통해 의사의 진료를 받을 수 있는 서비스를 말한다. 정보통신기술과 의료 기술의 융합이 이루어지면서 새로운 성장산업으로 등장하고 있다.

우리나라의 원격의료는 2002년 3월 의사-의료인간 원격진료 제도 도입으로 시작되었다. 그 후 의사-환자 간 원격진료 시범사업이 2006년 시행되었으나 의료계의 반대로 성과 없이 끝났고, 2010년부터 의사의 원격의료와 처방을 허용하는 법안이 국회에 제출되었지만 현재까지 의료계와 야당의 반대로 계속 무산되었다. 의료계의 반대에는 원격의료가 의료 민영화의 시작이 될 수 있다는 시각과 대형 병원의 배를 불리는 일이라는 점이 중요하게 작용하고 있다.

그러나 코로나19 사태로 인해 정부는 전화를 이용한 진료 상담과 처방을 일시적으로 허용하였고 일부 의료 기관이 이를 받아들였다. 또한 산업계를 중심으로 원격의료 확대를 요구하는 목소리가 더 커지고 있다.

원격의료는 반복적인 처방과 이동이 불편한 환자의 진료를 위한 의료 서비스 측면에서 커다란 장점을 지닌다. 고혈압, 고지혈증, 당뇨, 관절염 등 오랜 기간 동안 관리가 필요하고 정기적인 투약이 필요한 질환의 경우 특별한 이상이 없을 경우 굳이 병원을 방문하여 진료를 받아야 할 필요성이 떨어진다. 특히 스마트 기기의 발달로 혈압이나 혈중 포도당 농도, 체온, 심박수 등 진단에 필요한 다양한 정보를 직접 병원을 방문하지 않아도 확인 가능한 것이 현실이다. 이런 상황에서 원격진료는 환자의 비용과 부담을 줄이는 좋은 대안이 될 수 있다.

또 의료 자원이 부족한 지역의 경우 이러한 원격진료를 통해 보다 양질의 의료 서비스를 받을 수 있다는 장점도 있다. 그리고 인공지능과 조합한 원격의료 진단 시스템의 도입은 의료의 질적 향상과 균일한 진료에 도움을 줄 수 있다.

하지만 반대의 목소리도 만만치 않다. 반대측에서는 원격진료를 위한 시스템 업그레이드에 큰 비용이 투입될 가능성이 높고, 이런 이유로 규모가 작은 1차의료기관과 병원 간 장비의 능력차이가 나타날 수 있다고 주장한다. 이렇게 되면 보다 원활한 원격진료가 가능한 병원으로 환자가 몰려 1차의료기관에 재정적 타격을 줄 수 있다.

또한 원격진료를 통해 지리적 장벽이 사라짐으로써 지방의 병의원은 더 큰 타격을 받게 될 것이다. 이런 지방 병의원이나 중소의원이 사라지면 오히려 의료접근성이 떨어지는 사태가 발생할 수도 있다.

그리고 원격진료가 도입되면 약 또한 택배시스템과 같이 제공될 수 있으며, 이렇게 될 경우 소규모 약국이 사라질 우려가 있다. 현재의 온라인 쇼핑몰이 번성하면서 동네 슈퍼가 사라지는 것과 동일한 현상이 일어날 수 있는 것이다. 따라서 이들은 원격진료를 도입하기보다 오히려 공공의료기관을 확충하고 건강보험의 보장성을 더 높이는 것에 집중해야 한다고 주장한다.

쟁점

1. 환자가 병원을 직접 방문하지 않고 진단과 처방을 받는 원격진료 서비스를 도입하는 것에 대한 찬반 의견이 팽팽하다.
2. 원격의료는 만성질환자의 비용과 시간을 절약하는 측면이 있다.
3. 원격의료가 활발해지면 지방과 작은 의원이 경쟁력을 잃고 소멸하게 될 수 있고 이런 경우 오히려 환자의 의료 접근성이 떨어질 우려가 있다.

논제

1. 원격의료에 대한 찬반입장을 정하고 그 이유를 논하시오.
2. 원격의료를 도입하기 위해서는 환자의 가정에 컴퓨터와 인터넷 및 각종 진단 기구가 비치되어야하는데, 이를 위한 비용을 정부나 지방자치단체가 제공하는 것에 대한 찬반입장을 정하고 그 이유를 제시하시오.
3. 원격의료가 가져올 문제점에 대해 정리하고 이를 해결할 수 있는 방안을 제시하시오.

키워드

원격의료 / 비대면의료 / 의료접근성

용어사전

융합 둘 이상의 요소가 합쳐져 하나의 통일된 감각을 일으키는 것

1차의료기관 의원 및 보건기관으로 일반적으로 먼저 방문하는 근처의 병원. 주로 당일환자나 1~2일 정도의 단기 입원을 하는 환자가 이용하는 병원을 말한다.

찾아보기

김종엽/이관익.(2020.8).비대면 의료서비스의 장점 및 필요성.대한내과학회.

박상준.(2020.5.11).원격의료 논란의 핵심, 과연 무엇인가?.메디컬타임즈.

최미라.(2013.11.20).정부가 숨기는 원격의료 진실 10가지.헬스포커스.

전기 자동차와 실업

들여다보기

내연기관 자동차에서 전기 자동차로의 전환이 앞으로 20년 사이 급속하게 이루어질 전망이다. 시장분석기관 딜로이트에 따르면 전 세계 전기차 시장의 연평균 성장률은 29%에 달해 2014년 판매량이 29만 대였던 데 비해 2020년에는 250만 대까지 성장했고, 2030년에는 3,110만 대까지 증가할 것으로 전망된다. 2040년에는 전체 자동차 판매 시장에서 전기 자동차가 내연기관 자동차를 앞지를 것이라는 것이 대부분의 전망이다. 이러한 변화는 자동차 제조업체에서도 보이는데, 전 세계 주요 자동차 회사들은 앞으로 10년 정도의 기간 동안 대부분의 승용차를 전기 자동차로 전환하겠다는 계획을 밝히고 있다.

이는 서유럽과 미국의 캘리포니아주 등이 기후위기에 대한 대응책으로 기존 내연기관 자동차에 대한 규제와 전기 자동차에 대한 혜택을 통해 전기 자동차 구매를 유도하고 있는 것이 한 이유이며, 또 다르게는 전기 자동차의 가장 중요한 부품인 2차 전지-배터리의 성능 향상과 판매가격 하락이 두 번째 이유이다.

전기 자동차는 전기를 공급하는 발전소가 화석연료를 사용하는 경우에도 기존 내연기관 자동차에 비해 이산화탄소 배출량이 50% 정도 더 적다. 이는 자동차 엔진의 열효율이 화력발전소의 발전기에 비해 워낙 낮기 때문이다. 또한 재생에너지를 이용한 전기 발전량이 늘어나면 이산화탄소 배출량의 차이는 더욱 늘어날 것이다. 따라서 내연기관 자동차에서 전기 자동차로의 전 세계적인 전환은 앞으로의 기후위기 상황

최근 곳곳에서 전기 자동차를 볼 수 있게 되었다. 세계 전기 자동차 시장을 주도하는 테슬라의 전기 자동차.

과 맞물려 대단히 빠르게 일어날 수밖에 없다.

한편, 일반 내연기관 자동차는 현재 약 3만 개의 부품으로 구성되어 있으나 전기 자동차에서는 최소 70%에서 90% 가량의 부품이 사라질 것으로 예상된다. 사라지는 부품으로는 엔진을 구성하는 부품과 점화장치, 배기 및 흡기 관련 부품, 오일 펌프 등 윤활유 관련 부품, 연료 관련 부품과 유압 브레이크 부품 등이 있다. 새로 추가되는 부품으로는 모터와 전지, 전동브레이크 등이 있으나 사라지는 부품의 수가 월등히 많다. 전자 장치 등 새로운 부품 공급을 염두에 두더라도 엔진 등의 관련 부품 공급업체에서는 약 15만 명의 노동자들이 일자리를 잃게 될 것으로 예상된다.

전기 자동차와 관련된 실직 이슈는 이뿐만이 아니다. 우리나라의 자동차 정비업체는 서울에만 4,000개 업소가 넘는다. 전국적으로는 1만 개가 넘는 업소들이 있을 것으로 파악된다. 그런데 부품수가 현저히 적은 전기 자동차의 경우 기존 내연기관 자동차에 비해 정비 수요가 최소한 35% 이상 줄어들 것으로 보여 이들 업체의 폐업과 관련한 노동자의 실직 또한 문제가 된다. 단순 계산으로도 전체 정비 노동자의 1/3 정도가 일자리를 잃게 될 것으로 보인다.

이와 더불어 전기 자동차가 활성화되면 주유소의 수요가 줄어들게 된다. 전기 자동차는 집이나 직장에서 충전이 가능하다. 따라서 꼭 상용 충전소를 갈 이유가 많이 줄어든다. 그리고 상용 충전소의 경우도 기존 주유소처럼 넓은 면적을 차지할 필요도 없다. 사설 혹은 공영 주차장에서 주차 중에 충전을 할 수도 있기 때문이다. 그리고 정유업계 역시 휘발유와 디젤유의 수요가 줄어들게 되므로 이에 따른 추락 요인이 발생한다.

쟁점

1. 전기 자동차는 기존 내연기관 자동차에 비해 부품수가 1/3 정도밖에 들지 않는다.
2. 전기 자동차가 도입되면 기존 자동차 부품을 제조하던 기업들과 그 기업의 노동자들에게 커다란 타격이 오게 된다.
3. 전기 자동차가 도입되면 부품의 수가 줄면서 자동차 정비를 받는 횟수도 줄어들게 되고 이에 따라 소규모 정비업소에서 일하는 노동자들이 실직의 위험에 처할 수 있다.
4. 휘발유 소비가 줄어들면 주유소가 큰 타격을 입게 될 것이다.

논제

1. 전기 자동차가 도입될 경우 그 활용도가 떨어지게 될 주유소를 어떻게 활용할지에 대한 기술적 대안을 제시하시오.
2. 전기 자동차 도입에 따른 실직문제를 해결하기 위해서는 어느 편이 이에 대한 비용을 부담하고 대책을 세워야 할지를 정하고, 그 이유를 논하시오.
3. 신기술 도입에 따른 실직 문제 해결을 위해, 신기술 도입으로 이익을 보는 쪽에 세금을 부과하는 것에 대해 찬반입장을 정하고 그 이유를 논하시오.

키워드

전기 자동차 / 전기 자동차 부품 / 전기 자동차 유지보수 / 전기 자동차 주유소

용어사전

내연기관 연료의 연소가 기관의 내부에서 이루어지며, 여기서 생성된 열에너지를 기계적 에너지로 바꾸는 기관

열효율 열기관에 공급된 열이 유효한 일로 바뀐 정도를 나타내는 비

상용 일상적으로 사용하는 것

찾아보기

윤형준.(2019.8.28).이 많은 부품들, 70%가 사라집니다.조선비즈.

조한무.(2019.5.19).전기차 대전환 맞는 부품사, '2030 생존 전략'을 말하다.민중의소리.

최은진.(2020.7.18).자동차 시작 '격변'…사라지는 부품업체, 대책은?.KBS.

이상원.(2020.3.9).전기차시대 정비수입 35% 감소, 정비센터 향후 먹거리는 바로 이것?.M오토데일리.

딥페이크

들여다보기

딥페이크deepfake란 딥 러닝deep learning과 가짜fake의 합성어로 생성적 적대 신경망GAN이란 인공지능 기술을 이용해 기존 인물의 얼굴이나 특정 부위를 합성한 영상을 말한다. GAN이란 '생성 모델'과 '감별 모델'이라는 두 모델을 만든 뒤 감별 모델이 생성 모델에서 가짜를 찾아내 파괴하는 과정을 반복하는 방식이다. 이 과정을 통해 생성 모델의 부자연스러운 부분이 줄어들면서 정교한 모델이 탄생하게 된다. 이런 방식은 기존 인공지능에 비해 빠른 속도로 이미지나 음성을 합성하거나 변조할 수 있다. 과거 컴퓨터 그래픽을 이용하던 것이 디지털 기술과 인공지능의 발전으로 몇 단계 더 정교해진 것이다.

실제로 합성 대상이 되는 사람과 비슷한 체형 및 얼굴형을 가진 사람이 찍힌 영상을 고르고, 대상자의 얼굴 표정을 다양하게 학습시킨 상태에서 작업을 하면 일반인이 보기에 구분하기 힘들 정도의 결과를 보여준다. 기존 방식보다 훨씬 저렴한 비용으로 동영상을 제작할 수 있다는 것도 장점이다.

중국 신화사에서는 이런 딥페이크를 활용하여 인공지능 아나운서가 뉴스를 진행하기도 한다. 또한 레프레젠트어스RepresentUs라는 비영리 단체는 북한의 김정은 위원장과 러시아 블라디미르 푸틴 대통령의 딥페이크를 광고에 이용하려 하기도 했다.

영화의 경우 위험한 장면을 촬영할 때 흔히들 대역(스턴트 맨)을 쓰곤 하는데, 아무래도 얼굴이 다르다 보니 얼굴이 정면으로 나오는 장면이나 크게 잡히는 장면 등은

딥페이크 기술로 실제얼굴과 합성한 얼굴을 구분하기가 쉽지 않아졌다.

피하게 된다. 딥페이크를 활용한다면 몸집과 얼굴형태가 비슷한 대역이 연기하는 장면을 이전보다 자유롭게 촬영하여도 손쉽게 주인공으로 탈바꿈시킬 수 있다.

하지만 딥페이크에 대한 우려도 크다. 현재 가장 큰 문제가 되고 있는 것은 음란물에 유명한 연예인들의 얼굴을 합성한 딥페이크 영상이다. 물론 이는 범죄행위로 법적 처벌을 받게 된다. 실제 일본에서는 여성 연예인의 가짜 음란물을 인터넷에 공개한 사례가 적발되어 형사처벌을 받았다. 연예인 얼굴을 본 딴 음란물뿐만 아니라 나쁜 의도로 딥페이크를 활용할 다양한 여지가 있다. 대표적인 것이 가짜뉴스다. 정치인이나 다른 유명인의 얼굴을 딥페이크로 교묘히 합성하여, 하지도 않은 말이나 행위를 한 것처럼 꾸며 인터넷으로 유포시키면 해당 인물은 커다란 피해를 입게 된다.

이런 문제점이 지적되면서 구글과 페이스북의 경우 딥페이크 광고 상영을 전면 금지했다. 또한 마이크로소프트, 구글, 페이스북 등 글로벌 IT기업과 미국 정부 산하 연구소 등이 딥페이크 방지 기술을 내놓고 있다. 마이크로소프트는 동영상에 딥페이크 기술을 적용했는지를 감별하는 비디오 어센티케이터Video Authenticator 기술을 선보이기도 했다. 하지만 인공지능을 기반으로 한 이미지 합성 기술의 발달 속도가 워낙 빨라 완벽하게 막아내기는 어려울 것이라는 전망이 우세하다. 네덜란드의 사이버보안 기업인 딥트레이스Deep Trace의 보고서에 따르면 2019년에 확인된 딥페이크 영상만 해도 1만 5천 건 가까이 달하여 2018년에 비해 84% 증가했는데 그 중 90% 이상이 연예인을 합성한 음란물인 것으로 파악된다. 한편 우리나라에서도 '지인 능욕'이라고 하여 돈을 받고 음란물에 지인의 얼굴을 합성한 성착취 영상물을 제작한 이들이 경찰에 검거되기도 했다.

쟁점

1. 인공지능을 이용한 그래픽 합성기술이 발달하면서 더 짧은 시간에 더 적은 비용으로 높은 화질의 그래픽 합성이 가능하게 되었다.
2. 이를 악용하여 가짜뉴스를 만들거나 음란물을 제작하는 사례가 늘고 있다.

논제

1. 딥페이크 기술을 법률로 규제해야 하는지에 대해 찬반입장을 정하고 그 이유를 제시하시오.
2. 딥페이크 기술이 악용되는 것을 막을 방안을 제시하시오.

키워드

딥페이크 / 가짜뉴스 / 음란물

용어사전

딥러닝 스스로 생각하는 컴퓨터로, 컴퓨터가 사람처럼 생각하고 배울 수 있도록 하는 기술을 뜻한다.

가짜뉴스 뉴스의 형태를 띠고 있으나 사실은 가짜정보를 담은 뉴스

찾아보기

황민규.(2020.10.5).범죄 악용 '딥페이크' 발전속도 빨라… MS페북 방어전선 한계.조선비즈.

결국 광고에 침투한 딥페이크 기술.WLDO [동영상]. Retrieved from https://youtu.be/3WEpJS1W7vg

기후위기

산업혁명 이후 화석연료 사용 등으로 인해 이산화탄소의 대기 중 농도가 상승했으며 그에 따라 평균 온도가 1도 정도 높아진 상태입니다. 이러한 지구온난화로 벌써 지구촌 곳곳에서 이상 현상이 나타나고 있습니다. 툰드라의 해빙, 기후변화, 해양 순환의 교란 등이 그것입니다.
더욱이 현재의 추세대로 이산화탄소 농도가 계속 높아진다면 인류와 지구 생태계 전체에 심각한 악영향을 미칠 것입니다. 과학자들은 지금보다 0.5도 이상 지구 온도가 상승하면 그때는 돌이킬 수 없는 사태가 전개될 것이라고 합니다. 이에 따라 다양한 대책 또한 강구되고 있지요. 신재생에너지에 대한 연구와 투자가 이어지고 있으며 에너지 소비를 줄일 수 있는 여러 방법들이 연구되고 있습니다.

기후변화의 원인

들여다보기

인간이 문명을 발전시킨 지난 1만 년 동안 지구는 평균기온 약 13.9℃를 유지해 왔다. 반면 달의 평균기온은 -23℃다. 지구와 달 모두 태양으로부터의 거리는 비슷한데, 기온은 거의 37℃ 차이가 난다. 이 차이는 바다와 대기의 존재 여부, 그리고 햇빛의 반사 정도에 의해 결정된다.

지구든 달이든 자신이 흡수한 태양에너지만큼 에너지를 내놓아 에너지 평형 상태를 유지하는 것은 같다. 그러나 지구는 대기에 의한 온실효과로 달보다 더 높은 온도에서 평형 상태를 유지할 수 있다. 그리고 이에 가장 큰 기여를 하는 것은 이산화탄소다. 다른 기체의 경우 지구가 내놓는 적외선 영역의 전자기파를 잘 가두지 못하는데, 이산화탄소는 이를 흡수해 다시 지구로 되돌려 주기 때문이다.

지구 대기의 대부분을 차지하는 질소와 산소, 아르곤은 지표에서 우주로 나가는 적외선 영역의 전자기파를 거의 흡수하지 못한다. 그러나 지구의 대기 중 0.03%에 불과한 이산화탄소는 적외선을 흡수해 지구를 지구답게 만들어 준다. 그런데 또 그만큼 위험요소를 안고 있기도 하다. 아주 적은 양으로도 지구의 온도를 높여주기 때문에 농도가 조금만 변해도 지구 기후에 막대한 변화를 초래할 수 있기 때문이다.

지난 1만 년 동안 지구 대기의 이산화탄소 농도와 수증기 농도는 비교적 변함없이 일정하게 유지되었다. 그런데 지구 시스템을 연구하는 과학자들이 20세기 중반부터 조사한 바에 따르면 지난 200년 정도의 기간 동안 이산화탄소의 농도가 이전보다 점

18세기 후반 일어난 산업혁명은 이산화탄소 농도의 증가를 불러왔다.

점 높아졌다고 한다. 공교롭게도 산업혁명이 일어난 시기가 대략 18세기 중반 정도다. 인류가 석탄과 같은 화석연료를 본격적으로 태우기 시작한 때다.

산업혁명이 시작된 시기 지구의 이산화탄소 농도는 0.03%였다. 그 후 완만히 증가하다가 20세기가 시작되자 그 증가세가 훨씬 커졌다. 이때부터 석유를 본격적으로 쓰기 시작했기 때문이다. 자동차가 늘어나고 화물선과 비행기가 기하급수적으로 늘어났다. 전기가 들어오고 전기를 생산하기 위해 화력발전소가 전 세계적으로 늘어나던 시기다. 그리고 20세기 말이 되면서 증가세는 더욱 높아진다. 중국과 인도를 비롯한 제3세계가 맹렬히 산업화를 추진하기 시작하면서다.

21세기 현재, 이산화탄소 농도는 0.04%를 넘었다. 현재의 추세대로라면 21세기가 끝나기 전에 0.06%를 돌파하는 것은 문제가 아닐 듯 싶다. 약 300년 만에 이산화탄소 농도가 2배로 높아지는 것이다.

쟁점

1. 18세기 후반 이후 지구의 평균 온도가 1℃ 올랐다.
2. 지구의 기온이 오른 이유는 이산화탄소 농도가 증가했기 때문이다.
3. 이산화탄소 농도의 증가는 화석연료 사용 등의 인간 활동 때문이다.

논제

1. 대기 중 이산화탄소 농도가 높아지는 원인들에는 어떤 요인들이 있는지 살펴보시오. 그리고 현 재의 이산화탄소 농도 증가가 인간 활동에 의한 것인지 아닌지에 대해 판단하고 그 논거를 제시하시오.
2. 이산화탄소의 농도가 높아지는 것 외에 지구온난화의 원인이 될 수 있는 요인들을 찾아보고, 이것이 현재의 지구온난화에 얼마나 영향을 미치고 있는지 설명하시오.
3. 태양으로부터 지구와 달의 거리가 비슷함에도 불구하고 지구와 달 표면의 평균 온도가 차이가 나는 이유를 분석하고, 가장 중요한 원인을 근거와 함께 제시하시오.

키워드

기후변화 / 기후위기 / 온실가스 / 이산화탄소 농도 / 화석연료

용어사전

에너지 평형 상태 일정한 닫힌계에서 들어오는 에너지와 나가는 에너지가 동일하여 내부 에너지의 크기가 일정하게 유지되는 상태

온실효과 대기를 가지고 있는 행성 표면에서 나오는 복사에너지가 대기를 빠져나가기 전에 흡수되어, 그 에너지가 대기에 남아 기온이 상승하는 현상

제3세계 미국과 소련이 대립하던 시절, 패권 싸움에 개입하지 않은 모든 국가를 합쳐 부르는 말이었으나, 중립 노선이었던 대부분의 국가가 개발도상국이다 보니 현재에 와서는 경제적으로 빈곤한 개발도상국을 의미하는 말로 주로 쓰이고 있다

찾아보기

박재용. (2019). 1.5도, 생존을 위한 멈춤. 뿌리와이파리.

조천호. (2019). 파란하늘 빨간지구. 동아시아.

한재각(엮은이). (2019). 1.5 그레타 툰베리와 함께. 한티재.

국내 분야별 온실가스 배출량 및 흡수량. 종합 기후변화감시정보 [웹사이트]. Retrieved from http://www.climate.go.kr/home/09_monitoring/ghg/gas_exhaust

기후변화의 원인. 국토환경정보센터 [웹사이트]. Retrieved from http://www.neins.go.kr/etr/climatechange/doc01b.asp

철강산업과 온실가스

들여다보기

우리나라는 특히 산업부문에서의 온실가스 배출 비중이 높은 국가다. 에너지 다소비 산업과 온실가스 배출 공정이 많은 산업의 비중이 다른 나라보다 높기 때문이다. 그중에서도 철강산업은 온실가스를 가장 많이 배출하는 산업이다.

철은 자연 상태에서 대부분 산소와 결합한 산화철의 형태로 존재한다. 그런데 우리가 철을 사용하기 위해서는 산화철에서 철과 산소의 결합을 끊어내야 한다. 구리의 경우 높은 온도로 가열하면 자연스레 산화구리에서 산소가 빠져나가기 때문에 문제가 덜하지만, 산화철의 경우 산소와의 결합이 대단히 강하기 때문에 단순히 철을 녹이는 것만으로는 끊어내기가 어렵다. 그래서 코크스를 이용한다. 코크스는 석탄을 가공하여 만든 고순도 탄소 덩어리로, 이 코크스가 산소와 결합하면 자연스레 순수한 철을 얻을 수 있다.

그런데 탄소인 코크스가 연소되면 일산화탄소가 되고, 여기서 나온 일산화탄소가 산화철로부터 산소를 뺏으면 이산화탄소가 생성된다. 그래서 우리나라를 대표하는 제철회사인 포스코에서 한 해 내놓는 이산화탄소의 양이 어마어마하다. 포스코뿐만 아니라 전 세계 제철업체 역시 비슷한 실정이다.

철강산업은 화석연료로부터 배출되는 이산화탄소의 7~9%를 배출하는 산업이다. 철강 1톤을 생산하는 데 평균 1.83톤가량의 이산화탄소가 배출된다. 범주를 산업계로만 제한한다면 철강산업이 이산화탄소 배출량에서 차지하는 비중이 24%나 된다. 즉,

전 세계 산업 이산화탄소 배출량의 1/4이 철강산업에서 나온다. 더구나 세계 인구가 증가함에 따라 제철에 대한 수요는 계속 늘어나고 있다. 획기적으로 이산화탄소 배출량을 줄이는 것이 철강산업의 필수 목적이 된 이유다.

철강산업에서의 이산화탄소 절감 대책은 크게 두 가지로 나눌 수 있다. 하나는 환원제로 탄소 대신 다른 물질을 쓰고, 폐고철을 재활용하는 비율을 더 높이는 것이다. 두 번째는 발생하는 이산화탄소를 포집하여 저장하는 것이다.

환원제를 교체해 이산화탄소를 절감하려는 노력의 일환으로, 최근 철강산업계에서는 탄소 대신 수소를 환원제로 사용하는 법을 연구 중에 있다. 이와 관련하여 스웨덴의 SSAB란 철강회사가 2020년 완공을 목표로 공장을 건설하고 있다. 우리나라의 포스코도 연구를 진행 중이다. 그러나 문제는 '수소는 어떻게 얻을 것이냐'라는 점이다. 전기를 사용하는 것이 현재로서는 가장 유력한 방안인데, 이를 위해서는 막대한 전기를 사용해야 한다. 따라서 이산화탄소 배출량을 줄이기 위해서는 결국 전기를 생산하는 과정에서 신재생에너지 비율이 높아져야만 의미가 있다. 또 탄소 대신 수소를 환원제로 사용하는 기술이 안정적으로 자리 잡기 위해서는 꽤 오랜 시간이 걸릴 것이라는 예상도 존재한다.

폐고철은 주로 전기로에서 재처리된다. 현재 전기로는 전체 철강의 1/4를 생산하고 있다. 하지만 전기로는 전기에너지를 대단히 많이 사용한다. 철강산업 선두주자인 현대제철이 우리나라 전기 사용량 1위를 차지하고 있는 것 또한 바로 이 때문이다. 이는 10만 명 정도가 사는 도시 전체의 전기 사용량과도 맞먹는다. 또 전기로는 제품의 품질이 고로(용광로)에서 생산하는 제품보다 떨어진다는 단점이 있다.

인도의 타타Tata그룹이 보유한 독일 이유무이덴 제철소에서는 이산화탄소 배출과 에너지 소비를 5분의 1로 줄이는 프로젝트를 진행 중인데 2030년까지도 완전한 상용화는 어려울 것이라고 이야기한다. 타타그룹은 철광석의 전처리 과정에서 몇 단계를 제거하고, 배출가스의 포집과 저장 기술을 결합하면 이산화탄소 배출량을 80%까지 줄일 수 있을 것이라 전망하고 있다. 한편 룩셈부르크의 철강업체 아르셀로미탈ArcelorMittal은 미생물을 이용해 코크스에서 발생하는 일산화탄소를 바이오에탄올로 바꾸는 사업을 진행하고 있다.

쟁점

1. 철강산업은 우리나라 산업부문에서 온실가스 배출 비율이 가장 높다.
2. 제련과정에 쓰이는 코크스가 온실가스(이산화가스) 배출의 원인이다.
3. 제련과정에 막대한 전기에너지가 들어가는데, 전기 또한 화석연료를 연소시켜 얻는 것이기 때문에 이 또한 온실가스 배출의 원인이다.
4. 현재 많은 기업이 환원제로 온실가스가 나오지 않는 다른 물질을 사용하는 방법을 연구 중이다.

논제

1. 온실가스 배출원을 인간 활동과 산업별로 나누어보고, 각 분야에서 어떤 노력을 기울여야 할지 분석하시오.
2. 온실가스 배출원 중 산업부문에서 가장 큰 비율을 차지하는 분야는 철강산업이다. 철강산업에서 온실가스 배출을 줄일 수 있는 방법을 제시하시오.
3. 철강 제조는 고로와 전기로의 두 가지 방식이 있다. 두 방식의 장단점을 분석하고, 각 방식에 대한 개선점을 제시하시오.

키워드

철강산업 / 코크스 / 산업부문 온실가스 배출량 / 이산화탄소 배출 / 기후위기 / 고로 / 전기로

용어사전

온실가스 지구온난화를 일으키는 원인이 되는 대기 중의 가스

환원제 자신은 산화하면서 다른 물질을 환원시키는 성질이 큰 물질

전기로 전기가 일으키는 열로 금속을 녹여 정련하는 설비

고로(용광로) 철광석을 녹여 쇳물을 만들어 내는 설비

신재생에너지 수소, 산소 등의 화학 반응을 이용하는 신에너지와 햇빛, 물 등 재생 가능한 에너지를 변환해 이용하는 재생에너지를 합쳐 부르는 말

찾아보기

박재용. (2019). 1.5도, 생존을 위한 멈춤. 뿌리와이파리.

조천호. (2019). 파란하늘 빨간지구. 동아시아.

한재각(엮은이). (2019). 1.5 그레타 툰베리와 함께. 한티재.

김재삼. (2018. 09.18). 산업의 온실가스 배출, 신화와 금기를 깨뜨리자. 기후변화행동연구소 [웹사이트]. Retrieved from https://bit.ly/36Z9WkK

이근영.(2019.07.17). 이산화탄소 배출 1위 철강산업의 딜레마. 한겨레.

정민지.(2018.08.18).철강업계, 온실가스 감축 부담에 '신음'. 건설경제.

메테인하이드레이트와 기후위기

들여다보기

바다에는 온갖 생물이 살아가고 또 죽는다. 생물이 죽고 나면 그 사체는 바다 밑바닥에 가라앉는다. 육지에서 바다로 흘러들어가는 물에도 여러 가지 유기물이 포함되어 있는데, 이들도 최종적으로는 바다 밑바닥을 향한다. 그런데 바다의 밑바닥은 산소가 부족하다 보니 보통 혐기성 세균에 의해 이런 사체가 분해된다. 그리고 이때 메테인이 발생한다.

이렇게 발생한 메테인은 일종의 응결핵이 된다. 해양의 대부분은 평균 수심이 3km가 넘는 심해저평원으로 이루어져 있고, 심해저평원과 대륙붕은 대륙사면으로 연결되어 있다. 이 대륙사면의 수온은 평균 4℃다. 일반적인 환경이라면 액체 상태이겠지만 수심 수백 미터에서 수 킬로미터의 사면에서는 수압이 최소 수십 기압이 된다. 이런 압력 아래에서 메테인과 물 분자는 서로 결합하여 고체가 된다. 이것이 메테인하이드레이트라는 물질이다. 보통 10℃에서 76기압 정도면 메테인하이드레이트가 생성될 수 있다.

현재 전 세계 바다의 메테인하이드레이트 매장량은 총 250조m^3에 이를 것으로 추정된다. 이 양은 천연가스로 환산할 경우 인류가 200~500년 정도 사용할 수 있는 수준이다. 우리나라의 경우 독도 부근에 6~9억 톤 규모의 메테인하이드레이트가 묻혀 있다고 한다. 천연가스로 치면 약 150조 원 정도의 규모다.

그런데 이 메테인하이드레이트는 낮은 온도와 높은 압력 아래에서는 안정된 고체

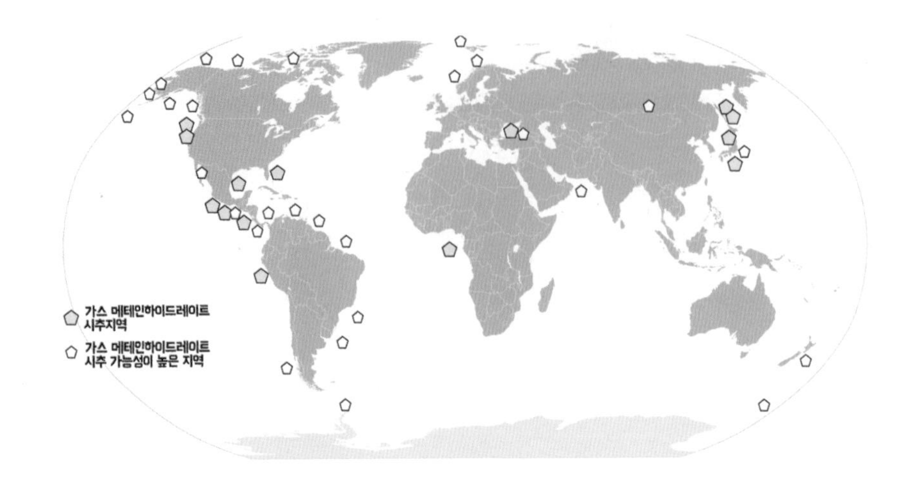

1996년 미국지질조사국이 발표한 메테인하이드레이트분포도.

지만, 온도가 올라가면 급속히 녹으면서 메테인가스가 빠져나오게 된다. 현재 북해에서 관찰된 바에 따르면, 메테인하이드레이트의 기화 속도가 매년 급증하면서 심해의 지형을 바꾸고 있을 정도다. 만약 수온이 3℃ 정도 상승한다면, 현재 전 세계 바다에 매장된 메테인하이드레이트의 85%가 녹아 메테인이 방출될 수 있다. 여기서 우리는 이전 대멸종의 기억을 떠올리게 된다.

지구의 역사에는 다섯 번의 대멸종이 있었다. 당시 생물종의 60~70% 이상이 멸종해 버렸던 아주 가혹한 시기다. 그중 가장 규모가 컸던 멸종 사건은 고생대 페름기말과 중생대 트라이아스기 사이에 벌어진 페름기말 대멸종이다. 이 멸종 사건은 현재의 상황에 대한 끔찍한 암시가 되어준다.

페름기말 멸종은 시베리안 트랩에서의 대규모 화산분출에서 시작되었다. 당시 시베리아 지역에서 지금의 유럽대륙보다 넓은 범위의 대규모 화산분출이 일어났다. 화산 가스에 포함되었던 이산화탄소가 당시 지구의 온도를 높였다. 전체 지구의 온도가 높아지니 바다의 수온도 높아졌다. 수온이 높아지면 기체의 용해도가 떨어진다. 이산화탄소도 물에 잘 녹지 않게 되지만 더 중요하게는 바다의 산소 농도도 낮아진다는 것이다. 바다의 생물들이 산소가 모자라 죽어나가기 시작했다.

그리고 해수의 온도가 올라가면서 당시 바다에 쌓여있던 막대한 양의 메테인하이

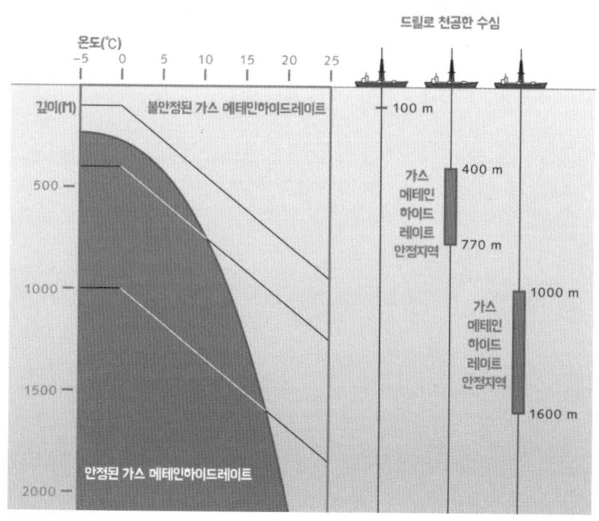

메테인하이드레이트가 안정될 조건.

드레이트가 대기 중으로 분출했다. 대기 중의 메테인 농도가 급속히 올라갔다. 메테인의 온실효과는 이산화탄소의 20배다. 대기의 온도가 더 올라갔다. 높은 온도로 기후도 급격히 변했고 해류의 흐름도 달라졌다. 그리고 결정적으로 메테인은 공기 중에서 산소와 결합하여 이산화탄소와 물로 바뀐다. 이 과정에서 산소의 농도가 거의 절반 가까이 감소했다. 대부분의 세균과 식물을 제외한 동물은 산소호흡을 통해 살아간다. 산소의 절반이 감소했으니 호흡이 될 리 만무하다. 그래서 대멸종이 완성되었다. 메테인하이드레이트는 지금도 역시 대멸종으로 이어지는 마지막 퍼즐이 될 수 있다.

쟁점

1. 심해에는 죽은 생물의 분해과정에서 생긴 메테인과 물분자가 결합한 '메테인하이드레이트'가 존재한다.
2. 수온이 높아지면 메테인하이드레이트의 메테인가스가 대기 중으로 분출될 가능성이 있다.
3. 메테인가스의 온실효과는 이산화탄소의 20배다.
4. 과거 대멸종의 원인 중 하나가 메테인하이드레이트의 분출이었다.
5. 메테인하이드레이트는 천연가스 등 새로운 에너지원으로 활용할 수 있다.

논제

1. 메테인하이드레이트는 새로운 에너지원으로도 각광을 받고 있지만 한편으로는 대멸종으로 이어지는 지름길로도 작용할 수 있다. 메테인하이드레이트의 상업적 사용에 대해 찬반 입장을 정하고, 이에 대한 근거를 제시하시오.
2. 메테인하이드레이트를 상업적으로 활용하는 데에는 여러 가지 어려움이 있다. 어떤 방법을 이용하면 메테인하이드레이트를 효율적으로 활용할 수 있을지 그 대안을 제시하시오.
3. 심해의 메테인하이드레이트가 급격히 분출된다면 전 세계가 심각한 상황에 빠질 수 있다. 이에 대처할 방법을 제시하시오.

키워드

메테인하이드레이트 / 메테인가스 / 메테인가스 온실효과 / 산소 농도 감소 / 대멸종 / 페름기말 대멸종

용어사전

혐기성 세균 물질대사에 산소를 이용하지 않는 세균으로 산소가 풍부한 곳에서는 생존이 어렵다

응결핵 수증기가 물로 응결할 때 그 중심이 되는 작은 입자

심해저평원 대륙사면이나 대륙대가 끝나는 부분부터 바깥쪽으로 연장되어 평탄하게 펼쳐지는 지형

대륙붕 수심 200m 내외의 얕고 경사가 완만한 해저 지형

대륙사면 대륙붕과 심해저평원 사이의 경사가 급한 사면

찾아보기

EBS 다큐프라임 생명 40억년의 비밀 작가팀, 김시준, 김현우, 박재용. (2014). 멸종. MID.

박재용. (2019). 1.5도, 생존을 위한 멈춤. 뿌리와이파리.

조천호. (2019). 파란하늘 빨간지구. 동아시아.

한재각(엮은이). (2019). 1.5 그레타 툰베리와 함께. 한티재.

김규현. (2016.03.25). 시베리아의 거대한 구멍들: 기후 시한폭탄이 똑딱인다. 기상청 [웹사이트]. Retrieved from https://bit.ly/36WCtan

이준기. (2009.08.17). 미래 친환경 청정에너지 가스하이드레이트. 사이언스타임즈.

가스하이드레이트란. 가스하이드레이트 개발사업단 [웹사이트]. Retrieved from http://www.gashydrate.or.kr/sub2/sub2_01.php

툰드라와 지구온난화

들여다보기

툰드라는 주로 북극권에 위치하며, 북반구에 노출된 토양의 24%를 차지한다. 러시아의 시베리아 지역과 캐나다 북부, 그리고 북부 유럽 및 그린란드의 일부가 툰드라 지역인데, 일반적으로 지하에 2년 이상 얼어 있는 '영구동토층'을 포함하고 있는 곳을 말한다.

그러나 지하에 영구동토층을 포함하고 있다고 해서 그 표면이 항상 얼어있는 것은 아니다. 짧은 여름이 되면 표면의 일부가 녹는다. 그리고 빠르게 식물들이 자라고 꽃을 피우고 열매를 맺는다. 식물이 자라면 순록이나 기타 다양한 동물들도 찾아온다. 그곳에서도 풀을 먹고, 사냥을 하고, 사랑을 나눈다. 그리고 그 결실들은 다시 겨울이 오면 얼어붙어 버린다. 이렇게 쌓이고 쌓인 사체와 기타 유기물질들은 분해되지도 못한 채 땅속에 묻힌다.

이렇게 영구동토층에 묻힌 유기물 형태의 탄소가 약 1,672억 톤에 이른다. 그런데 이 영구동토층이 지구온난화로 점점 녹고 있다. 영구동토층이 모두 녹을 경우 빠져나올 메테인과 이산화탄소 등의 온실가스는 2100년까지 최소 43억 톤에서 최대 135억 톤에 이를 것으로 추정된다. 2200년까지는 246억 톤에서 415억 톤에 이를 것으로 보인다. 그리고 그중 상당수는 메테인이다. 앞서도 이야기했지만 메테인은 이산화탄소보다 온실효과가 20배 이상 크다.

미국 알라스카대학 페어뱅크스캠퍼스 연구팀에 따르면 영구동토층이 예상보다 70

그린란드 툰드라 지역의 여름. 툰드라도 짧은 여름 동안 빠르게 식물이 자란다.

년이나 빨리 녹고 있다는 분석이다. 이들이 북극의 영구동토층을 답사한 결과에 따르면 토빙土氷이 녹아 함몰된 지형에 물이 고여 형성되는 열카르스트 지형이 곳곳에서 발견되었고, 초목이 무성해지기 시작한 곳도 있었다고 한다.

지구온난화가 불러오는 영구동토층의 또 다른 재앙은 산불이다. 영구동토층에서 불이 나면 그 아래 묻힌 이탄이 타게 되는데 얼어붙은 이탄이 녹으면서 수분이 증발해 가연성이 더욱 높아진다. 미 항공우주국NASA의 위성사진으로 확인된 바에 따르면 2019년 7월에서 8월에 이르는 시기 동안 난 산불로 시베리아에서만 남한 면적의 1/3에 해당하는 지역이 불에 타 버렸다. 이 산불로 인한 연기가 몽골과 알래스카로까지 퍼졌을 정도다. 지구온난화가 진행되면서 여름의 영구동토층은 30℃를 넘나들 정도로 기온이 높아졌는데 여기에 번개가 치면서 자연발화한 산불이었다. 이렇게 이탄이 연소하면서 발생하는 이산화탄소는 인간 활동에 의한 이산화탄소와 함께 지구온난화를 더욱 부추길 것으로 전망된다.

쟁점

1. 영구동토층에는 상당히 많은 메테인이 매장되어 있다.
2. 지구온난화의 영향으로 영구동토층의 메테인이 대기 중으로 분출되고 있다.
3. 메테인은 이산화탄소보다 온실효과가 20배가 더 크다.
4. 산불 등 영구동토층의 자연발화가 더 잦아지고 있다.

논제

1. 영구동토층의 특징을 정리하고, 기온 상승으로 영구동토층이 녹을 경우 기후변화에 어떤 변화를 미칠지를 과학적으로 분석하시오.
2. 영구동토층의 변화는 기후변화 외에도 툰드라에 사는 생물종의 멸종 위기 등 다양한 영향을 미칠 것으로 고려되고 있다. 이에 대해 정리하고, 이러한 변화로 인해 인간이 받게 될 영향을 분석하시오.
3. 영구동토층에 묻혀있는 메테인가스를 이용할 방안을 과학적으로 고안하시오.

키워드

툰드라 / 영구동토층 / 영구동토층 메테인 / 영구동토층 산불 / 메테인 온실효과

용어사전

영구동토층 2년 이상의 기간 동안 토양 온도가 0℃ 이하로 유지되는 부분

유기물 생물의 사체, 배설물 등 생물체로부터 유래하는 물질

메테인 메탄 또는 메테인은 탄소 하나에 수소 4개가 붙은 분자로 산소가 없는 곳에서 유기물이 분해될 때 발생하며 이산화탄소에 비해 23배 더 큰 온실효과를 낸다

토빙 표토와 흙 사이의 물이 얼어있는 상태로 흙 알갱이와 얼음이 결합해 존재한다

열카르스트 토빙의 융해로 지면이 함몰되어 나타나는 주빙하지역의 각종 지형

이탄 완전히 탄화할 정도로 오래되지 않은 석탄의 일종으로 석탄이 만들어지는 첫 번째 단계

찾아보기

박재용. (2019). 1.5도, 생존을 위한 멈춤. 뿌리와이파리.

조천호. (2019). 파란하늘 빨간지구. 동아시아.

한재각(엮은이). (2019). 1.5 그레타 툰베리와 함께. 한티재.

강석기. (2019.05.28). 지구온난화가 영구동토 붕괴 부른다. 동아사이언스.

이성규. (2017.05.15). 지구온난화 취약지, '영구동토층'. 사이언스타임즈.

이정호. (2019.08.18). 북극 주변 석 달째 산불로 '유기 토양' 야금야금…"불에 노출된 영구동토층, 탄소 저장능력 훼손". 경향신문.

김정수. (2012.12.03). '영구동토층까지 녹으면 최악의 재앙'. 한겨레.

전성훈. (2019.06.19). "북극 영구동토층 예상보다 70년 빨리 녹아…기후위기 징후". 연합뉴스.

제트기류 변화

들여다보기

제트기류는 대류권과 성층권 사이의 궤도에 위치한 빠르고 좁은 공기의 흐름이다. 기상학자 로스비가 1956년 강한 서풍계열의 상층바람을 제트스트림jet stream이라고 표현한 이후 국문으로는 제트기류라 부르고 있다. 가장 강한 제트기류는 극지방에 부는 극지기류로 북반구의 극지기류는 북아메리카, 유럽, 아시아와 그 사이의 대양을 지나고, 남반구의 극지기류는 남극 주위를 돈다.

제트기류는 지구의 자전과 위도별 불균등 가열로 인해 생기는데, 위도별 온도차가 클수록 강해진다. 일반적으로 북극은 일조량이 적어 대기가 냉각되어 수축하는 반면 중위도의 대기는 상대적으로 따뜻해 팽창한다. 따라서 중위도의 대기가 극지방의 대기를 밀어내면서 북극을 중심으로 고리 모양의 편서풍 제트기류가 형성되게 된다. 평상시에는 중위도 대기의 세력이 강해 제트기류가 극지방에 가깝게 형성되는데, 이때 제트기류는 차가운 공기가 남하하지 못하도록 막아주는 '에어커튼' 역할을 한다.

그러나 온도차가 클 때 서에서 동으로 직선에 가깝게 불던 제트기류가 온도차가 줄어들면 속도가 느려지면서 남북으로 구불구불한 모양을 한 채 흐른다. 제트기류가 약해져서 남북으로 큰 요동을 보일 때는 그 요동이 오래 지속되게 되는데 이를 극진동이라고 한다. 이때 제트기류가 아래로 내려온 곳은 그 위쪽 지역에 장기간 한파가 생기고, 제트기류가 위로 올라간 곳은 그 아래 지역에 장기간 더위 현상이 생긴다 .

2017년 우리나라에 기록적인 한파가 찾아온 이유 또한 제트기류가 우리나라 아래쪽으로까지 내려오면서 북쪽의 차가운 공기 덩어리가 장기간 우리나라 상공에 머물렀기 때문이다. 21세기 들어 이런 현상이 전 세계적으로 자주 나타나는 이유는 제트기류가 약해지면서 요동이 심해졌기 때문인데 이유는 북극 주변의 온도와 중위도 지방의 온도차가 작아졌기 때문이다.

결국 온실가스에 의한 지구온난화가 북극 지역에 더 큰 영향을 미치는 것이라고 기후학자들은 주장한다. 북극 지역의 온도가 높아지면 얼었던 바다가 녹고, 바다에서의 수분 증발이 증가한다. 그리고 증가한 수분에 의해 시베리아 지역에 더 많은 눈이 내리게 된다. 시베리아에 눈이 많이 내리면 지표 부근이 차가워지면서 고기압이 형성된다. 이때 수직 파동 현상이 활발해져서 오히려 북극 대기의 상층이 따뜻해지고 제트기류를 약화시키게 된다.

이는 지구온난화가 더 심해져 북극의 온도가 지금보다 더 높아지게 되면, 이로 인해 제트기류가 약해지면서 역설적으로 중위도 지방에 기록적인 한파가 더 자주 나타나게 될 것이라는 것을 의미하는 것이기도 하다.

쟁점

1. 제트기류는 대류권과 성층권 사이에 존재하는 빠르고 좁은 공기의 흐름이다.

2. 북극권의 제트기류가 북극의 차가운 공기가 남하하는 것을 막아준다.

3. 그런데 지구온난화의 효과로 북극권의 온도가 올라가면서 제트기류가 약해졌다.

4. 제트기류의 약화로 인해 중위도 지방의 장기 한파가 잦아지고 있다.

논제

1. 제트기류에 대해 설명하시오. 기후변화와 제트기류가 서로에게 미치는 영향을 과학적으로 분석하시오.

2. 제트기류가 약해짐에 따라 중위도 지방의 이상한파가 잦아졌다. 이에 대한 대책을 제시하시오.

키워드

제트기류 / 에어커튼 / 제트기류 극진동 / 제트기류 이상한파 / 온난화 제트기류

용어사전

에어커튼 빠른 공기 흐름을 이용해 상대적으로 흐름이 느린 내부와 외부의 공기가 드나드는 것을 차단하는 장치로 백화점이나 쇼핑몰 등 사람의 출입이 잦은 곳에 설치된다

극진동 양반구의 극과 중위도의 대기 사이에 반구 규모로 일어나는 기압의 진동 현상으로 북반구에서 발생하는 극진동은 북극진동, 남반구에서 발생하는 극진동은 남극진동으로 불린다

수직 파동 현상 대류권 상층에 머무는 제트기류가 특정 조건에서 지표쪽으로 내려오는 현상

찾아보기

조천호. (2019). 파란하늘 빨간지구. 동아시아.

김남수. (2018.12.27). [토막설명] 제트기류. 기후변화행동연구소.

김수진. (2017.01.09.) "유럽 살인한파 원인은 기후변화로 날뛰는 '북극 소용돌이'". 연합뉴스.

김지수. (2019.02.07). "작년 최악 폭염과 한파는 기후변화·제트기류 약화 등 탓". 연합뉴스.

조천호. (2017.12.27). 지구온난화라는데 한파는 왜 이리 거셀까. 한겨레.

기후변화와 해수면 상승

들여다보기

최근 가장 많이 거론되는 기후 이슈 중 하나가 바로 해수면 상승이다. 해수면을 상승시키는 요인에는 두 가지가 있는데 하나는 바닷물의 양 자체가 늘어나는 것이고, 다른 하나는 수온이 올라가 물의 부피가 커지는 것이다.

바닷물의 양이 늘어나는 이유는 얼음이 녹아서 바닷물에 보태지기 때문이다. 지표의 물은 해수가 97%고 나머지가 육지의 물(담수)이다. 담수의 79.2%는 빙하의 형태이고 지하수가 20.7%, 강이나 호수 등 우리에게 익숙한 형태의 담수는 0.1%밖에 되질 않는다. 즉 지표 전체의 물 중 2% 정도가 빙하인 셈이다. 지구상에 존재하는 빙하의 86%는 남극에 있고, 11.5%는 그린란드에 있다. 나머지는 고산지대의 빙하다. 북극해의 얼음은 바다에 떠 있는 얼음이어서 이미 그 부피가 바닷물에 반영되어 녹아도 해수면을 높이지 않는다. 문제는 그린란드와 남극대륙의 얼음이다. 이 둘은 육지 위에 존재하기 때문에 현재로서는 바닷물 부피에 반영되지 않고 있다.

그린란드의 빙하가 지표 전체의 물에서 차지하는 비율은 약 0.2%가 조금 넘고, 남극의 빙하가 차지하는 비율은 1.6%를 조금 넘는다. 지구의 바다는 평균 수심이 3km가 넘는데 만약 그린란드의 빙하가 다 녹을 경우 비율로 따지면 해수면이 약 6m가량 높아진다. 남극의 빙하가 녹으면 해수면이 50m 가까이 높아진다. 물론 가까운 시일 내에 모든 빙하가 다 녹아내리지는 않겠지만 현재의 연구 결과에 따르면 그린란드와 남극의 빙하 해빙 속도가 빨라지고 있다고 한다. 이에 따라 2100년까지 세계의 해수면이 2m가량 상승할 수 있을 것으로 보고 있다.

사실 이전까지의 해수면 상승 연구 결과는 그 절반 이하였다. '기후변화에 관한 정부 간 협의체IPCC'가 2013년 평가보고서를 냈을 때의 예측은 2100년까지 52~98cm 정도 상승할 것이라는 것이었다. 그러나 2019년의 새로운 연구를 통해 연구자들은 탄소배출량이 현재와 같이 이어진다면 2100년 경 해수면이 약 52~238cm 상승할 것이라고 추정하고 있다.

해수면이 1m 상승한다면 어떤 일이 일어나게 될까? 일단 나라 전체 또는 나라의 대부분이 수몰될 위험이 있는 국가가 있다. 몰디브와 나우루, 투발루, 피지, 키리바시, 사모아, 통가 등의 섬나라들과 네덜란드, 방글라데시처럼 국토 전체가 해수면과 비슷한 높이인 나라들이 위험해진다.

또 강물이 바다와 만나는 곳에 형성되는 삼각주는 대부분 고도가 해수면과 비슷하다. 고도가 낮기 때문에 강물이 바다로 빠르게 흘러 들어가지 못하고 옆으로 퍼져 삼각주가 형성되는 것이다. 이런 삼각주들 대부분이 곡창지대다. 이집트를 먹여 살리는 나일강 삼각주, 미국의 미시시피강 삼각주, 브라질의 아마존강 삼각주, 중국의 황하와 양쯔강 삼각주 등이 대표적이다. 우리나라의 경우도 낙동강과 영산강 하구가 큰 영향을 받게 될 것이다. 부산과 김해시, 전라남도 영암군, 무안군, 고흥군 등도 문제가 된다. 북한의 경우도 대동강 하구나 압록강 하구 등이 피해 대상 지역이다. 일본과 같이 규모가 큰 섬나라도 대부분의 도시가 해안선을 따라 형성되어 있기 때문에 비상사태가 된다.

해수면이 2m 이상 상승하게 된다면 문제는 더욱 심각해진다. 육지가 모두 바다에 잠기는 정도의 일이 생기지는 않겠지만 지도를 다시 그려야 할 정도의 변화는 불가피하다. 유럽의 브뤼셀과 런던, 바르셀로나, 리스본, 미국의 마이애미와 뉴올리언스, 휴스턴, 샌프란시스코, 중국의 동부 및 남부 해안지역, 일본과 대만의 해안 지역 대부분의 도시, 베트남과 캄보디아의 해안 도시 그리고 우리나라의 부산, 김해, 군산, 장항 등이 수몰될 가능성이 높다.

쟁점

1. 지구온난화로 그린란드와 남극의 빙하가 녹고 있다.
2. 빙하가 녹고 수온이 올라가면 해수면이 상승한다.
3. 해수면이 상승하면 섬나라와 해안가가 수몰될 위험이 있다.
4. 우리나라의 경우 낙동강과 영산강 하구가 큰 피해를 입을 수 있다.

논제

1. 해수면 상승에 의해 생겨날 여러 가지 피해를 파악하고 그 대책을 제안하시오.
2. 지구 평균기온 1.5℃ 상승과 2.0℃ 상승에 따른 피해의 차이를 분석하고 그 대책을 제시하시오.
3. 해수면 상승의 원인을 분석하고 대책을 제안하시오.

키워드

기후위기 / 지구온난화 / 해수면 상승 / 삼각주 / IPCC / 수몰 위험 국가

용어사전

해수면 바다가 고조일 때와 저조일 때의 중간부분인 평균수위를 뜻하며, 대체적으로 육지의 표고를 산출할 때나 바다의 수심을 산출하는 기준으로 사용된다

담수 호수, 못, 하천 등에 있는 물로 염분이 거의 포함되어 있지 않은 물을 말한다

IPCC 기후 변화에 관한 정부간 협의체(Intergovernmental Panel on Climate Change)의 약자로 UN의 전문기관인 세계 기상 기구(WMO)와 국제 연합 환경 계획(UNEP)에 의해 인간 활동에 의한 기후 변화의 위험을 평가하는 것을 임무로 1988년 설립된 조직이다

삼각주 강물이 바다나 호수로 흘러들어가는 지점에서는 물의 속도가 느려져 퇴적물을 운반하는 능력이 떨어지는데, 이를 따라 떠내려온 토사가 쌓여 이루어진 삼각형의 평야를 말한다

찾아보기

박재용. (2019). 1.5도, 생존을 위한 멈춤. 뿌리와이파리.

조천호. (2019). 파란하늘 빨간지구. 동아시아.

한재각(엮은이). (2019). 1.5 그레타 툰베리와 함께. 한티재.

Matt McGrath. (2019.05.22). 기후변화: 해수면 상승이 당초 예상의 2배가 될 수 있다. BBC NEWS 코리아 [웹사이트]. Retrieved from https://bbc.in/35TVwB7

김재훈.(2019.09.26). "전례없는 기후변화"…해수면·수온 상승 '위기'. 연합뉴스.

최윤원. (2018.09.21). 기후변화와 해수면상승...수억 명의 터전이 바다에 잠긴다. 뉴스타파.

황철환. (2019.09.25). "기후변화로 이번 세기에 해수면 최대 1.1m 높아질 것". 연합뉴스.

엘니뇨와 라니냐

들여다보기

이상기후의 대표 현상으로 꼽히는 것이 바로 엘니뇨El Niño와 라니냐La Nina다. 하지만 사실 엘니뇨와 라니냐는 특별한 이상기후라기보다는 일정한 주기로 되풀이되는 사건이다. 열염순환과도 관계가 있지만 더 중요하게는 열대지역의 주기적 변화와 관계가 더 깊다.

열대지역 바다에서는 무역풍에 의해 동에서 서로 적도해류가 흐른다. 무역풍이 약해지면 동에서 서로 흐르는 적도해류의 흐름 또한 약해진다. 이렇게 되면 태평양의 동쪽인 남미의 서해안 쪽에 따뜻한 바닷물이 머물게 되고, 심층해류가 올라오지 못하게 된다. 따라서 그 부근의 기온도 올라간다. 따뜻한 바닷물이 증발되니 구름도 많이 끼고 비도 많이 와서 이 지역에 홍수가 심해진다. 반대로 태평양의 서쪽인 인도차이나반도 와 말레이제도 등에서는 따뜻한 바닷물이 적게 오니 그만큼 기온이 낮아지고 비도 예년보다 적게 내리게 된다. 이때 인도네시아나 말레이시아 등에 산불이 증가하는데, 이런 현상을 엘니뇨라고 한다.

반대로 라니냐는 무역풍이 예년보다 강해지는 현상이다. 이렇게 되면 평소보다 적도해류의 흐름이 빨라진다. 엘니뇨와는 반대로 남미 서해안 쪽의 기온이 내려가고 가뭄이 든다. 반대로 말레이시아나 인도네시아 쪽은 수온이 올라가 적도의 따뜻한 해수면에 의해 평소보다 태풍이 더 잦아지고 그 위력도 강해진다. 즉 엘니뇨에서는 태평양 동쪽이 고온 다습해지고 태평양 서쪽은 저온 건조해지며, 라니냐에서는 태평양 동

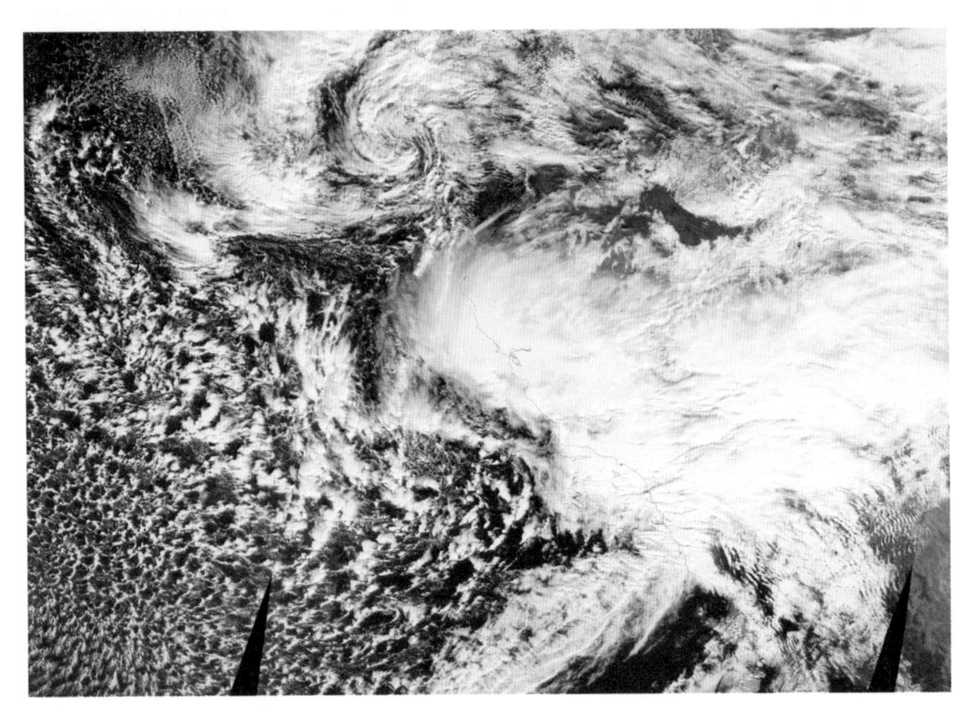

엘니뇨는 태평양 동쪽을 고온 다습하게 만든다. 엘니뇨 현상으로 야기된 캘리포니아 2010년도 대형 태풍의 위성 사진.

쪽이 저온 건조하고 태평양 서쪽은 고온 다습해진다. 이런 엘니뇨와 라니냐는 보통 5년 정도를 주기로 나타나는 경향이 있다.

그러나 지구온난화는 이 주기와 강도에도 변화를 주고 있다. 평균기온의 상승 자체와 지역적 불균형이 영향을 미친 것으로 보인다. 호주와 중국, 미국, 영국, 프랑스와 페루 등의 국제공동연구팀은 1990년 이전 100년과 1991년 이후 100년에 대해 기후 예측 모형을 이용해서 지구온난화와 엘니뇨 및 라니냐 발생 횟수에 대해 조사했는데, 그 결과 상위 5%의 강력한 엘니뇨와 라니냐가 2배 이상 더 많이 발생할 것으로 예측되었다. 1990년 이전에는 강력한 엘니뇨가 발생한 주기가 약 20년에 한 번 꼴이었고 라니냐는 23년에 한 번 꼴이었는데, 이제는 10년에 한 번 꼴로 발생한다는 뜻이다. 더구나 강력한 라니냐의 75%는 강력한 엘니뇨 다음해에 이어서 발생한 것으로 나타났다. 즉 무지막지한 홍수가 난 뒤, 그 다음해에 지독한 가뭄이 드는 식의 일이 10년에 한 번 꼴로 나타난다는 것이다.

쟁점

1. 엘니뇨와 라니냐는 적도 지역의 무역풍에 의해 주기적으로 나타나는 기후다.
2. 엘니뇨가 되면 태평양 동쪽의 해수 온도가 올라가고 태평양 서쪽의 해수 온도는 내려간다.
3. 라니냐가 되면 태평양 동쪽의 해수 온도는 내려가고 태평양 서쪽의 해수 온도는 올라간다.
4. 지구온난화에 의해 라니냐와 엘니뇨의 발생주기가 짧아지고 그 강도가 커지고 있다.

논제

1. 기후변화로 인해 엘리뇨와 라니냐의 주기와 강도가 변화한 이유를 제시하시오.
2. 엘니뇨와 라니냐가 지구환경에 끼치는 영향을 설명하고, 이를 감소시킬 방안을 과학적으로 고안하시오.
3. 엘니뇨와 라니냐가 인간의 활동과 경제에 미치는 영향을 설명하고, 이를 줄이기 위한 방안을 과학적으로 고안하시오.

키워드

엘니뇨 / 라니냐 / 용승 / 이상기후 / 지구온난화와 이상기후 / 열염순환

용어사전

열염순환 바닷물의 밀도차에 의해 생성되는 해류의 순환으로, 그린란드 부근에서 시작하여 대서양과 인도양을 거치는 거대 열염순환을 대양 대순환 해류라고도 부른다

무역풍 위도 20도에서 적도 사이의 1년 내내, 북반구에서는 북동풍, 남반구 영역에서는 남동풍으로 부는 바람

적도해류 북반구와 남반구의 위도 10~20도 사이 지역의 바다에서 무역풍의 영향으로 동에서 서로 흐르는 해류

찾아보기

박재용. (2019). 1.5도, 생존을 위한 멈춤. 뿌리와이파리.

조천호. (2019). 파란하늘 빨간지구. 동아시아.

한재각(엮은이). (2019). 1.5 그레타 툰베리와 함께. 한티재.

곽노필. (2018.12.31). 2018년, 역대 가장 더운 '라니냐해'였다. 한겨레.

김다희. (2019.12.17). 엘니뇨 현상의 다양성을 이해하다. IBS [웹사이트]. https://www.ibs.re.kr/cop/bbs/BBSMSTR_000000000735/selectBoardArticle.do?nttId=15928

김홍지. (2018.09.13) 라니냐 현상이 페루 경제에 미치는 영향. kotra해외시장뉴스 [웹사이트]. Retrieved from https://bit.ly/2FPrOCL

안영인. (2015.02.06). [취재파일] 온난화…강력한 엘니뇨·라니냐 두 배 늘어난다. SBS 뉴스.

최정희. (2019. 11.01). 엘리뇨·라니냐의 정의. 기상청 기후정보포털 [웹사이트]. Retrieved from http://www.climate.go.kr/home/05_prediction_new/predict02_01.php

태풍과 기후변화

들여다보기

우리나라의 늦여름과 가을 사이에 주로 영향을 주는 태풍은 열대 바다에서 생성된다. 그런데 지구온난화가 태풍의 발생 빈도를 높이고, 그 세기를 더 강하게 할 것으로 예측된다. 북태평양에서 형성된 태풍은 주로 동남아에서 중국, 한국과 일본 등으로 향하고 남태평양에서 만들어진 태풍은 뉴질랜드나 오스트레일리아, 파푸아뉴기니로 간다. 대서양의 태풍은 미국이나 멕시코 등의 중앙아메리카 지역으로, 인도양의 태풍은 인도나 방글라데시, 스리랑카, 인도차이나반도 서해안 등으로 향한다.

봄에서 가을 사이 열대의 바다에 강한 햇빛이 지속적으로 내려쬐면 바닷물이 증발해 수증기가 되고, 수온도 오른다. 수온이 오르면 바닷물 근처의 기온도 오르게 된다. 온도가 올라간 공기 덩어리는 부피가 커지면서 밀도가 작아져 위쪽으로 상승하게 된다. 보통의 경우 이런 공기 덩어리는 위로 올라가면서 팽창하게 되고, 팽창과정에서 온도가 내려가 일정한 높이에서 멈추게 된다.

하지만 수증기가 풍부한 열대 바다의 공기는 위로 올라가면서 온도가 아주 조금만 내려가도 수증기가 물방울로 액화된다. 기체가 액체가 될 때는 액화열이라는 열을 내놓는다. 따라서 열대지방의 저기압에서는 수증기가 액화되는 과정에서 내놓는 열 때문에 공기의 온도가 쉽게 내려가지 않고, 때문에 공기는 계속 상승하게 된다. 동시에 밑에서는 계속 바닷물이 증발하며 수증기를 공급하니 이 상승기류의 기세는 꺾이질 않고 성층권과의 경계까지 계속 올라간다. 상승기류로 공기가 올라가게 되면 밑쪽의 공기 밀도가 낮아지게 되고, 따라서 주변으로부터 상승기류의 중심을 향해 바람이 불게 된다. 상승기류가 강할수록 아래쪽에서 중심을 향해 부는 바람이 더욱 거세지는데 그 속도가 초당 17m가 되면 이를 태풍이라 한다.

북태평양의 태풍은 보통 이렇게 필리핀이나 괌 주변의 열대 해상에서 생겨나며 무역풍의 영향을 받아 서쪽으로 가면서 점차 고위도로 향한다. 위도 20도에서 30도 부근까지 올라오면 이제 편서풍의 영향을 받아 다시 동쪽으로 휘면서 북상하게 된다. 전체적으로는 시계방향으로 이동하는 것이다. 이때 북태평양 고기압이나 기타 지형적 영향을 받아 그 경로가 조금씩 바뀌게 된다. 보통 봄에는 주로 동남아 쪽으로 향하지만 가을로 갈수록 고위도로 방향을 선회하게 된다. 그래서 비교적 고위도에 속하는 우리나라나 일본은 주로 8~9월 사이에 태풍의 피해가 집중되는 경향이 있다.

태풍은 열대지방과 태풍이 지나는 바다의 수온에 의해 그 크기와 세기가 대략적으로 정해진다. 그래서 7~8월 바다의 수온이 높을 때 그 위력이 비교적 강하고, 봄이나 가을이 되면 상대적으로 위력이 작다. 그리고 고위도의 바다를 지나면서 수온이 낮으면 다시 열대성 저기압으로 세력이 약해지는 경우도 많다. 그래서 우리나라의 경우 주로 8월 태풍에 피해가 많았고 9월 이후에는 가끔 큰 태풍이 오긴 했지만 대부분 그 위력이 약하고 피해도 적은 경우가 많았다.

그런데 지구온난화가 이런 태풍의 발생 빈도와 강도에 변화를 주고 있다는 연구결과가 나왔다. 지구온난화로 인해 해수면의 온도가 올라가는 것이 우선 문제다. 앞서 설명한 것처럼 태풍은 따뜻한 바다를 지나가면서 수증기를 얻어 그 세력을 키우게 되는데 열대지역을 지나 고위도로 올라오게 되면 수온이 낮아져 차츰 세력이 약해지는 것이 보통이다. 그러나 온대 지역의 해수 온도가 이전보다 높은 상태를 유지하니 태풍도 세력이 약해지기보다 오히려 더 강해지는 효과가 나타나는 것이다. 그리고 이전에는 태풍이 잘 발생하지 않던 10월에도 해수면의 온도가 내려가지 않으니 태풍이 발생하게 된다.

또 해수의 온도가 이렇게 높게 유지되면 태풍이 발생하는 빈도도 높아지게 된다. 그래서 예전보다 더 긴 기간 동안, 더 많은 태풍이, 더 강하게 발생하게 될 것으로 예측되는 것이다. 2019년 우리나라는 처음으로 9월에 세 번의 태풍을 맞이했다. 1951

년 태풍 관측을 시작한 이래 처음이다. 미국의 경우도 21세기 들어 더욱 강력한 허리케인이 빈발하여 그 피해가 늘어나고 있다.

미국 퍼시픽노스웨스트국립연구소가 2018년 5월 '지구물리학연구'에 발표한 바에 따르면 최근 허리케인의 풍속 증가폭이 30년 전에 비해 시속 20km가량 더 커졌다고 한다. 연구진에 따르면 이렇게 풍속이 빨라지는 이유는 해수면의 온도 변화 때문이다. 풍속은 빨라졌지만 이동 속도는 더 느려졌다. 제임스 코신 미국해양대기청 국립환경정보센터 연구원에 따르면 지구의 기온이 0.5℃ 증가함에 따라 태풍의 이동 속도가 10% 가량 느려졌다고 한다. 특히 한반도가 속한 북태평양 지역의 이동 속도는 약 20%가 느려졌다고 한다. 바람의 속도는 빠르지만 이동 속도가 느려지면서 피해 규모는 더 커지게 되었다.

결국 지금처럼 지구온난화가 지속된다면, 한반도를 비롯한 전 세계에 영향을 미치는 태풍의 강도는 더 세지고 그 빈도도 높아지게 될 것이다. 이에 따라 인류는 더 큰 피해를 겪게 될 수밖에 없을 것이다.

쟁점

1 열대지역의 바다에서 발생하는 태풍은 해수면 온도에 크게 영향을 받는다.

2. 발생한 태풍은 시계방향으로 움직이며 고위도로 향한다.

3. 우리나라에 큰 영향을 미치는 태풍은 주로 8, 9월에 발생한다.

4. 지구온난화로 인해 태풍의 강도가 커지고 그 발생횟수가 늘어나고 있다.

논제

1. 태풍이 기후변화에 의해 어떤 영향을 받는지 과학적으로 기술하고, 태풍으로 인한 피해를 줄일 수 있는 방안을 고안하시오.
2. 태풍이 피해를 입히기만 하는 것은 아니다. 태풍에 의해 이루어지는 다양한 현상을 정리하고, 태풍의 이로운 점을 극대화할 방안을 제안하시오.
3. 태풍의 막대한 에너지를 이용할 수 있는 방안을 제시하시오.

키워드

태풍 / 허리케인 / 사이클론 / 태풍과 지구온난화

용어사전

성층권 대류권의 위로부터 고도 약 50km까지의 대기층

찾아보기

박재용. (2019). 1.5도, 생존을 위한 멈춤. 뿌리와이파리.

조천호. (2019). 파란하늘 빨간지구. 동아시아.

한재각(엮은이). (2019). 1.5 그레타 툰베리와 함께. 한티재.

강찬수. (2018.08.23). 태풍 피해 키우는 지구온난화…굼뜨고, 수증기 더 머금게 해. 중앙일보.

박선주. (2014.08.11). "기후변화 시대 태풍·폭설 감당할 건축시스템 갖춰야". 온케이웨더.

이근영. (2018.07.02). 지구온난화, 더 습하고 강한 태풍 만든다. 한겨레.

이근영. (2018.11.19). 태풍 키우는 기후변화 비 40%↑, 바람 초속 15m↑. 한겨레.

해양순환의 교란

들여다보기

열염순환은 밀도차에 의한 해류의 순환을 말하는 것으로 또 다르게는 심층순환 혹은 대순환이라고도 한다.

열염순환은 북극해에서부터 시작된다. 북극해의 겨울 날씨가 추워지면 바닷물이 어는데 물이 얼 때는 자신이 포함하고 있던 다양한 무기물들을 내놓는 경향이 있다. 해수면에서 얼음이 얼면서 그 속에 포함되어 있던 염화나트륨 등의 무기물이 아직 얼지 않은 바닷물로 밀려나오는 것이다. 온도가 아주 차갑기 때문에 그렇지 않아도 밀도가 큰 바닷물은 무기물에 의해 밀도가 더 커지게 된다.

이렇게 밀도가 커진 바닷물은 아래로 내려가고 바닥에 닿은 물은 남쪽으로 흐르기 시작한다. 이 흐름은 대서양을 남북으로 관통하여 남극해 부근까지 이르고 다시 인도양과 태평양으로 이어진다. 최종적으로 이 흐름은 인도양과 태평양의 적도 부근에서 다시 용승하여 수면으로 올라와 표층순환과 연결되는데, 보통 2천 년 정도의 주기로 이루어진다.

이러한 바닷물의 흐름은 유럽을 비롯한 여러 대륙의 기후를 결정한다. 북극의 바닷물이 침강할 때 평형 유지를 위해 다른 표면의 바닷물이 북극으로 흘러 들어간다. 이 영향을 가장 많이 받는 것이 멕시코 만류다. 보통 열대지방에서 시작된 난류와 극지방에서 시작된 한류는 이렇게 중위도 지역에서 만나게 되는데 우리나라의 동해안에서도 이와 같은 현상을 볼 수 있다.

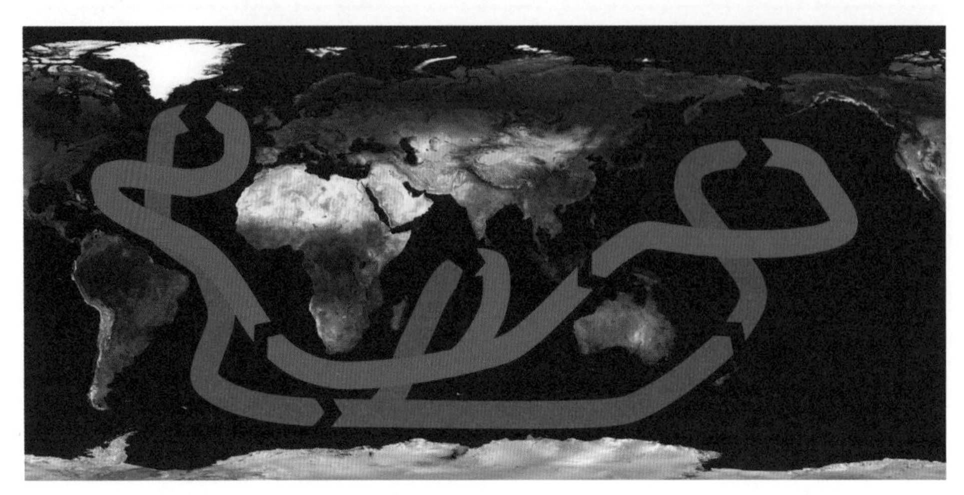
열염순환 모식도. 빨간색은 표층 해류를, 파란색은 심층 해류를 의미한다.

하지만 대서양 동쪽 바다에서는 북극해의 침강에 의해 멕시코 만에서 발생한 난류가 영국과 독일을 지나 북해로까지 이어진다. 이 따뜻한 바닷물 덕분에 유럽은 위도에 비해 날씨가 따뜻하다. 또 이 해류에 의해 북극해 부근은 더 차가워지지 않게 온도가 유지된다. 북극이 남극보다 평균기온이 높은 이유다. 마찬가지로 심층순환이 용승하는 곳은 차가운 바닷물이 용승하기 때문에 열대지역임에도 해수의 온도가 낮다. 인도양과 태평양, 열대 바다 중 대륙에 가까운 부근에서 용승하는 심층순환류는 풍부한 무기질 성분 또한 가지고 있어 거대한 어장을 형성하고 있다.

하지만 지구온난화에 의해 북극의 온도가 높아지면 문제가 발생한다. 겨울철 온도가 높아지면 북극해의 결빙이 줄어든다. 결빙이 줄면 내놓는 무기물의 양이 줄고, 따라서 남아있는 해수의 밀도가 높아지지 않아 침강하지 않는다. 바닷물이 침강하지 않으니 멕시코 만류를 끌어들일 수가 없어 멕시코 만류가 프랑스나 스페인 부근에서 더 이상 올라갈 힘을 잃어버리게 된다.

이렇게 되면 유럽 북부의 고산지역에서는 빙하가 늘어나게 되고 영구동토층이 확장된다. 일종의 빙하기가 찾아올 수 있는 것이다. 유럽만의 문제가 아니다. 열염순환이 어긋나면 열대지역의 용승이 사라질 수 있다. 그렇게 되면 열대지역의 기온이 더 올라가게 된다. 열대지역의 표층순환도 혼란을 겪게 된다. 열염순환은 심층으로만 이어진 것이 아니라 표층순환과 머리와 꼬리를 맞대며 이어지는 순환이기 때문이다. 이 순환의 한쪽 끝이 문제가 생기면 전 세계 해류 전체에 그 영향이 나타날 수밖에 없다.

쟁점

1. 열염순환은 대서양 북쪽 북극해 부근에서 시작한다.
2. 열염순환의 동력은 북극해 부근에서 일어나는 해수 밀도의 변화다.
3. 열염순환에 의해 멕시코 만류의 흐름이 현재처럼 이루어지고 이 흐름이 유럽의 기후에 결정적인 영향을 미친다.
4. 지구온난화에 의해 열염순환이 변할 수 있다.

논제

1. 전 지구의 열염순환에 대해 설명하고, 열염순환의 변화로 인한 우리나라의 기상 변화에 대해 논해보시오.
2. 기후변화로 인한 멕시코 만류의 변화를 설명하고, 이 변화가 유럽에 미치는 영향에 대해 설명하시오. 그리고 이로 인한 피해를 줄일 수 있는 방안을 고안하시오.
3. 열염순환의 변화로 인해 나타날 적도지역의 해류 변화와, 이로 인한 열대지역의 기후변화를 예측하시오.
4. 열염순환이 변하면 빙하기가 닥쳐올 수 있다는 가설이 있다. 이에 대한 찬반 입장을 정하고 그 근거를 제시하시오.

키워드

열염순환 / 심층순환 / 멕시코 만류 / 열염순환과 기후변화

용어사전

용승 온도가 낮고 영양염류가 많은 심해의 바닷물이 바람의 작용으로 인해 표층으로 올라오는 현상

멕시코 만류 멕시코만에서 시작하여 플로리다 해협을 빠져 나와 미국과 뉴펀들랜드 섬의 동쪽 해안을 따라 흐르다 유럽의 서쪽 해안을 따라 흐르는 해류

표층순환 바람과 지형의 영향에 따라 항상 일정한 방향으로 흐르는 바다 표면 해수의 순환

찾아보기

EBS 다큐프라임 생명 40억년의 비밀 작가팀, 김시준, 김현우, 박재용. (2014). 멸종. MID.

박재용. (2019). 1.5도, 생존을 위한 멈춤. 뿌리와이파리.

조천호. (2019). 파란하늘 빨간지구. 동아시아.

David Choi (2010.10.05). 열염순환[Thermohaline Circulation] - 세계기후변화종합상황실 [웹사이트]. Retrieved from http://gccsr.net/Climate/CBRead.asp?No=316

김규헌. (2015.12.14). 멕시코만류 흐름의 둔화 조짐. 기상청 [웹사이트]. Retrieved from https://bit.ly/30n0hlj

맹찬형. (2005.05.11). 멕시코만류 변화로 서유럽 기후변화 우려. 연합뉴스.

이은선. (2011.01.11). 기후변화로 대서양해류 달라졌다.기후변화행동연구소.

Emmerich, R., Gordon, M., Nachmanoff, J., Quaid, D., Gyllenhaal, J., Rossum, E., Mihok, D., ... Twentieth Century Fox Home Entertainment, Inc. (2004). The day after tomorrow. Beverly Hills, Calif: 20th Century Fox Home Entertainment.

제로에너지하우스

들여다보기

패시브하우스passive house란 단열 시스템을 통해 에너지 사용량을 최소화하여 난방에 드는 에너지를 1㎡당 15kWh이하로 낮춘 주택을 의미한다. 패시브하우스의 단열재는 열의 손실을 막아 겨울철의 난방 에너지 사용을 줄여 주기도 하고, 여름에는 외부의 열을 차단하는 역할도 한다. 또 태양열 에너지와 내부 열원의 활용, 그리고 환기장치와 연결된 단열 시스템을 통해 쾌적한 실내 환경을 구축한다. 최근에는 새로 짓는 주택뿐만 아니라 기존 주택도 개 · 보수를 통해 패시브하우스 수준의 단열을 달성할 수 있게 되었다.

패시브하우스는 구체적으로 어떻게 에너지를 아끼는 것일까? 우선 주택을 남향으로 짓고, 창을 통한 열 손실을 막기 위해 3중 유리창을 설치하고, 다양한 단열재를 사용하는 것을 통해 에너지 최소화라는 목표를 달성할 수 있다. 이런 패시브하우스는 외부 온도가 35℃일 때에도 실내 온도가 26℃를 넘지 않고, 외부 온도가 영하 10℃일 때도 별도의 난방장치가 필요하지 않을 만큼 유지된다. 이를 통해 냉난방비가 일반 건축물의 1/10 이하로 지출된다. 이에 따른 비용 절감의 효과도 크지만 온실가스 배출을 줄이는 효과도 있다.

반면 액티브하우스active house는 태양광이나 풍력 등의 재생에너지를 이용해 에너지를 얻는 집을 말한다. 이렇게 생산된 에너지는 축열조를 통해 난방이나 온수 시스템으로 활용되게 된다.

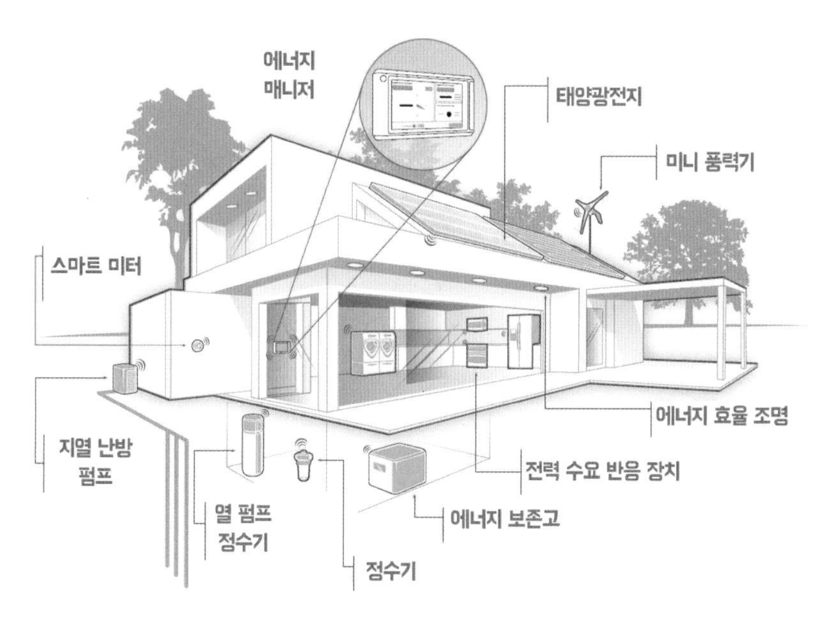

제너럴일렉트릭에서 제안했던 제로에너지하우스. 태양열과 풍력 등의 재생에너지를 이용하고, 단열 구조를 활용해 에너지 소모를 줄이고자 했다.

제로에너지하우스는 이러한 액티브하우스 개념과 패시브하우스 개념을 모두 모아 사람이 살면서 배출하는 소비성 에너지가 전혀 나오지 않는, 탄소 배출이 0인 100% 에너지 자립주택을 말한다. 현재 국내에도 몇 곳의 시범단지가 지어져 실제로 주민이 거주하고 있다.

제로에너지하우스는 초기 건축 비용이 일반 건축에 비해 15~20% 정도 더 든다. 하지만 기존 건축물에 비해 전력비용이 적게 들기 때문에 건설 후 약 15년 정도면 투자비를 회수할 수 있다고 한다.

쟁점

1. 제로에너지하우스는 사람이 살면서 배출하는 소비성 에너지가 전혀 나오지 않도록 하는 건물이다.
2. 패시브하우스는 단열 성능을 극대화해 주택의 에너지 사용을 최소화하는 것을 목표로 한다.
3. 액티브하우스는 주택이 필요한 에너지를 신재생에너지 등을 사용해 자체적으로 조달하는 것을 목표로 한다.
4. 패시브하우스의 경우 각 방의 온도를 능동적으로 조절하지 못한다는 등의 단점이 있다.
5. 제로에너지하우스의 비용은 일반 건축보다 많아 주택가격이 더 비싸다는 단점이 있다.

논제

1. 제로에너지하우스를 위해 필요한 기술들을 정리하시오. 이 기술을 구현하기 위해 어떤 방안이 필요한지 과학적으로 정리하시오.
2. 제로에너지하우스가 확대될 때 예상되는 환경 측면의 장점을 정리하여 논하시오.
3. 제로에너지하우스가 경제성을 가지려면 어떠한 측면이 보강되어야 할지를 논하고, 방안을 제시하시오.

키워드

제로에너지하우스 / 액티브하우스 / 패시브하우스

용어사전

단열재 건물 또는 배관에서 열이 바깥으로 나가거나 찬 공기가 안으로 들어오는 것을 막는 자재

축열조 열생산설비에서 생산된 온수 중 당장 쓰지 않는 열을 저장하였다가 필요한 시기에 공급하는 장치

찾아보기

박재용. (2019). 1.5도, 생존을 위한 멈춤. 뿌리와이파리.

이대철. (2012). 살둔 제로에너지하우스. 시골생활.

KB경영연구소. (2018.11.19). 제로에너지 주택의 기본 모델, 패시브와 액티브하우스. KB지식비타민, 18-90.

장시형. (2009.12.01). 친환경 미래주택 '제로 에너지 하우스'. 이코노미조선, 62.

BORAM YANG. (2015.10.23). 패시브하우스의 장점, 단점 그리고 비용. 호미파이 [웹사이트]. Retrieved from https://bit.ly/2NtMMem

사막화

들여다보기

사막화가 전 세계적으로 진행되고 있다. 해마다 600만ha나 되는 면적이 사막화되면서 곡물재배지 역시 황폐화되고 있다. 지난 40년간 약 2천 400만 명이 사막화로 고향을 등졌다. 이러한 사막화로 몽골은 면적의 약 80%, 중국은 45%가 황폐화되었으며, 미국은 국토의 30%, 스페인은 국토의 20%가 사막이거나 사막화가 진행되고 있다. 알제리는 가뭄으로 오아시스가 고갈되는 등 면적의 1%만이 산림으로 덮여 있다.

사막화가 진행되는 곳에 자연적인 원인이 없지는 않다. 가뭄이 원인이 되기도 하고 높은 산 근처에서 산을 넘어온 건조한 바람이 땅을 황폐하게 만들기도 한다. 그러나 UN의 관련 보고서에 따르면 사막화 원인의 78%가 인간 활동에 의한 것이다. 중국 북서부의 사막화는 과도한 방목과 땔감을 위한 벌채, 개간 등이 원인이 되고 있다.

반면 몽골은 지구온난화가 원인이 되고 있다. 지난 60년간 세계 평균기온이 0.7도 상승하는 동안 몽골은 2.1도나 올랐다. 1990년대 몽골의 사막 면적은 국토의 40%였으나, 지금은 78%까지 확대됐다. 사막화가 진행되면 지표면의 태양에너지 반사율이 증가하고, 이에 따라 지표는 냉각되어 건조한 하강기류가 형성되고 강우량이 감소해 사막화는 더욱 빠른 속도로 진행되게 된다.

UN과 세계 각국은 1994년 사막화 방지협약을 맺고 사막화 방지를 위한 국제협력을 도모해 나가기로 했다. 이후 2015년 열린 'UN 사막화 방지 제12차 당사자 총회'에서는 지속가능개발 목표에 '지속가능한 산림 관리'를 포함시켜 토지 복원에 노력하

전 세계적으로 사막화가 진행되고 있다.

기로 합의했다. 그러나 과학 학술지 『네이처』가 지난 20년간의 사막화 방지 노력에 대해 F학점을 부여했을 정도로, 각국의 실제적인 참여는 적극적이지 못한 상황이다.

사막화를 막는 방법으로 가장 유력한 것은 나무를 심어 산림을 유지하는 것이다. 이와 관련해 조림을 돕기 위한 아이디어들이 힘을 더하고 있다. 몽골의 만달고비 시는 고양시와 손을 잡고 2009년부터 도시 북서쪽에 여의도 면적의 3분의 1에 가까운 면적(90ha)에 조림을 하고 8만 1,000여 그루의 나무를 관리하고 있다. 10년이 지난 지금, 땅이 척박하여 비록 나무가 작기는 하지만 이로 인해 도시의 모래먼지가 사라지고 농사가 가능한 땅으로 변모하고 있다.

네덜란드의 한 연구진은 안개포획기를 개발하여 공기 중의 습기를 가두고, 이를 이용해 씨앗 살포지역에 수분을 공급하고 있다. 이는 안개를 포집하여 저장하는 미국 캘리포니아 해안의 레드우드나무에서 아이디어를 얻은 것으로, 현재 진행이 성공적으로 이루어지고 있다고 한다.

쟁점

1. 전 세계 육지 면적의 3분의 1은 사막이며, 매년 600만ha의 새로운 사막이 생겨나고 있다.
2. 사막화의 원인은 주로 인간의 활동으로 개간과 방목, 땔감과 개발을 위한 벌목 등이 주 원인으로 지목되고 있다.
3. 지구온난화도 사막화에 기여하며, 태양 빛에 노출된 땅은 강수량을 줄여 사막화를 가속한다. 또한 사막화 역시 지구온난화에 기여한다.
4. UN과 각국이 사막화 방지협약을 맺고 사막화를 막기 위해 노력하고 있지만 실효를 거두지는 못하고 있다.
5. 사막화를 막기 위해서는 조림을 하고 이를 관리하는 것이 최대의 방책이다. 이에 안개를 포집하여 수분을 활용하는 등의 아이디어가 더해지고 있다.

논제

1. 전 세계 사막화의 원인을 분석하고, 사막화를 막기 위한 방안을 제시하시오.
2. 전 세계의 노력에도 불구하고 사막화 노력은 실효를 거두지 못하고 있다. 그 원인을 분석하고 이를 위한 대안을 과학적으로 제시하시오.
3. 사막화의 원인 중 하나에는 땅속의 수분 부족이 있다. 땅속의 수분을 보존하고 보충하기 위한 아이디어를 과학적으로 제시하시오.

키워드

사막화 / 사막화 지구온난화 / 몽골 사막화 / 중국 사막화 / 황사

용어사전

벌채 삼림의 서 있는 나무를 벌목하고, 이것을 용도에 맞는 길이인 덩치로 절단해 원목으로 만들어 반출하는 것

개간 산림·황무지·하천부지 등을 농경지 등으로 이용할 수 있도록 관개시설·제방·도로 등을 신설 또는 조성하는 일

찾아보기

박재용. (2019). 1.5도, 생존을 위한 멈춤. 뿌리와이파리.

조천호. (2019). 파란하늘 빨간지구. 동아시아.

한재각(엮은이). (2019). 1.5 그레타 툰베리와 함께. 한티재.

김준래. (2013.06.13). 빨라지고 있는 사막화를 막으려면?. (2013.06.13). 사이언스타임즈.

천권필. (2018.10). 몽골 땅 78%가 사막화…"풀이 없어 가축 키우기 힘들다" 중앙SUNDAY, 604.

사막화가 증가하는 원인. (2015.11.24). 교육부 [블로그]. Retrieved from https://if-blog.tistory.com/5894

푸드마일과 탄소발자국

들여다보기

'푸드마일'은 식재료가 생산지에서 소비자의 식탁에 도달하기까지의 거리를 뜻한다. 그런데 중량과 운송거리의 곱으로 표현되는 이 푸드마일은 단순히 식재료가 이동하는 '거리'만을 뜻하는 것은 아니다. 푸드마일이 높을수록 안정성과 환경을 저해하는 요소들이 늘어나게 되기 때문이다. 식재료가 많이 이동할수록, 그리고 멀리 이동할수록 운송과정에서 온실가스를 배출하게 된다.

또 장시간 이동을 위해 사용되는 포장 재료에서도 온실가스가 추가로 배출된다. 연구에 따르면 우리나라를 기준으로 미국산 바나나는 제주산 바나나보다 푸드마일이 16배 크다. 반대로 푸드마일이 적은 제품은 탄소배출량이 적고, 지구온난화에 대한 기여가 덜하다는 뜻이 된다. 우리나라의 식량자급률은 49.8%이고 곡물자급률은 24%로 OECD 34개국 중 32위다. 쌀을 제외하면 수입 식재료가 식탁의 대부분을 차지한다고 볼 수 있다. 즉 우리나라의 식료품 대부분은 푸드마일이 길고, 온실가스를 많이 배출한다.

푸드마일을 확대한 개념으로 '탄소발자국'이 있다. 탄소발자국은 영국 의회 과학기술국이 2006년 새롭게 만든 개념으로 원료의 채취, 생산, 수송, 유통, 사용, 폐기에 이르는 전 과정에서 발생하는 온실가스 발생량을 이산화탄소 배출량으로 환산한 것이다. 그리고 현재 세계 각국이 이 개념을 도입하여 환경보호 운동에 나서고 있다. 예를 들어 감자칩 포장지의 탄소발자국 마크에 75g이 표시되어 있다고 가정하면 이것은

똑같은 바나나라고 하더라도 원산지나 생산 방법 등에 따라 탄소발자국(푸드마일)이 다르다.

감자 재배에서부터 칩 생산, 운송에 이르기까지 75g의 이산화탄소가 배출되었다는 뜻이다. 종이컵 1개의 경우 그 무게는 겨우 5g이지만 탄소발자국은 11g에 이른다.

영국에서 샌드위치의 탄소발자국을 조사한 결과에 따르면 시판되는 샌드위치의 탄소발자국은 집에서 직접 만든 샌드위치에 비해 2배가량 높은 것으로 나타났다. 포장과 냉장보관, 음식물 폐기 등의 영향이 크게 작용한 것이다. 특히 슈퍼에서 냉장보관하는 샌드위치는 그 기간만큼 탄소발자국이 추가된다. 온실가스 배출량의 4분의 1이 이 과정에서 나오며, 포장 단계에서 최대 8.5%, 냉장 수송 과정에서 4% 정도가 배출된다고 한다.

영국과 프랑스에서는 탄소발자국 표시 제도를 이미 실시하고 있다. 우리나라에서도 일부 제품에 대해 '탄소성적표지제도'를 시범 도입 중이다. 소비자들이 탄소발자국이 적은 제품을 선택하도록 유도하고, 이를 통해 기업들이 탄소발자국이 적은 제품을 개발하도록 장려하는 것이 탄소성적표지제도의 목표다.

쟁점

1. 인간은 생명 활동을 통해 자원과 에너지를 소모하고 온실가스를 배출한다.
2. 탄소발자국은 제품의 생산과 운송, 소비, 폐기에 이르는 전 과정에서 발송하는 온실가스를 이산화탄소의 양으로 환산한 개념으로, 탄소발자국을 통해 제품을 소비할 때 이산화탄소가 얼마나 발생되는지를 알 수 있다.
3. 영국과 프랑스 등에서 제품에 탄소발자국을 표시하도록 하는 정책이 실시되고 있으며, 우리나라에도 유사한 제도가 실시되고 있다. 이런 추세는 전 세계적으로 점점 더 확대되고 있다.

논제

1. 육식이 채식보다 탄소발자국이 큰 이유를 설명하고 그 대책을 제시하시오.
2. 푸드마일과 탄소발자국을 줄이기 위한 방안을 제시하시오.
3. 탄소발자국 표시제의 장단점을 정리하고 이에 대한 개선 방안을 제시하시오.

키워드

푸드마일 / 로컬푸드 / 탄소발자국 / 탄소성적표시제도

용어사전

탄소성적표시제도 제품의 생산부터 폐기까지 생산의 전 과정에서 발생하는 온실가스의 배출량을 제품에 표기하는 제도. 저탄소 사회 실현을 목표로 2009년 2월 도입되었다

찾아보기

박재용. (2019). 1.5도, 생존을 위한 멈춤. 뿌리와이파리.

한재각(엮은이). (2019). 1.5 그레타 툰베리와 함께. 한티재.

로컬푸드와 푸드마일. (2015.09.11). 교육부 [블로그], Retrieved from https://if-blog.tistory.com/5501

탄소발자국. (2008.12.03). 환경운동연합 [웹사이트]. Retrieved from http://kfem.or.kr/?p=7901

이산화탄소 포집과 저장

들여다보기

이미 발생한 이산화탄소는 어떻게 제거할 수 있을까? 이산화탄소를 제거하는 기술은 크게 두 가지로 나뉜다. 하나는 발전소 등에서 발생하는 이산화탄소를 그 즉시 제거하는 것, 다른 하나는 대기 중의 이산화탄소를 흡수하는 것이다.

그중 화석연료를 사용하는 발전소에서 이용하는 이산화탄소 수거 방법을 따로 '이산화탄소 저감 장치'라 부르기도 한다. 그리고 2014년, 캐나다 서스캐처원 주에서 세계 최초로 상업적 규모의 이산화탄소 포집 저장Carbon Capture and Storge, CCS 시설인 '바운더리 댐'이 가동되었다.

이 시설은 최대 25만 대의 자동차가 내놓는 양에 맞먹는 이산화탄소를 저장할 수 있다. 화학용매를 이용한 연료를 사용한 후 발생되는 연기에서 이산화탄소를 포집한 다음 이를 지하 깊은 곳에 묻어두는 방식으로, 화석연료를 사용하지만 이산화탄소가 대기 중으로 빠져 나오지는 않는다.

하지만 또 이를 통해 의미 있는 결과가 나오려면 그 규모가 아주 대규모여야 한다. 예를 들어 바운더리 댐은 매년 백만 톤 규모의 이산화탄소 배출량을 감소시키는데, 이 역시 의미 있는 결과를 얻으려면 최소 수천만 톤의 이산화탄소를 포집할 수 있어야 한다.

CCS의 또 다른 단점으로는 전기 생산 비용의 상승을 들 수 있다. CCS의 경우 건설비용이 아주 많이 들기 때문에 기존의 화력발전소를 CCS 장치를 갖춘 형태로 바

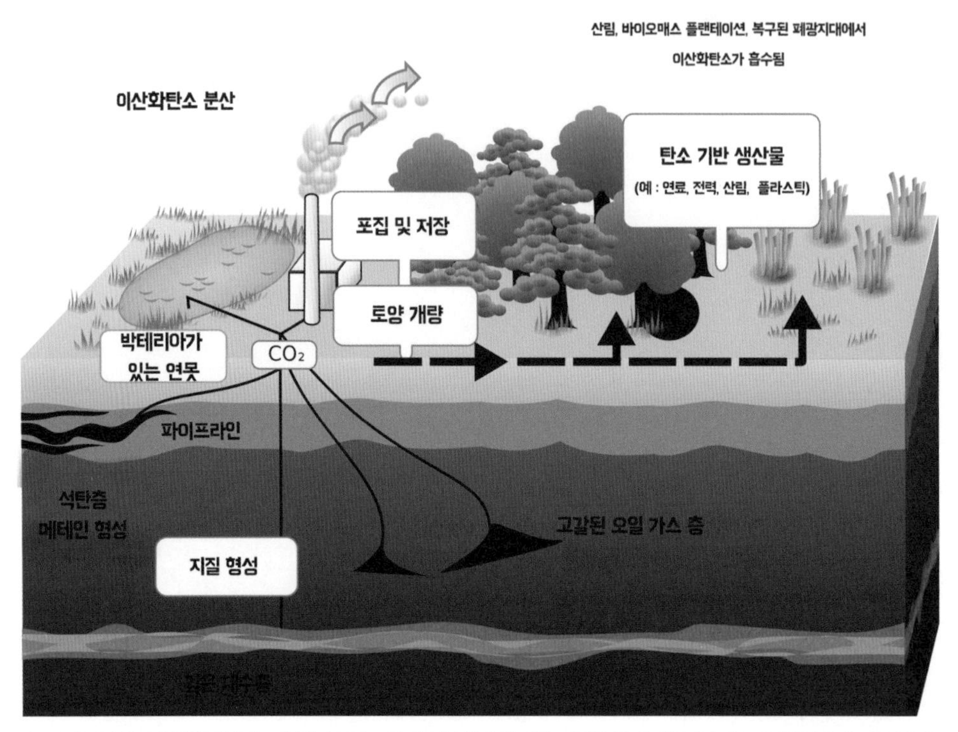

탄소포집 기술을 도식화한 이미지. 이산화탄소를 포집 및 저장한 후에 이를 다양한 곳에 공급하면 지구온난화를 늦출 수 있을 뿐 아니라 생태계에 영양분을 공급하는 데에 도움을 줄 수도 있다.

꾸기 위해서는 정부의 재정 지원이 상당히 필요하다. 그런데 정부의 재정 지원이 충분하지 않다면 자연스럽게 전기 생산 비용이 올라가게 된다. 그렇다면 굳이 화석연료를 사용하는 발전소에 CCS 장치를 설치하는 것보다, 재생에너지에 그 비용을 투자하는 것이 더 나은 방법일 수도 있다. 그러나 재생에너지를 사용할 수 없는 지역이나 국가의 경우 CCS 방식을 생각해 볼 만하다.

또 발전소만 이산화탄소를 내놓는 것은 아니다. 화석연료를 이용해 고온의 환경을 만드는 작업장에서는 모두 엄청난 양의 이산화탄소가 발생한다. 여기에는 철강산업, 석유화학산업, 제지산업 등이 모두 해당된다. 때문에 이런 산업의 작업장 역시 자체적으로 발생하는 이산화탄소를 수거할 CCS 등의 장비 설치가 가능하다.

우리나라에서는 '한국이산화탄소포집및처리연구개발센터'가 이산화탄소 포집을 연구하고 있다. 현재 연구 중에 있는 것은 화력발전소 및 제철소의 시멘트 공장에서 배출되는 이산화탄소를 포집하여 전환하는 장치로, 습식 공정과 건식 공정 그리고 분리막 공정으로 나뉜다. 하지만 아직 기술개발 단계이기 때문에 성능의 검증은 미비한 수준이다.

스위스의 친환경 솔루션기업 클라임웍스Climeworks는 공장이나 발전소에서 배출되는 이산화탄소를 포집한 뒤, 이를 정제해서 작물에 공급하는 시스템을 연구하고 있다. 특별히 고안된 필터를 이용해 배출되는 가스 중 이산화탄소만을 포집한 뒤, 이를 파이프를 통해 채소가 자라고 있는 온실에 공급한다. 온실 내의 이산화탄소 농도가 높아지면 광합성 속도도 빨라진다는 점을 이용한 것이다. 현재로서는 공급 비용이 높아서 경제성이 없지만 이산화탄소의 톤당 공급 가격을 615달러에서 100달러 수준까지(2030년 예상) 낮추게 되면 경제성이 있을 것이라고 주장하고 있다. 그러나 한편에서는 클라임웍스의 시스템의 크기와 비용이 걸림돌이 될 것이라고 비판하는 전문가들도 있다.

캐나다의 환경기업 카본엔지니어링Carbon Engineering은 '직접공기포획Direct Air Capture-DAC'이라는 방법을 사용한다. 공기에 포획 용액을 뿌린 후 대형 풍력기로 이산화탄소를 빨아들이는 방법이다. 포획된 이산화탄소 용액은 여러 과정을 거친 뒤 순수한 이산화탄소와 물이 된다. 이렇게 포집된 이산화탄소는 다양한 형태의 액체 연료로 전환될 수 있다. 이전에는 톤당 제거 비용이 600불이었으나, 최근 개선 작업을 통해 톤당 100불로 그 비용이 줄어들게 되었다고 한다. 제거 비용이 톤당 90불까지 낮아지게 되면 전환된 액체 연료는 리터당 1달러 정도의 비용으로 생산할 수 있을 것으로 예측된다. 이 정도 비용이라면 저탄소 연료에 대한 정부의 지원을 고려했을 때, 꽤 경제성이 있는 것이라 볼 수 있다.

쟁점

1. 이산화탄소 저감 장치는 화석연료를 사용하는 발전소 및 공장 등에서 발생하는 이산화탄소를 수거하는 장치다.
2. 대기 중의 이산화탄소를 직접 흡수하는 것을 직접공기포획법이라고 한다.
3. 이렇게 모인 이산화탄소는 액체 연료로 전환될 수 있다.
4. 아직은 저감 장치 자체를 대량으로 사용하지 못하고 있다.

논제

1. 이산화탄소 저감 장치를 사용하면 온실가스에 의한 기후위기를 재생에너지 확대 등의 방법을 사용하지 않고 해결할 수 있을까? 이에 대한 찬반 입장을 정하고 그 근거를 제시하시오.
2. 이산화탄소를 흡수하여 액체 연료를 만들면 이 또한 결국 이산화탄소를 발생시킬 것이다. 이에 대한 대책을 제시하시오.
3. 이산화탄소 저감 장치와 직접공기포획법 외에, 이미 발생한 이산화탄소를 제거할 수 있는 대안을 생각해 보고 이를 구체적 근거와 함께 제시하시오.

키워드

이산화탄소 저감 장치 / 바운더리 댐 / 이산화탄소 포집 저장 / 직접공기포획

찾아보기

박재용. (2019). 1.5도, 생존을 위한 멈춤. 뿌리와이파리.

조천호. (2019). 파란하늘 빨간지구. 동아시아.

강찬수. (2018.10.20). 하늘에 떠다니는 이산화탄소 빨아들여 온난화 막는다. 중앙일보.

이산화탄소 포집 기술은 지구온난화의 해결책이 될 수 있을까. (2015.12.29). GE리포트코리아 [웹사이트]. Retrieved from https://www.gereports.kr/carbon-capture-and-storage/

대체육

들여다보기

식단에서 육식을 줄이고 채식의 비중을 높이면 어떤 효과가 있을까? 채식을 통해 육류 소비를 줄이게 되면 온실가스 배출량이 줄어드는 것은 물론, 비만이나 심장질환, 당뇨, 뇌졸중, 암 등의 발병률도 줄어든다. 매년 수백만 명의 생명을 구할 수 있고, 보건 의료비용 또한 절약할 수 있다.

영국 옥스퍼드대 연구진에 따르면 세계보건기구World Health Organization, WHO가 건강한 삶을 위해 제안한 권장 식단을 채택할 경우 연간 510만 명의 사망자가 감소해 사망률을 약 6% 낮출 수 있을 것으로 추산된다. 또 온실가스 배출량은 29%를 감소시킬 수 있고, 보건 의료 비용은 735억 달러를 낮출 수 있다. 과일과 채소의 최소 섭취량 기준을 정하고, 고기나 설탕 등의 최대 섭취량 기준을 정한 정도인 권장 식단에서 나아가 좀 더 적극적인 채식, 즉 유제품과 달걀 정도만을 곁들인 채식 식단을 적용할 경우 온실가스 배출을 63% 감축할 수 있다. 하지만 쉬운 일은 아니다. 권장 식단을 지키기 위해서라도 과일과 채소 소비는 25% 늘리고, 고기 소비는 56% 줄여야 하기 때문이다.

물론 무엇을 먹을 것인가에 대한 선택은 개인의 취향이기 때문에 누군가 강제할 수 있는 것이 아니다. 하지만 학교 급식이나 회사 사내식, 기내식 등 대량으로 음식을 공급하는 환경에서 육식 소비에 대한 일정한 기준을 설정하고, 채식 위주의 식단을 선택할 수 있도록 하는 등의 정책이 실행된다면 의미가 있을 것이다.

채식보다 고기를 선호하는 이들을 위한 대안도 있다. 바로 대체육과 배양육이다.

대체육은 식물성 원료로 만든 일종의 인공고기이고, 배양육은 자그마한 고기 세포를 인공적으로 배양하여 만든 고기다. 대체육의 경우 사실 그 역사가 오래되었다. 처음에는 '콩고기'로 불리기도 했다. 식물육이라고도 불리는 대체육은 콩류와 밀, 곰팡이 등에서 추출한 단백질을 주재료로 만든다. 근래 가장 각광받고 있는 대체육 브랜드 비욘드미트Beyond Meat의 경우 완두콩의 단백질을 주재료로 사용한다. 비트 주스로 붉은 색깔을 내고 코코넛 오일로 육즙을 만든다. 비욘드미트의 강력한 경쟁기업인 임파서블푸드Impossible Food는 대두 추출 단백질을 주재료로 사용한다. 콩 뿌리혹에 주로 존재하는 레그헤모글로빈leghemoglobin으로 붉은색을 내고 코코넛 오일과 해바라기유로 육즙을 대신한다.

그러나 임파서블 버거Impossible Burger의 레그헤모글로빈은 콩의 뿌리혹에서 추출한 것이 아니라 유전공학 기술로 변형한 맥주 효모에서 추출한 것을 사용한다. 콩의 뿌리혹에서 레그헤모글로빈을 추출하려면 비용이 너무 많이 소요되기 때문이다. 일종의 GMO 기술을 활용한 것이다. 물론 미국 식품의약국Food and Drug Administration, FDA로부터 인정을 받은 것이지만, 유기농 라벨을 붙일 수는 없다.

현재 대체육은 소비자들의 반응이 좋아 점점 시장을 넓히고 있는 상황이다. 미국의 경우 시장 규모가 2018년 14억 달러에서 2023년 25억 달러로 커질 것으로 예상하고 있다. 이러한 추세와 함께 세계적 기업인 맥도날드도 식물성 패티로 만든 버거를 팔기 시작했고 네슬레도 식물육으로 만든 인크레더블 버거Incredible Burger를 내놓았다.

쟁점

1. 육식은 채식에 비해 월등히 높은 온실가스를 배출한다.
2. 육식 위주의 식단은 여러 가지 질병의 원인이 된다.
3. 식물성 원료로 만든 대체육 시장이 점차 넓어지고 있다.
4. 맥도날드, 네슬레 등 세계적 기업들이 대체육 시장에 관심을 보이고 있다.

논제

1. 대체육을 실제 고기와 흡사하게 만들기 위해 고려해야 할 사항은 무엇이 있을지 정리해보고, 이에 대한 대책을 제시하시오.
2. 대체육의 장점과 단점을 정리하고, 이를 시장에 효과적으로 보급할 방안을 제시하시오.

키워드

대체육 / 식물고기 / 콩고기 / 비욘드미트 / 임파서블푸드 / 임파서블 버거 / 식물성 패티

용어사전

세계보건기구 보건 위생 문제를 위한 국제 협력을 목적으로 하는 국제 연합의 전문 기구

레그헤모글로빈 콩과 식물의 뿌리혹에서 형성되는 헤모글로빈으로, 철을 함유하고 있어 붉게 보인다. 동물의 적혈구에서 발견되는 헤모글로빈과 유사한 구조를 가진다

GMO 유전자 조작 식품을 뜻하는 말로, 유전자 조작 또는 재조합 등의 기술을 통해 재배 · 생산된 농산물을 원료로 만든 식품

찾아보기

박재용. (2019). 1.5도, 생존을 위한 멈춤. 뿌리와이파리.

강현숙. (2019.09.23). 고기 맛 나는 '대체육' 어느새 육류 자리 파고들어. 주간동아, 1214.

곽노필. (2019.05.20). 대체육 '유니콘'의 탄생…2020년 세포농장 고기가 온다. 한겨레.

김동그라미. (2019.05.15). 고기 아닌 고기 같은 너, 美 대체육 열풍. kotra 해외시장뉴스.

풍력 발전

들여다보기

친환경에너지를 활용한 발전 중 우리나라에서 가장 많이 사용되는 방식 중 하나가 바로 풍력 발전이다. 풍력 발전은 다른 재생에너지보다 전기 생산 비용이 저렴하다는 장점을 가지고 있다.

하지만 육지에서의 풍력 발전의 경우 여러 가지 문제가 노출되고 있다. 그중 하나가 소음 문제인데, 풍력터빈이 발생시키는 소음 문제는 기계적 소음과 공기역학적 소음으로 나눌 수 있다. 기계적 소음은 변속기, 전기 발생장치, 축 베어링 등 기계 장치에 의해 발생하는 것이고 공기역학적 소음은 회전 소음과 난류 소음으로 회전 날개의 설계 및 풍속에 의해 결정된다.

이 중 기계적 소음은 기술적으로 해결이 가능하지만 공기역학적 소음은 터빈의 크기에 따라 상승하기 때문에 줄이기가 힘들다. 따라서 사람이 사는 곳에는 설치하기가 힘들고, 풍속 역시 고도가 높을수록 커지기 때문에 풍력 발전 시설은 대부분 높은 산 위에 세우는 것이 보통이다.

그러나 사람이 드문 높은 산이라는 조건은 필연적으로 환경 훼손으로 이어질 수밖에 없다. 풍력 발전단지로 가는 길을 닦고, 자재를 운반하고 전력선을 연결하는 과정 자체가 모두 자연 훼손을 일으키기 때문이다. 더구나 풍력 발전기에서 나오는 소음은 사람에게만 유해한 것이 아니라 주변의 동물들에게도 물론 좋지 않은 영향을 끼친다. 특히 새들과 박쥐 등에 치명적이다. 미국 위스콘신 주에 풍력 발전단지가 설치된 이후 맹금류 개체수가 47% 감소한 것이 대표적인 예다.

이렇듯 육지에서의 풍력 발전이 여러 문제점을 낳고 있기 때문에 그 대안으로 해상 풍력 발전이 집중적인 조명을 받고 있다. 그러나 해상 풍력 발전이라고 문제가 없는 것은 아니다. 먼저 발전기의 하부지지대를 건설하는 과정에서 해양 생태계에 심각한 피해를 준다. 지지대를 설치하는 과정에서 발생하는 소음에 바다 속 생물들이 민감하게 반응을 하기 때문인데, 특히 청각이 예민한 고래나 돌고래, 바다표범들에게 치명적이다. 또 소음 문제는 건설 후에도 계속 남아 있게 된다. 육상에서보다 바다 속에서 음파가 더 멀리 퍼지고 강도도 더 센 것 역시 문제다.

하지만 해상 풍력 발전에는 장점도 많다. 일단 바람의 세기가 강하면서도 일정한 편이고 사람에게는 피해가 거의 없다. 특히 해안 주변보다 먼 바다로 나갈수록 인간에게 미치는 영향도 줄고, 바람의 세기도 커진다. 물론 이렇게 된다고 할지라도 해안까지 긴 송전선을 마련한다든지, 풍랑을 견뎌야 한다든지 등의 문제는 여전히 남아있지만 앞서의 문제들에 비하면 사소하다 할 수 있다.

스코틀랜드 인근 북해에 이렇게 세워진 풍력 발전단지가 있다. '하이윈드Hywind'라 불리는 이 단지는 해안에서 25km 떨어진 곳에 위치한 세계 최초의 부유식 해상 풍력 단지다. 지름 154m의 날개를 가진 6MW급 풍력 발전기 다섯 기가 2만 가구가 사용하는 전력을 만들어 낸다.

우리나라의 경우도 2020년 4월을 목표로 부유식 해상 풍력 발전 시범단지 공사가 진행되고 있다. 또한 현재 동해에서 천연가스와 초경질 원유를 생산하고 있는 '동해-1 가스전'이 2021년이면 가스 채굴이 모두 끝나게 되는데, 울산시와 석유공사가 이 주변 바다에 부유식 해상 풍력단지 조성을 추진하고 있다. 계획대로라면 2024년 이후 200MW 규모의 단지가 조성될 예정이다.

쟁점

1. 풍력 발전은 바람의 운동에너지를 전기에너지로 전환하는 발전으로 발전 과정에서 온실가스가 발생하지 않는다.
2. 풍력 발전은 다른 친환경발전에 비해 전기 생산 비용이 저렴하고, 기존 화력발전과 비교해도 비용 경쟁력이 있다.
3. 그러나 소음 발생, 발전 날개에 조류 등이 부딪히는 현상 등 여러 문제점도 있다.
4. 해양 풍력 발전소의 경우 육상 풍력 발전에 비해 단점이 적은 편이나 근처의 고래, 돌고래, 어류 등이 소음 스트레스를 받기 쉬워 의사소통 방해 등의 문제가 우려되고 있다.

논제

1. 온실가스에 의한 온난화 문제가 심각한 상황에서 풍력 발전단지를 대규모로 짓는 것은 도움이 된다. 하지만 풍력 발전 또한 생태계에 좋지 않은 영향을 끼치는 것이 사실이다. 이러한 대규모 풍력 발전단지 건설에 대한 찬반 입장을 정하고, 그 근거를 제시하시오.
2. 해양 풍력 발전이 주변 생태계에 미치는 영향을 정리하고, 이를 극복할 방법을 제시하시오.
3. 대규모 풍력 발전 대신 날개가 작은 소규모 풍력 발전을 이용하는 방안에 대해 장단점을 정리하고, 이에 대한 찬반 입장을 제시하시오.

키워드

신재생에너지 / 친환경에너지 / 풍력 발전 / 해상 풍력 발전 / 풍력 발전 생태계 / 풍력 발전 소음

용어사전

변속기 자동차 등 원동기의 속력이나 회전력을 바꾸는 장치

축 베어링 회전하고 있는 기계의 축을 일정한 위치에 고정시키고 축에 걸리는 하중을 지지하면서 마찰력이 적게 회전시키는 역할을 하는 기계 요소

난류 소음 공기의 흐름이 무질서하거나 비정상성을 가지는 경우 발생하는 소음

부유식 바다 밑바닥에 고정되지 않은 채 바다 위에 떠 있는 구조물 방식

찾아보기

박재용. (2019). 1.5도, 생존을 위한 멈춤. 뿌리와이파리.

조천호. (2019). 파란하늘 빨간지구. 동아시아.

백경서. (2018.12.06). 풍력 발전 들어서자 벌들 서로 싸우고 잠자리는 사라졌다. 중앙일보.

송명규. (2014.09.24). 풍력사업으로 인한 환경훼손 위험성과 향후 과제. 투데이에너지.

이윤기. (2019.05.03). 울산시-에퀴노르, 부유식 해상풍력 발전단지 조성 협약. 뉴스1.

태양광 발전

들여다보기

태양광 발전은 햇빛을 태양전지를 이용해 전기에너지로 바꾸는 것으로, 금속이나 반도체가 빛을 받으면 전자를 내놓는 광전효과를 이용한다. 태양광 발전의 장점은 이산화탄소가 거의 발생하지 않는다는 것과 태양빛이 존재하는 한 계속 전기를 생산할 수 있다는 것이다. 태양광 발전 면적 1ha에서 저감되는 이산화탄소는 281톤으로, 잣나무 숲 1ha와 비교했을 때 백 배 이상의 효과를 낳을 수 있다.

태양광 발전의 또 다른 장점은 유지보수에 비용이 적게 들고 수명이 길다는 점이다. 발전설비의 핵심인 태양전지의 수명이 25~30년 정도 되기 때문이다. 다른 재생에너지에 비해 주변 환경오염에 대한 걱정이 거의 없다는 것도 커다란 장점이며, 발전 효율이 가장 좋은 여름이 전기사용량이 가장 많을 때라는 점도 장점이다.

한편 태양광 발전의 가장 큰 단점이 있다면 시공간적 제약이 크다는 점이다. 또 아직 단위면적당 효율이 떨어지기 때문에 넓은 면적을 필요로 한다. 우리나라처럼 좁은 국토에서 삼림이나 농지를 태양광 패널로 덮어버리는 것이 과연 환경 친화적인지에 대해서도 적지 않은 비판이 생기고 있다.

물론 건물의 지붕이나 도로 등에 태양광 발전을 설치하는 것이 가능하지만 대규모 단지를 조성하는 데는 무리가 있다고 여겨진다. 이와 관련하여 일부 환경단체에서는 현재 과잉 생산되고 있는 벼를 수확하는 논을 태양광 발전 단지로 조성하면 농민에게도 더 큰 수익이 날 수 있으며, 온실가스 감소 효과도 클 것이라는 주장을 하고 있다.

인도 텔랑가나 주에 위치한 태양광 발전 플랜트. 태양광 발전에는 여러 가지 장점이 있지만 시공간적 제약이 크다는 점이 가장 큰 단점으로 꼽힌다.

또 호주나 북아프리카처럼 사막이 넓게 펼쳐진 곳에서 태양광 발전을 하고, 이 전기로 물을 분해해 수소를 얻어 수송하는 대안도 제시되고 있다. 이렇게 얻어진 수소는 수소연료전지 자동차 등의 에너지로 사용할 수 있다.

쟁점

1. 태양광 발전은 빛에너지를 전기에너지로 전환하는, 발전과정에서 환경오염 물질을 배출하지 않는 친환경에너지원이다.
2. 그러나 숲이 많고 국토가 좁은 우리나라에서 태양광 발전이 적합한지에 대해서는 논란이 있다.
3. 해외의 태양광 발전 에너지로 물을 분해해 만든 수소를 수입하여 이를 에너지원으로 활용하는 방안도 연구되고 있다.

논제

1. 태양광 발전의 원리를 설명하고, 장단점을 논하시오. 그중 단점을 극복하기 위한 과학적 방안들을 제시하시오.
2. 한국의 자연 조건에서 태양광 발전의 양을 늘릴 수 있는 방안을 제시하시오.
3. 태양광 발전에 적합한 입지를 가진 외국에서 태양광을 이용해 만든 수소를 도입하는 문제에 대해 장단점을 정리하여 입장을 제시하시오.

키워드

신재생에너지 / 재생가능에너지 / 태양광 발전 / 태양광 발전 효율

용어사전

태양전지 태양의 빛에너지를 전기에너지로 변환시켜 전기를 발생하는 장치

광전효과 금속 등의 물질이 고유의 특정 파장보다 짧은 파장을 가진 전자기파를 흡수할 때 전자를 내보내는 현상

수소연료전지 한쪽 극에는 수소를, 다른 쪽 극에는 산소를 공급하여 이 둘의 화학적 결합과정에서 전기가 생성되는 원리를 이용한 것으로 생성물은 물이다

찾아보기

박재용. (2019). 1.5도, 생존을 위한 멈춤. 뿌리와이파리.

조천호. (2019). 파란하늘 빨간지구. 동아시아.

김준희. (2018.09.19). 태양광 발전의 이면, 과연 친환경적인가?. 에너지설비관리.

우경희. (2020.01.14). 한국이 호주에 손을 내밀어야 하는 이유. 머니투데이.

태양광 발전 팩트체크. 이노베이션랩 [웹사이트]. Retrieved from https://innovationlab.co.kr/project/solar_energy/series3/

환경과 과학

전 세계 인구가 70억을 넘어섰습니다. 이와 함께 개인이 소비하는 에너지와 상품의 양도 지속적으로 늘어나고 있습니다. 필요한 것들이 늘어남에 따라 이를 생산하는 산업 또한 지속적으로 늘어납니다. 이에 따라 지구 전체가 인간이 생산하고 소비하며 버린 물건들에 의해 몸살을 앓고 있습니다.

지구에는 인간뿐만 아니라 다양한 생물들이 생태계를 이루며 살고 있습니다. 그런데 생물들에게 인간은 재앙이나 다름없는 존재이기도 합니다. 도로와 도시에 의해 생태계가 갈라지면서 좁아진 생태계에 갇힌 생물들과, 개발의 위협으로 살 터전을 잃은 생물들, 녹조나 적조 현상으로 폐사하는 수중동물 등 고통 받는 생태계의 일원들과 함께 살아가기 위한 고민이 필요한 시점입니다.

지하수 개발

들여다보기

지하수는 세계 담수의 20.7%를 차지하고 있다. 이미 유럽 등지에서는 지하수 음용 의존도가 70~94%에 달할 정도로 지하수가 개발, 활용되고 있는 실정이다. 건조한 지역인 아프리카, 서아시아도 지하수에 많이 의존하고 있다. 하지만 이들 국가 대부분이 지하수의 지속가능성에 대한 고려 없이 다량의 지하수를 소비하고 있는 실정이다. 물론 지하수 고갈에 대비해 인공 강을 만들거나 바닷물을 담수처리 하는 등의 방법을 사용하고 있지만, 그리 효율적이지는 못한 상황이다.

자연에서 증발된 물은 비나 눈 등으로 지면에 내린다. 그리고 이 물의 일부는 지하로 유입되고, 또 다른 일부는 식물의 생장에 사용되며, 나머지는 하천으로 유출된다. 지하수는 독립적으로 존재하는 물이 아니다. 장마 등으로 비가 많이 내려 지표의 물이 풍부해지면 그중 일부가 지하수로 저장되고, 약수터나 하천 바닥에서 지표로 다시 흘러나오기도 하며, 일부는 바다로 유입되기도 한다. 그런데 최근 지하수 난개발로 인해 고갈이 심각해지고 있다. 더구나 도시에서는 콘크리트와 건물로 지면이 막혀있어 지하수로 물이 공급되지 않고 있는 실정이다. 이 때문에 하천으로 유입되는 지하수가 줄어 건기에 하천이 고갈되고 있다. 도시의 지하 난개발은 지하수의 유출로 이어져 지하수가 빠진 곳의 지반이 침하되는 등 대형 사고로 이어지기도 한다.

환경오염으로 인해 지하수가 오염되는 문제도 심각하다. 1996년 농어촌진흥공사에 의해 진행된 '서울시 지하수 보고서'에 따르면 280개의 지하수공의 88.5%인 248

아프리카를 비롯한 세계 각지에서는 지하수원을 개발해 생활수 및 음용수로 활용하려는 노력이 활발하지만, 최근 지하수 난개발로 인해 고갈이 심해지고 있다.

개에서 나온 물이 식수 부적합 판정을 받았다. 이는 5m당 한군데 꼴로 파손된 하수관에서 오수가 새어나오고 지하 공사로 인해 오염된 물이 지하로 유입되었기 때문이다. 또 74.2%인 208개의 지하수공에서 일반세균과 대장균 등이 검출되었으며, 분뇨 등의 유기물질을 원인으로 하는 암모니아성 질소, 질산성 질소 또한 125개의 지하수공에서 기준치를 넘겨 음용수 부적합 판정을 받았다.

우리나라는 어느 산에서든 샘물이 나오고, 환경오염이 없으면 어느 물이든 식수가 가능할 정도로 물의 혜택을 받은 나라로 보이지만 실상은 그렇지 않다. 우리나라 대부분의 지층은 고생대 지층으로 투수성이 우수하지만, 대수층의 발달이 미약하다. 또 충적층의 분포가 국토 면적의 28%에 불과해 나머지 70%의 경우 물을 머금을 수 있는 지질 구조의 발달이 극히 미약한 실정이다.

쟁점

1. 지하수는 고립되어 있지 않기 때문에, 물의 순환이라는 관점에서 빗물과 강물, 하천 등과의 연관 관계 아래에서 파악해야 한다.
2. 지하수는 식물의 생장에 이용되고, 하천으로 물을 공급하며, 건기를 견디게 하는 기능 등을 지니고 있다.
3. 지하수를 너무 많이 개발하면 하천이 마르고, 지반이 침하하는 등의 문제가 발생한다.
4. 환경오염으로 인해 지하수의 오염 역시 심각해지고 있다.

논제

1. 지하수의 역할을 설명하고, 지하수 난개발로 인해 발생하는 문제를 정리하시오. 또한 지하수의 이용 및 개발이 일으키는 문제점을 해결할 수 있는 대안을 제시하시오.
2. 도시에서는 아스팔트와 건물이 지하로 물이 유입되지 않도록 막기 때문에 지하수 부족이 심각해지고 있다. 이를 해결할 수 있는 방안을 제시하시오.
3. 개발 가능한 지하수의 용량을 산정하는 방법을 제시하시오. 이와 함께 오차를 줄이기 위해 할 수 있는 노력을 과학적으로 제안하시오.

키워드

지하수 / 지하수 개발 / 대수층 / 지반침하 / 지하수 오염

용어사전

음용의존도 식수에 대한 해당 수원(水原)의 의존도

난개발 종합적인 계획 없이 되는 대로 하는 개발

지하수공 지하수를 뽑아내는 구멍

투수성 물이 토양이나 암석에 스며드는 정도

대수층 지층 중 물을 충분히 함유하고 방출하며, 경제적으로 개발이 가능한 암석층 또는 토양층

찾아보기

김정환. (2014.08.26). 서울 지하수 유출 심각...지반침하 초래. 매일경제.

임선응. (2019.05.09.) 지하수 빠지자 지반 '풀썩'…아파트 벽이 '쩍쩍'. MBC.

받은 만큼 주어야 할 지하수. (2005.11.21). 유엔환경계획한국협회 [웹사이트]. Retrieved from https://bit.ly/2uIudwu

지하수관련법의 문제점. (2006.02.07). 워터저널 [웹사이트]. Retrieved from http://www.waterjournal.co.kr/news/articleView.html?idxno=1968

물부족국가

들여다보기

'우리나라는 물부족국가다'라는 주장이 오랜 시간 이어져왔지만, 사실 우리나라는 '물부족국가'라기보다는 '물 스트레스 국가'에 가깝다. 물 스트레스는 연평균 총 물 수요량을 연평균 가용 수자원량으로 나눈 후, 이를 백분율로 표시한 개념이다. 한국은 OECD 국가 중 백분율 40을 기록해 물 스트레스 1위 국가로 나타났다. 2, 3위인 벨기에와 스페인의 백분율이 30 정도, 4위인 일본의 백분율이 20 이하인 것을 고려하면 우리나라의 물 스트레스가 다른 나라에 비해 매우 심각한 것을 알 수 있다. 한국의 연간 강수량은 1,274mm으로 세계 평균의 1.6배에 달하지만 높은 인구밀도로 인해 1인당 연간 강수총량은 연간 2,660m으로 세계 평균의 1/6에 불과하다.

이와 함께 '가상수' 개념도 살펴봐야 한다. 가상수는 수입하는 농축산물이 생산될 때 필요한 물의 양을 의미한다. 농산물 중에서는 홉이 가장 큰 값을 갖고 있는데, 톤당 11,390m^3의 물이 사용되고 있다. 이어 밤이 5,016m^3/톤, 콩이 2,848m^3/톤, 쌀이 1,301m^3/톤이다. 이에 반해 축산물은 소고기가 17,091m^3/톤, 치즈가 6,697m^3/톤, 돼지고기가 3,163m^3/톤에 이른다. 농축산물의 수입이 많은 한국은 1997년부터 2001년까지 일본, 이탈리아, 영국, 독일에 이어 세계 5위의 가상수 순수입국으로, 연간 320억 톤의 가상수를 수입하고 있다. 국내에서 필요한 물을 해외에서 구하고 있는 것이나 마찬가지다.

이에 정부는 2019년 2월 '통합물관리 비전 포럼'에서 '통합물관리 로드맵'을 제시했고 종합적인 물 관리를 위해 노력하고 있다. 로드맵에서는 물 순환 건강성 확보, 하천생태계 연결 및 자연성 복원, 가뭄 홍수 등 재해 안전성 강화, 수량 · 수질 · 수생태 통합 연계 강화를 핵심 비전으로 제시하고 있다. 또 물 수요 중심의 공급배분계획을 수립하여 다양한 대체 수원 개발에도 노력하고 있다.

특히 기존에 법례화 되어있는 '중수도 개념'을 확장하여 물 재활용에도 노력하고 있다. 중수도 개념은 댐용수는 생활용수로 사용하고, 하수처리수는 공업용수로 활용하는 개념이다. 또 다른 대체수자원으로는 하수처리수, 빗물, 강변여과, 지하수댐, 식수전용저수지, 해수담수화, 지하수 함양 등이 제시되고 있다.

쟁점

1. 우리나라는 높은 인구밀도로 인해 물 스트레스 지수 40을 가지는 심각한 물부족국가다.
2. 우리나라는 많은 농축산물의 수입으로 인해 세계 5위의 가상수 순수입국이기도 하다.
3. 이에 다양한 수자원을 개발하고 관리하는 것이 필요하다. 현재 생활하수를 재활용하여 공업 용수로 사용하는 중수도 개념을 이용하여 물 사용 효율을 더하고 있다.

논제

1. 효율적인 수자원 관리를 위해 필요한 노력이 무엇일지 제시하시오. 중수도처럼 물을 재활용할 수 있는 방안 또한 제시하시오.
2. 품목별 가상수를 확인하고, 우리의 식생활 관리를 통해 물 소비를 절약할 수 있는 방안을 제시하시오.
3. 가상수 개념을 통해 세계 각국이 물 소비 및 관리와 관련하여 어떤 관계를 맺고 있는지 설명하시오. 이를 바탕으로 균형적인 물 소비 모델을 제시하시오.
4. 중수도 시설의 이용 방안을 산업, 운송, 생활 부문으로 정리하여 제시하시오.

키워드

물부족국가 / 물 스트레스 / 가상수 / 중수도 / 대체 수원

용어사전

가용 수자원량 지하수나 지표수를 거쳐 하천으로 흘러나오는 물의 총량을 가용 수자원 총량이라고 하며 이를 인구수로 나누면 국민 1인당 가용 수자원량이 된다

해수담수화 바닷물에서 염분 등의 용해물질을 제거하여 음용수나 생활용수 또는 공업용수를 확보하는 수처리 과정

찾아보기

Jean Margat, Vazken Andréassian. (2006). 물 부족 시대가 정말로 올까?. 이수지(번역). 민음사.

Wolfram Mauser. (2017). 물 부족 문제 우리가 아는 것이 전부인가. 김지석(번역). 길.

이강봉. (2009.12.03). 우리나라는 세계 5위 '가상水' 수입국. 사이언스타임즈.

이강봉. (2006.03.21). 한국은 심각한 물부족국가. 사이언스타임즈.

"한국, 심각한 '물 스트레스 국가'로 분류". (2012.04.04). 워터저널 [웹사이트]. Retrieved from http://www.waterjournal.co.kr/news/articleView.html?idxno=14362

적조 녹조

들여다보기

식물플랑크톤의 경우 인과 질소, 탄소의 비율이 1대 16대 106으로 이루어져 있다. 탄소의 비율이 가장 높긴 하지만, 탄소는 자연 상태에서 이산화탄소와 탄산염 등의 형태로 풍부히 존재하기 때문에 식물플랑크톤의 성장과 번식이 제한되는 경우는 보통 인과 질소가 부족해서 일어난다.

강이나 바다에 인과 질소가 포함된 영양분이 평소보다 풍부히 제공되는 경우를 '부영양화현상'이라고 한다. 이렇게 영양분이 충분하고, 수온이 높은 경우 플랑크톤의 일종인 녹조류와 규조류의 번식이 증가한다. 남세균이 증가한 경우 이를 녹조현상이라고 하며 주로 강에서 발생한다. 반면 규조류가 증가하는 현상을 적조라고 하며 이는 주로 바다에서 발생한다. 특히 남세균은 마이크로시스틴, 아나톡신, 삭시톡신 등의 독소물질을 생성하여 수돗물의 맛을 떨어트리고, 흙냄새나 곰팡이냄새가 나 불쾌감을 유발한다.

이렇게 녹조와 적조현상이 발생하면 물속으로 들어가는 태양빛이 차단되며, 물속의 용존산소량이 소모되어 고갈되게 된다. 용존산소량이 줄어들면 플랑크톤을 포함한 물속에 살고 있는 생물들이 죽게 되고 사체가 바닥에 쌓이게 된다. 세균은 이들 사체들을 산소를 사용해 분해하는데, 그 결과로 물속에 무산소 환경이 만들어진다. 이 때부터는 혐기성 미생물들이 유기물을 분해하면서 황화수소가 배출되어, 미생물을 제외한 살아있는 생물이 살 수 없는 일명 '데드 존Dead Zone'이 된다.

녹조 현상이 전 세계적으로 늘어나고 있다. 기후변화 및 유역환경의 변화가 주된 이유로 거론된다.

녹조와 적조가 발생하는 데는 앞서 이야기한 영양염류와 수온, 그리고 햇볕이 필요하다. 그렇다면 녹조와 적조현상을 막기 위한 방안에는 어떤 것들이 있을까? 햇볕은 제어가 불가능하지만, 수온의 경우 댐의 방수량을 늘려 유속을 증가시키면 어느 정도 조절이 가능하다. 이와 함께 우리가 가정하수, 공장폐수, 축산폐수 등의 배출을 줄인다면 강이나 바다로 흘러 들어가는 부영양화 물질을 줄일 수 있을 것이다. 따라서 하수를 잘 관리하는 것이 녹조와 적조현상을 막는 가장 실질적인 방법이라고도 할 수 있다.

최근 녹조의 원인으로 유역환경의 변화가 대두되고 있다. 각종 개발로 인한 녹지와 습지의 감소, 인구 증가에 따른 하 · 폐수의 증가, 하천의 개발로 인한 유속 저하 등이 원인으로 작용한 것이다. 이와 더불어 기후변화 현상이 녹조를 부추기고 있다. 겨울철 결빙 기간이 줄어들어 봄철 조류의 발생이 빨라진 것, 그리고 수온 상승과 이산화탄소의 증가가 조류의 군집과 성장을 촉진할 수 있다는 결과가 보고되었다.

쟁점

1. 녹조와 적조는 강물과 바닷물의 부영양화, 수온, 햇볕의 세 가지 조건이 충족되면 발생한다.
2. 부영양화, 즉 영양염류의 증가는 인과 질소가 강물에 공급되는 것이 주요 관건이다.
3. 최근 인간 활동의 증가로 영양염류의 유입이 증가하고, 지구온난화로 기온이 상승하면서 녹조 및 적조현상이 증가하고 있다.
4. 녹조와 적조가 발생하면 용존산소량이 감소되어 수중 생물들이 폐사하고, 미생물이 사체를 분해하면서 용존산소량을 고갈시키게 된다. 이어 혐기성 미생물이 유기물을 분해하면서 황화수소가 발생하게 된다.

논제

1. 최근 녹조와 적조가 증가하고 있는 원인을 분석하고, 녹조와 적조현상을 예방, 해결할 수 있는 대책을 과학적으로 제시하시오.
2. 강물의 부영양화를 막기 위한 방법을 영양분의 유입을 막는 예방조치와, 유입된 영양분을 분해하는 치료조치로 나누어 과학적으로 제시하시오.

키워드

부영양화 / 영양염류 / 녹조 / 적조 / 남세균 / 규조류 / 데드 존

용어사전

부영양화 하천과 호수에 유기물과 영양소가 들어와 물속의 영양분이 많아지는 것

녹조류 원생생물 중 녹색의 조류를 통틀어 이르는 말. 육상식물과 동일한 엽록소를 함유하고 있으며, 주로 물속에 서식한다

규조류 해양성 독립영양 원생생물로, 그 종류가 약 100,000여 종으로 추정되는 식물성 플랑크톤이다

남세균 시아노박테리아라고도 불리는 원핵생물로, 엽록소를 가지고 광합성을 하는 세균을 통칭한다

용존산소량 물속에 포함되어 있는 산소량을 나타내며 수질오염의 지표로 사용된다

영양염류 규산염, 인산염, 질산염 등 식물성 플랑크톤이 섭취할 수 있는, 물속에 녹아 있는 이온 또는 분자상태의 물질들

찾아보기

대한하천학회, 환경운동연합. (2016). 녹조라떼 드실래요. 주목.

박혜경. 녹조의 발생원인과 저감대책. 환경정보, 14-7.

녹색 물감 푼 듯…낙동강 하류 녹조 '심각'. (2019.08.27). 연합뉴스.

조류정보방. 물환경정보시스템 [웹사이트]. Retrieved from http://water.nier.go.kr/front/algaeInfo/algaeMain2.jsp

빛 공해와 불면증

들여다보기

인간은 24시간이라는 생체 리듬을 가지고 있다. 우리 몸에는 이 생체 리듬을 조절하는 내분비 물질이 있는데, 그중 하나가 멜라토닌이라는 호르몬이다. 멜라토닌은 어두운 환경에서 만들어지고 빛에 노출되면 합성이 중단된다. 멜라토닌은 빛 중에서도 특히 청색광에 민감하게 반응하는데 우리가 즐겨보는 텔레비전이나 컴퓨터 모니터, 휴대폰 등의 LCD 화면에서 이 청색광이 강하게 방출된다. 청색광에 의해 자극을 받게 되면 멜라토닌의 분비가 억제되고 이에 따라 수면 장애가 일어나기 쉽다.

수면 장애는 수면 시간이 짧아지거나 얕은 잠을 자는 등의 현상인데 이는 성장호르몬, 프로락틴, 테스토스테론, 황체호르몬의 분비를 줄어들게 만든다. 이런 호르몬의 부족은 특히 성장기 청소년에게 심각한 영향을 준다. 따라서 빛 공해로 인한 수면 장애는 다음날 낮 시간의 활동에 지장을 줄 뿐만 아니라 호르몬의 분비와 관계가 깊은 비만 및 소화 장애, 심·혈관 질환과도 연관이 있다.

빛 공해는 인간뿐 아니라 동물이나 식물에게도 영향을 끼친다. 호수 주변의 빛 공해는 수면의 조류를 먹고 사는 물고기의 포식 행위를 막아 적조 등을 일으키기도 하고, 거리의 야간조명은 벌의 비행을 방해하기도 한다. 또 빛 공해로 인해 천문대에서 밤하늘의 천체를 관측하는 데에도 애를 먹고 있다.

우리나라의 경우 전체 국토에서 빛 공해 지역이 차지하는 비율이 89.4%로, 전 세계 주요 20개국 중 2위를 차지하고 있다. 이러한 사정에 따라 2012년 '인공조명에 의

2000년대 초반 서울의 밤거리. 밤하늘을 화려하게 수놓는 간판도 빛 공해의 일부로 볼 수 있다.

한 빛 공해 방지법'이 제정되어 시행되고 있다. 또 지방자치단체별로 빛 공해가 발생하거나 발생할 우려가 있는 구역을 '조명환경관리구역'으로 지정해 빛 방사 허용 기준을 준수하도록 하고 있다.

이와는 별도로 가로등 위쪽에 반사재가 있는 덮개를 붙여 불필요한 방향으로 빛이 새는 것을 막는 방식도 활용되고 있다. 집밖으로 불필요한 조명이 빠져나가는 것을 막거나, 사람이 있을 때만 불이 켜지게 하는 등의 방법도 빛 공해를 줄이는 데 도움이 될 수 있다.

쟁점

1. 야간조명은 인간의 호르몬 분비에 영향을 주고, 이는 생활패턴의 변화 및 스트레스로 이어져 건강에 악영향을 준다.
2. 하지만 경제생활, 안전 및 미관상의 이유로 야간조명은 지속적으로 늘어나고 있다.
3. 한국은 2012년 빛 공해 방지법이 제정되었고, 2014년부터 빛 공해 방지 종합계획을 실시하고 있다.
4. 빛 공해는 사람뿐만 아니라 생태계 전반에도 나쁜 영향을 미치고 있다.

논제

1. 빛 공해가 인간의 건강에 미치는 영향을 정리하고, 이를 방지하기 위해 필요한 노력을 제시하시오. 이와 함께 이를 가능하게 할 방안을 과학적으로 제시하시오.
2. 정부의 빛 공해 방지계획을 살펴보고, 이를 가능하게 하기 위해 필요한 과학적 노력에는 무엇이 있을지 제시하시오.
3. 도시 부근의 생태계에 빛 공해가 미치는 영향을 살펴보고, 이를 억제할 대책을 제시하시오.
4. 빛 공해 실태를 확인하고 이를 줄이기 위해 과학자들이 할 수 있는 노력을 제안하시오.

키워드

빛 공해 / 생체 리듬 / 수면 장애 / 빛 공해 방지법

용어사전

멜라토닌 다양한 생물에서 볼 수 있는 물질 중 하나로 포유류에서는 송과선에서 생성 분비되며 광주기를 예측하는 호르몬

청색광 햇빛에서 나오는 광선 중 하나. 380~500nm 사이의 짧은 파장에 속하는 푸른색 계열의 빛으로, 가시광선 중에서는 가장 강한 에너지를 가진다

프로락틴 뇌하수체에서 분비되는 호르몬으로 여성에게는 젖 분비를 촉진하는 역할을 한다. 임신 5주부터 분비되어 임신 말기에 최고조에 달하며 유선을 발달시키는 역할도 한다. 남성에게는 남성호르몬 분비를 자극한다

황체호르몬 난소의 황체에서 생성되는 호르몬. 배란 직전에 분비가 시작되어 배란 후 급속히 증가하며, 프로게스테론을 생산하여 태반에서 배아, 태아를 생존 및 성장시키는 역할을 한다

찾아보기

김정태,김곤,김충국,임종민,양우근,구진회,이명기. (2014). 조명과 빛공해. 기문당.

국토교통부, 기획재정부, 농림축산식품부, 문화체육관광부, 보건복지부, 산업통산자원부, 행정안전부, 환경부. (2018). 빛공해 방지 종합계획.

곽노필 (2016.06.14). 인구 80% 빛 공해 "얻은 것은 빛, 잃은 것은 별". 한겨레.

부장원. (2017.08.15). 밤잠 망치는 야간조명 꺼라…정부 `빛 공해 잡기` 나섰다. 매일경제.

안수자. (2017.11.10). 빛 공해, 불면·무기력 및 신체 건강에도 악영향. 메디팜헬스.

빛 공해, 인체 건강에 해로운 이유. (2018.02.13). 코메디닷컴 [웹사이트]. Retrieved from https://bit.ly/2tihHUd

소음공해

들여다보기

소음이란 원하지 않는 소리를 일컫는 말로 일종의 감각적 공해에 해당한다. 이런 소음에 노출되면 기분이 불쾌해질 뿐 아니라 건강에도 좋지 않은 영향을 준다. 미국 질병통제예방센터의 연구에 따르면 시끄러운 환경에서의 근무가 근로자의 건강 문제 위험을 증가시킨다고 한다. 소음이 심할 경우 우리 몸의 호흡횟수가 증가하고 호흡의 심도가 감소한다. 아주 심한 소음의 경우 청력 장애와 난청 증상이 시작되며 소변량이 증가한다. 심장병의 주요 원인인 고혈압과 고콜레스테롤 또한 소음과 관련이 있는 것으로 확인되었다.

소음은 발생 장소 등에 따라 생활소음과 교통소음 등으로 나눌 수 있는데 가장 큰 비중을 차지하는 것은 생활소음이다. 생활소음 중 특히 다세대 주택 혹은 아파트에서 주로 발생하는 층간소음은 이웃 간 다툼의 주요한 원인이 되고 있기도 하다. 층간소음은 공동주택의 구조체를 통해 전달되는 고체전달음과, 공기 중으로 전파되는 공기전달음으로 구분할 수 있다.

이에 따라 새로 지어지는 주택은 '주택성능등급 인정 및 관리기준'에 따라 시공되어야 한다. 또 소음환경기준을 정해 녹색지역, 주거지역, 준주거지역, 상업지역, 공업지역을 나누고 낮과 밤을 나눠 일정 크기 이상의 소음을 내지 못하도록 하고 있다.

현행 법률에 따르면 녹색지역이나 주거지역은 낮에는 50dB, 밤에는 40dB이 기준이고, 준주거지역은 낮에는 55dB, 밤에는 45dB, 상업지역은 낮 동안 65dB, 밤 동안

도심지의 교통소음이나 아파트의 층간소음 등의 소음공해는 건강 문제로까지 이어질 수 있다.

55dB, 공업지역은 낮에는 70dB, 밤에는 65dB이 기준이다.

40dB은 조용한 주택의 거실 정도의 소음이고 사람의 일반적인 대화는 40~60dB 정도가 된다. 지하철 소리의 경우 100dB, 자동차 경적 소리는 110dB 정도 된다. 90dB부터는 청각에 영향을 줄 수 있는 정도의 소음이다.

쟁점

1. 다양한 생활소음, 직장에서의 소음 등으로 인간의 건강이 영향을 받고 있다.
2. 아파트 등 집단 주거시설이 증가하면서 층간소음이 이웃 간의 갈등 원인이 되고 있다.
3. 환경부의 소음공해 규제 법안이 있지만, 실제로 효율적인 적용은 되고 있지 못하고 있다.

논제

1. 층간소음으로 갈등이 심화되고 있다. 층간소음을 줄이기 위한 방법을 과학적으로 제시하시오.
2. 학교에서의 각종 소음이 학습에 미치는 영향을 정리하고, 이를 줄이기 위한 방안을 제시하시오.
3. 주거지역의 소음이 우리 몸의 건강에 미치는 영향을 정리하고, 이를 줄이기 위한 방안을 제시하시오.

키워드

소음공해 / 생활소음 / 교통소음 / 층간소음 / 고체전달음 / 공기전달음 / 소음환경기준

용어사전

감각적 공해 시각, 후각, 청각 등 사람의 감각을 자극해 삶에 악영향을 미치는 공해

난청 소리를 받아들이는 귓바퀴부터 중이의 고막이나 작은 뼈들(이소골), 달팽이관, 청신경과 이를 복합적으로 분석하는 뇌로 이루어진 청성 회로의 일부에 문제가 있어 발생하는 질환. 증상이 경미하면 작은 소리를 듣지 못하는 정도지만 심한 경우 외부 소리를 인식하지 못하기도 한다

층간소음 아파트 등의 공동주택에서 층을 맞대고 있는 가구들 간에 발생하는 소음 문제

찾아보기

정연숙, 최민오. (2019). 시끌시끌 소음공해 이제 그만!. 와이즈만북스.

엄명도(2017.08.09). 소음과 우리들의 건강. 교통뉴스 [웹사이트]. Retrieved from http://www.cartvnews.com/news/articleView.html?idxno=260638

소음공해 심하면 건강도 해칠 수 있다. (2018.06.22). 뉴스위크한국판 [블로그].

미세섬유

들여다보기

공기청정기에 들어가는 필터 중 미세먼지를 걸러내는 '헤파필터'는 수십마이크로미터 크기의 미세섬유를 기반으로 한 필터링 방식을 이용한다. 공기가 필터를 통과하는 동안 미세먼지나 미세섬유는 필터에 의해 1차로 차단되고, 통과한 경우에도 충돌에 의해 속도가 감소하면서 아래로 떨어져 정전기에 의해 흡착된다. 미세섬유는 부피에 비해 표면적이 아주 커서 그만큼 많은 정전기를 발생시키기 때문에, 미세먼지나 그보다 더 작은 초미세먼지를 걸러내는 능력이 아주 크다.

미세섬유로 만들어진 필터는 가정용 공기청정기뿐만 아니라 우리가 최근 사용하는 공기정화식 미세먼지 마스크에도 사용되고 있으며, 먼지가 많이 발생하는 산업현장에서도 먼지 제거용으로 널리 이용되고 있다. 특히 미세먼지에 민감한 식품 공장 등에서 이런 미세섬유를 이용한 필터가 많이 사용된다.

그러나 우리의 의도와 무관하게 우리 생활 속에서 만들어지는 미세섬유도 있는데 이런 미세섬유는 심각한 환경문제를 낳고 있다. 미세섬유가 요사이 문제가 되고 있는 미세플라스틱의 큰 구성요소이기 때문이다. 합성섬유로 만든 옷을 세탁기로 세탁하면 매우 작은 섬유 가닥이 나오는데 이 역시 미세섬유로, 현미경으로나 겨우 보이는 아주 작은 일종의 플라스틱이다.

세계자연보호연맹은 최근 심각한 문제로 떠오르고 있는 해양오염의 주범 중 하나인 미세플라스틱 발생량의 35%가 이 합성섬유로부터 발생한다고 주장하고 있다. 미

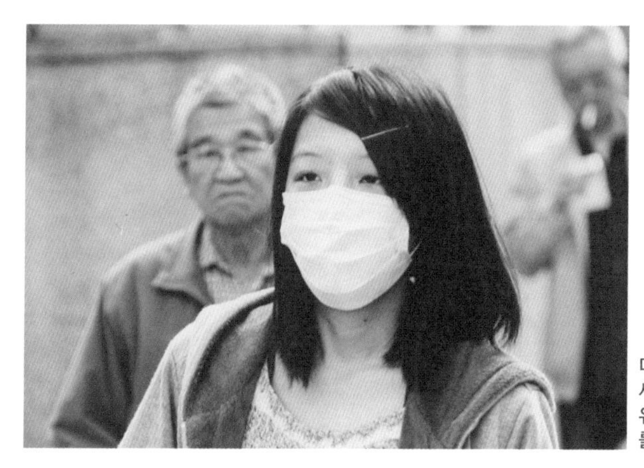

미세섬유는 우리가 최근 자주 사용하는 미세먼지 마스크에도 사용되고 있다. 미세섬유로 만들어진 필터가 공기 중의 미세먼지를 걸러준다.

세먼지나 미세섬유와 같이 그 크기가 아주 작은 물질은 산업사회 이전에는 대량으로 발생하지 않았기 때문에 지구 생태계가 그에 적응할 필요가 없었다. 하지만 이제 이 작은 물질들이 지구 생태계 전체에 심각한 문제가 되고 있다.

미세섬유는 크기가 워낙 작아서 하수처리시설에서 걸러지지 않는다. 즉 전부 강으로, 그리고 바다로 흘러간다. 이렇게 바다로 흘러나간 미세섬유는 바다에 있는 독성물질을 흡착한다. 마치 우리 옷에 잉크가 묻으면 잘 지워지지 않는 것과 비슷한 원리다. 때문에 독성물질을 흡착한 미세섬유가 바다생물에게 흡수되면 생물체 밖으로 빠져나가지 못한 채 계속해서 축적된다.

쟁점

1. 다양한 장점이 있는 미세섬유의 개발로 산업계에 혁신이 일어나고 있다.
2. 하지만 자연에서 미세섬유는 다양한 환경, 생태계 및 건강 문제를 일으키고 있다.
3. 산업사회 이전에는 극소 물질의 발생량이 적어 지구 생태계가 이에 적응할 필요가 없었다.

논제

1. 미세섬유의 다양한 장점에 대해 논하시오. 이 장점을 활용할 수 있는 아이디어 상품을 제안하시오.
2. 미세섬유로 인해 발생하는 다양한 문제점들을 정리하고, 이를 해결하기 위한 방안을 과학적으로 제시하시오.
3. 패스트패션의 유행으로 합성섬유의 사용량이 늘면서 미세섬유의 발생량도 동일하게 증가하고 있다. 이 문제에 대한 해결책을 제시하시오.

키워드

미세섬유 / 미세플라스틱 / 패스트패션 / 해양 미세섬유 / 헤파필터

찾아보기

박재용. (2019). 과학이라는 헛소리2. MID.

Kirsten Brodde. (2017.03.09). 당신이 입은 미세섬유, 바다를 죽인다. 그린피스 코리아 [웹사이트]. Retrieved from https://bit.ly/2TpQABq

김민지. (2019.02.19). 미세플라스틱의 또 다른 원인, 우리의 옷과 섬유. 스냅 [웹사이트]. Retrieved from https://bit.ly/2NrwzX0

김선화. (2009.12.04). 유럽 의상계에 혁신 일으키는 신섬유소재. kotra해외시장뉴스.

한승희. (2018.11.30). 빨래 속 데굴데굴 구르며 미세플라스틱 섬유 '꿀꺽' 조그마한 게 참 기특하네~. 조선일보.

미세플라스틱

들여다보기

최근 미세플라스틱 문제의 심각성이 커지고 있다. 일반적으로 미세플라스틱은 5mm이하의 작은 고체 플라스틱 입자를 가리킨다. 애초에 작게 만들어진 물질을 1차 미세플라스틱이라 하고, 커다란 플라스틱 제품이 햇빛이나 파도에 잘게 부서져 만들어진 것을 2차 미세플라스틱이라 한다.

세정제의 효과를 높이기 위해 첨가되는 작은 알갱이인 '마이크로비즈'나 폴리에스테르 등 화학섬유의 세탁과정에서 나오는 '마이크로파이버' 등이 대표적인 1차 미세플라스틱으로, 한 연구에 따르면 낙동강을 통해 남해로 유입되는 미세플라스틱의 양이 연간 53톤이라고 한다. 조각 수로는 무려 1조 2천억 개에 이른다.

플라스틱 펠릿pallet 1개를 자외선에 1년 동안 노출시키면 1만 2천 개의 미세플라스틱이 생기며, 이 중 절반이 그 크기가 50μm(마이크로미터) 이하인 것으로 나타났다. 태양광에 같은 크기의 플라스틱 펠릿을 노출시켰을 때에도 1년이 안 되어 250nm(나노미터) 수준의 초미세플라스틱이 생겨난다고 한다.

이런 미세플라스틱 입자는 독성이 있어 해양 생태계를 파괴하는 등의 문제를 일으키고 있다. 미세플라스틱은 먹이사슬을 통해 인간의 체내에도 상당량 축적되는 것으로 보이며, 지하수나 토양에서도 발견되고 있다. 심각한 것은 바다나 토양 속에 존재하거나 해양생물의 생체 내에 있는 미세플라스틱을 제거할 방법이 없다는 점이다.

그리고 이렇게 축적된 미세플라스틱은 결국 우리의 식탁에 올라오게 된다. 이제는

흔히 '스티로폼'이라고 부르는 발포폴리스티렌(EPS) 역시 미세플라스틱으로 만들어진다. 발포폴리스티렌을 만드는 펠릿.

물고기의 내장에서 미세섬유나 플라스틱이 발견되는 것이 아주 평범한 일이 되었다. 특히 우리나라의 남해 연안은 미세플라스틱 오염도가 세계 최고 수준으로, 거제 진해 앞바다에는 1㎢당 평균 55만 개의 미세플라스틱이 존재한다. 세계 평균보다 무려 8배나 되는 수치다.

따라서 국제적으로 미세플라스틱을 규제하려는 움직임이 진행 중이다. 현재 유럽연합 등에서는 의도적으로 제품 내에 미세플라스틱을 첨가하는 행위를 규제하고 있다. 화장품 및 세정제의 경우 이미 규제가 이뤄지고 있으며, 앞으로 페인트와 코팅제, 비료 등 광범위한 분야에 걸쳐 미세플라스틱의 사용이 규제될 예정이다. 우리나라 역시 2017년 이후 세안제와 화장품에 마이크로비즈를 첨가한 제품을 생산할 수 없도록 하였으며, 판매 또한 금지되었다. 더불어 버려진 커다란 플라스틱에서도 햇빛과 파도에 의한 미세플라스틱이 발생하므로 이에 대한 대책도 필요한 실정이다.

최근 생분해성 플라스틱 개발이나, 플라스틱을 분해하는 미생물에 대한 연구가 진행되고 있기는 하다. 하지만 아직까지 전 세계에서 생산되는 플라스틱의 절대량은 기존의 방식으로 만들어지고 있기 때문에 아직 갈 길이 먼 것 또한 사실이다.

쟁점

1. 최근 미세플라스틱이 인간의 건강과 생태계를 위협하고 있으나 이미 발생한 미세플라스틱을 제거할 마땅한 대책이 없는 실정이다.
2. 세계 각국은 1차 미세플라스틱의 감소를 위해 다양한 노력을 다하고 있다.
3. 2차 미세플라스틱의 감소를 위해 일회용 플라스틱 사용을 줄이는 것 또한 필요하다.
4. 플라스틱의 다양한 용도를 생각할 때 우리 생활에서 플라스틱을 완전히 배제할 수는 없다.
5. 플라스틱의 제조와 유통은 이미 거대한 산업이 되었다. 플라스틱의 사용을 줄인다면 경제적 타격을 피할 수 없다.

논제

1. 미세플라스틱을 줄이는 방안에는 어떠한 것들이 있을지 생각해 보고, 실행 가능성과 사회에 미칠 영향을 함께 논의하시오.
2. 플라스틱이 우리 생활에서 광범위하고 다양하게 사용되는 이유에 대해 고찰하시오.
3. 플라스틱 사용의 장단점을 논의하고, 플라스틱의 장점을 가지면서도 단점은 보완할 만한 대체재를 고안하시오.

키워드

미세플라스틱 / 초미세플라스틱 / 마이크로비즈 / 마이크로파이버 / 해양 생태계

용어사전

펠릿 미세플라스틱(플라스틱 수지 펠릿) 및 플라스틱 생산에 사용되는 원재료

마이크로미터 100만 분의 1미터

나노미터 10억 분의 1미터

유럽연합 유럽에 위치한 28개의 회원국 간의 정치 및 경제 통합체

생분해성 세균 혹은 다른 생물의 효소계에 의해서 분해될 수 있는 성질

찾아보기

박재용. (2019). 과학이라는 헛소리2. MID.

이근영. (2019.04.08). 미세플라스틱과의 싸움…“80년 뒤 온 바다 위험”. 한겨레.

안병준. (2019.03.24). "생분해성 플라스틱이 미래산업 주도". 매일경제.

황순민. (2017.02.05). 세계4위 플라스틱산업, `10년내 몰락` 충격 전망 나와. 매일경제.

바다의 악영향을 끼치는 미세플라스틱 해결방안. (2018.12.19). 인천항만공사 [블로그]. Retrieved from https://incheonport.tistory.com/4404

플라스틱의 역사. 프로패셔널플라스틱스 [웹사이트]. Retrieved from https://bit.ly/2smwKvw

미세먼지

들여다보기

미세먼지는 지름 10μm이하의 먼지로 질산염, 암모늄이온, 황산염 등의 이온 성분과 탄소화합물, 금속화합물 등으로 이루어져 있다. 미세먼지는 화석연료의 연소에 의해 발생하는 것이 대부분으로 보일러나 자동차, 발전시설 등의 배출 물질이 주요 발생원이다. 세계보건기구는 이 중 디젤에서 배출되는 블랙 카본black carbon을 1급 발암물질로 지정하고 있다.

최근 미세먼지는 흡연만큼이나 인간의 사망률에 크게 기여하고 있다는 연구 결과가 있다. 세계보건기구에서 2014년에 발표한 자료에 따르면, 2012년을 기준으로 대기 오염으로 사망한 사람이 매년 700만 명에 달한다고 한다. 최근에는 그 숫자가 더 늘어 800만 명에 달할 것이라고 예측하는 자료도 있다. 이는 매년 흡연으로 사망하는 사람의 수와 비슷한 수치이다. WHO에서는 매년 직접적인 흡연으로 사망하는 사람이 700만 명, 간접흡연으로 인해 사망하는 사람이 120만 명이 될 것이라고 보고 있다. 때문에 일선에서는 미세먼지를 고혈압 등의 질병과 함께 인류의 주된 사망원인 중 하나로 여기기도 한다.

오랫동안 미세먼지를 흡입하면 면역력이 저하되어 감기, 천식, 기관지염 등의 호흡기질환과 심혈관질환, 피부질환, 안구질환 등에 걸릴 수 있다. 특히 지름 2.5μm 이하의 초미세먼지는 기관지와 폐의 깊숙한 곳까지 침투하기 쉬워 각종 질환을 유발한다. 성인의 경우 1분간 호흡수가 12번인 데 반해 어린이의 경우 20번으로 잦고 체중 1kg

미세먼지가 뒤덮인 하늘을 보는 것은 이제 일상이 되었다. 남산에서 바라본 서울의 모습.

당 호흡량 역시 성인이 200ℓ인 데 비해 한 살 미만은 600ℓ로 더 많다. 때문에 나이가 어릴수록 미세먼지의 위협에 더 취약할 수밖에 없다. 노인 역시 미세먼지가 사망 및 질병에 미치는 영향이 상대적으로 높다. 미세먼지 농도 10μg/m^3 증가 시 젊은층의 사망 위험은 0.34% 높아지지만 노인의 경우 0.64%로 2배가량 더 높아진다.

우리나라 미세먼지의 원인 중 하나는 중국 동부에 밀집된 공장에서 발생하는 미세먼지가 편서풍을 타고 유입되는 것이다. 환경부에 따르면 중국 미세먼지의 영향은 연평균 30~50% 수준이며 봄철과 같은 고농도 미세먼지 상황에서는 60~80%에 이른다고 한다. 또 수도권의 초미세먼지 배출 기여도를 보면 1위가 경유차로 전체 배출의 29%를 차지하고 있다. 두 번째는 건설기계 등으로 22%이고, 세 번째는 냉난방으로 12%를 차지하고 있다.

우리나라도 노력을 하고 있다. 노후 디젤 차량의 도심 진입을 금지하고 있으며, 공무원 등의 경우 차량2부제를 통해 자동차 운행대수를 줄이고 있다. 또 미세먼지 발생시 재난 문자를 통해 대중교통 이용을 독려하기도 한다. 그 효과로 주요 도시의 경우 연평균 미세먼지 농도가 크게 낮아졌지만 아직도 뉴욕이나 런던, 파리 등과 비교해서는 거의 두 배 정도 수준에 해당한다.

미세먼지가 높은 날에는 장시간 실외활동을 자제하고, 외출 시에는 마스크를 쓰고, 충분한 수분을 섭취해야 한다. 또 외출 후 손과 얼굴을 씻고, 과일 채소 등도 충분히 씻어 먹는 것이 좋다. 집에서는 창문을 닫고 공기청정기를 돌리는 것이 좋다.

쟁점

1. 미세먼지는 지름 10μm이하의 먼지다.
2. 미세먼지는 각종 호흡기질환과 심장질환 등을 일으킬 수 있다.
3. 미세먼지의 성분은 이온과 탄소화합물, 금속화합물 등이다.
4. 중국에서 발생한 미세먼지가 편서풍을 타고 우리나라에 영향을 미친다.

논제

1. 주어진 자료를 토대로 미세먼지를 줄일 수 있는 방안을 제시하시오.
2. 미세먼지 중 특히 문제가 되는 초미세먼지를 줄일 수 있는 방안을 제시하시오.
3. 미세먼지 대책으로 정부는 민간 차량2부제 도입을 검토하고 있다. 이에 대해 찬반 입장을 정하고 그 근거를 제시하시오.
4. 미세먼지의 주범 중 하나인 노후경유차는 사실 서민들이 주로 이용하는 차량이다. 이 문제를 해결할 방안을 제시하시오.

키워드

미세먼지 / 초미세먼지 / 노후경유차 / 차량2부제

용어사전

블랙 카본 석탄이나 디젤, 바이오매스 등이 불완전연소할 때 발생하는 검은 색의 그을음

편서풍 위도 30~65°의 중위도 지역에서 일 년 내내 서쪽에서 동쪽으로 부는 바람

차량2부제 공공기관 등에서 차량 번호의 맨 끝 숫자에 따라 홀수날 혹은 짝수날에 차량을 운행하도록 하는 정책

찾아보기

강양구, 김상철, 배보람, 이낙준, 이유진. (2019). 미세먼지 클리어. 아르테.

김동식, 반기석. (2019). 미세먼지에 관한 거의 모든 것. 프리스마.

박광식. (2017.03.29). '미세먼지' 어린이가 더 취약…이유는?. KBS뉴스.

미세먼지 저감위한 '체감형 대책' 필요하다. (2019.12.11). 아시아타임즈.

Air pollution. Word Health Oraganzaition [웹사이트]. Retrieved from http://origin.who.int/airpollution/en/

대기정보 예보. 에어코리아 [웹사이트]. Retrieved from https://bit.ly/2RgM6u6

먼지알지. 미세먼지 정보 포털 [웹사이트]. Retrieved from https://mgrg.joins.com/

미세먼지 바로알기. 환경부 [웹사이트]. Retrieved from https://www.me.go.kr/mamo/web/index.do?menuId=16201

물발자국과 가상수

들여다보기

물발자국은 영국 런던대학의 앨런 교수가 도입한 '가상수virtual water'를 기초로 확장된 개념이다. 앨런 교수는 수자원이 부족한 국가가 자국에서 농산물을 생산하지 않고 이를 수입할 경우 농산물 생산에 사용되는 물을 다른 생활용수나 공업용수로 사용할 수 있다는 점에 주목했다. 이처럼 농산물을 수입하면 눈에 보이지는 않지만 농산물 생산에 사용되는 물도 함께 수입하는 효과가 발생한다는 것에 기초한 개념이 가상수다.

물발자국은 이 개념을 확장하여 제품의 원료를 만들 때부터 제조와 유통, 사용과 폐기에 이르기까지 제품이 만들어지는 전 과정에서 사용되는 물의 총량을 의미한다. 『내셔널지오그래픽』에 따르면 전체 물발자국의 95%는 음식과 에너지, 제품 및 서비스에서 발생하고 있는데 A4용지 1장에 10리터, 우유 한 컵에 1,000리터, 쌀 1kg에 3,000리터, 소고기 1kg에 16,000리터의 물발자국이 사용된다고 한다.

소고기 1kg의 경우 이를 생산하는 데 필요한 곡물 6.5kg과 건초 46kg, 그리고 소를 먹이고 씻기는 물 11리터 등을 합친 수치로 물발자국이 계산된 것이다. 즉 소고기 1kg을 소비하면 물 16,000리터를 소비했다는 뜻이 된다. 특히 육식을 하게 되면 물을 많이 소비하게 되는데, 우유와 치즈 등의 유제품은 먹되 고기를 먹지 않는 '부분 채식'을 하면 33~55%의 물을 아낄 수 있을 것이라는 연구 결과도 있다.

음식을 버릴 때 낭비되는 물의 양도 물발자국 개념으로 볼 수 있다. 미국 공영방송 NPR에 따르면 전 세계 13억 톤의 음식물 쓰레기로 약 170조 리터의 물이 낭비된다

전체 물발자국의 95%는 음식과 에너지, 제품 및 서비스에 사용되고 있는데 A4용지 1장에 10리터, 우유 한 컵에 1,000리터, 쌀 1kg에 3,000리터, 소고기 1kg에 16,000리터의 물발자국이 사용된다고 한다.

고 한다. 음식물뿐만 아니라 옷에도 물발자국이 새겨진다. 티셔츠 한 장을 만들기 위해서는 2,500리터의 물이 사용되는데 이는 화장실 변기 물을 200번 내리는 양이다. 의류뿐만 아니라 우리가 사용하는 모든 제품은 우리가 알지 못하는 물발자국이 새겨져 있다.

유럽연합에서는 2020년부터 제품환경발자국 중 하나로 제품의 생산에서 폐기까지 소모되는 물의 양과, 배출되는 수질을 고려하여 계량화한 값을 제품에 부착할 계획이다. 우리나라의 경우에도 환경부에서 2017년 1월부터 물발자국 인증 제도가 도입되었다.

쟁점

1. 가상수 또는 물발자국은 제품을 생산하는 데 들어가는 물의 양을 표시한 것이다. 물을 많이 소모할수록 환경에 영향을 준다.
2. 한국은 가상수 수입량이 국내 물 사용량보다 많은 나라다.

논제

1. 물발자국 개념이 가지는 장점은 무엇인지 정리하고, 이러한 지표를 활용하여 환경문제를 개선할 수 있는 방안을 제시하시오.
2. 물발자국을 줄이기 위한 방안을 제시하시오.

키워드

가상수 / 물발자국 / 물부족국가

찾아보기

Tony Allan. (2012). 보이지 않는 물 가상수. 류지원(번역). 동녘사이언스.

이강봉. (2010.07.29). 해마다 늘어나는 '가상수' 적자. 사이언스타임즈.

최승연. (2018). 가상수, 또 다른 물의 수입. 살림이야기, 2.

가상수. 마이워터 [웹사이트]. Retrieved from https://bit.ly/30kQrAo

비인간 인격체

들여다보기

1970년 미국의 심리학자 고든 갤럽은 침팬지에게 거울을 보여주고, 거울 속의 이미지가 자기 자신인지를 알아차리는지 확인하는 실험을 한다. 침팬지들은 처음 거울을 접했을 때는 거울 속의 동물이 자기와 다른 동물인 줄 알고 경계하며 위협했지만, 곧 거울에 비친 실체가 자신임을 알아차린다.

그리고 고든 갤럽은 또 다른 실험을 실시한다. 침팬지를 마취시킨 후 몰래 얼굴 한쪽 구석에 빨간 점을 찍었다. 깨어나 다시 거울 앞에 선 침팬지는 손으로 빨간 점을 만지더니 그 손가락을 코에 갖다 대고 냄새를 맡아 보았다. 이후 수십 마리의 침팬지에게 실험이 동일하게 재현되었고, 오랑우탄, 보노보, 고릴라 등에게서도 비슷한 결과가 나왔다. 이후 다른 동물학자들의 실험에서 돌고래, 코끼리, 심지어 까치까지도 자신의 몸에 다른 색깔로 칠해진 부분을 찾아낸다는 사실이 밝혀졌다.

거울 테스트는 자기 자신을 인식할 수 있는가에 대한 중요한 지표로 작용한다. 물론 이 거울 테스트가 진정한 자의식 보유 여부를 완전하게 확인해 주는지에 대해서는 아직 학자들 사이에 설왕설래가 있는 것도 사실이다. 어찌되었거나 이렇게 거울 테스트를 통과한 (혹은 했다고 믿어지는) 동물들을 보통 '비인간 인격체non-human person'라 한다.

생물학적으로는 사람과 다르지만, 사람만이 가진 것으로 여겨지던 특성, 즉 인격personhood을 공유하는 동물이란 뜻이다. 이는 1990년대 이후 환경철학자 토머스 화이트Thomas White, 해양포유류학자 로리 마리노Lori Marino, 인지심리학자 다이애나 리스Diana Reiss 등

침팬지는 자신을 인지할 수 있는 대표적인 비인간 인격체다.

에 의해 학계에서 제시된 개념이다.

이런 주장에 동의하는 사람들에 의해 동물원 내 동물에 대한 인도적 대우, 돌고래 쇼 등의 공연 금지, 야생방사 운동 등 다양한 사회운동이 확산되고 있다.

2013년에는 인도의 환경산림부가 돌고래가 비인간 인격체라는 이유로 돌고래 수족관 설치를 금지시켰다. 2014년에는 아르헨티나 법원이 부에노스아이레스 동물원의 오랑우탄 '산드라'에 대해 '불법적으로 구금되지 않을 법적 권리가 있다'는 판결을 내렸다. 우리나라에서도 제주남방큰돌고래가 바다로 다시 방사되기도 했다.

쟁점

1. 비인간 인격체란 자의식을 가진 동물들을 지칭하는 말로 인간과 동물을 구분하는 이분법을 배격하고, 동물들의 권리를 인정하고 학대를 방지하기 위한 개념이다.
2. 원숭이, 우랑우탄, 돌고래, 코끼리 등 많은 동물들이 비인간 인격체로 인정되고 있으며, 많은 동물단체들이 이 동물들을 동물원이나 수족관 등에서 해방시키기 위해 노력하고 있다.
3. 비인간 인격체는 거울 테스트 등으로 확인하는데, 재현 실험이 실패하는 사례도 있다. 그러나 이 역시 인간을 기준으로 하는 실험이라는 비판이 있다.

논제

1. 비인간 인격체가 다른 동물들과 다른 점을 과학적으로 정리하고, 인간에게 허용되는 권리 중 어떤 권리들을 인정해야 할지 주장하시오.
2. 비인간 인격체를 비롯한 동물 전반의 권리에 대하여 정리하고, 인간이 어느 선까지 인정해야 할지 그 기준을 제시하시오.

키워드

비인간 인격체 / 자의식 / 거울실험 / 고든 갤럽 / 동물원 폐지

찾아보기

박재용. (2017). 나의 첫 번째 과학 공부. 행성b.

박재용. (2019). 엑스맨은 어떻게 돌연변이가 되었을까. 애플북스.

남종영 (2015.01.17). 돌고래는 '비인간 인격체'다. 허프포스트코리아 [웹사이트]. Retrieved from https://www.huffingtonpost.kr/2015/01/17/story_n_6491536.html

남종영, 유지인. (2017.11.19). "코끼리 풀어줘라"…비인간 인격체 소송 시작됐다. 한겨레.

이미현. (2014.12.22). 오랑우탄에 '비인간 인격체' 권리 부여…역사적 법원 판결. 아시아투데이.

이성규. (2015.02.16). 원숭이에게도 자의식이 있을까. 사이언스타임즈.

아프리카돼지열병

들여다보기

아프리카돼지열병은 최근 우리나라에서 퍼지고 있는 치명적인 바이러스성 출혈 돼지 전염병이다. 아프리카에 서식하는 혹멧돼지 등의 돼지를 중심으로 전염되어 온 아프리카돼지열병은 흡혈성 물렁진드기류에 의해 확산될 수 있으며 생명력이 대단히 끈질겨 쉽게 차단하기가 힘들다. 이 바이러스는 돼지간의 접촉 또는 돼지 배설물을 통해서도 퍼지는데 꽤 높은 온도로 가열을 해도 죽지 않으며, 공기 중에서도 오랜 기간 버틸 수 있다. 잠복기는 3일에서 21일 정도로 추정된다.

또 멧돼지속에게는 치명적이지만, 혹멧돼지속이나 강멧돼지속, 숲멧돼지속의 경우 전염은 되어도 증상이 없기 때문에 이들을 매개로 확산되기도 한다. 현재 아프리카돼지열병은 치사율이 100%임에도 불구하고 백신이나 치료제가 없는 상황이다. 다행히 돼지과 이외에는 잘 감염되지 않으며 감염되어도 무해하다.

아프리카돼지열병은 원래 1921년 케냐에서 처음 보고된 아프리카 일부 지역의 풍토병이었으나, 1957년 포르투갈에 상륙한 이후 전 유럽으로 확산되었다. 그로부터 지금까지 살처분 및 방역작전을 통해 관리는 되고 있지만 산발적으로 발생하고 있다. 2007년 조지아를 시작으로 동유럽, 중앙아시아, 중국, 동남아시아 등지로도 확산되었으며 2019년 우리나라에서도 감염 사례가 나타났다.

우리나라에는 북한 접경 구역의 멧돼지를 통해, 또는 아프리카돼지열병 발병 국가의 돼지고기 제품이 수입되는 과정에서 확산되었을 수 있을 것으로 보인다. 어떠한

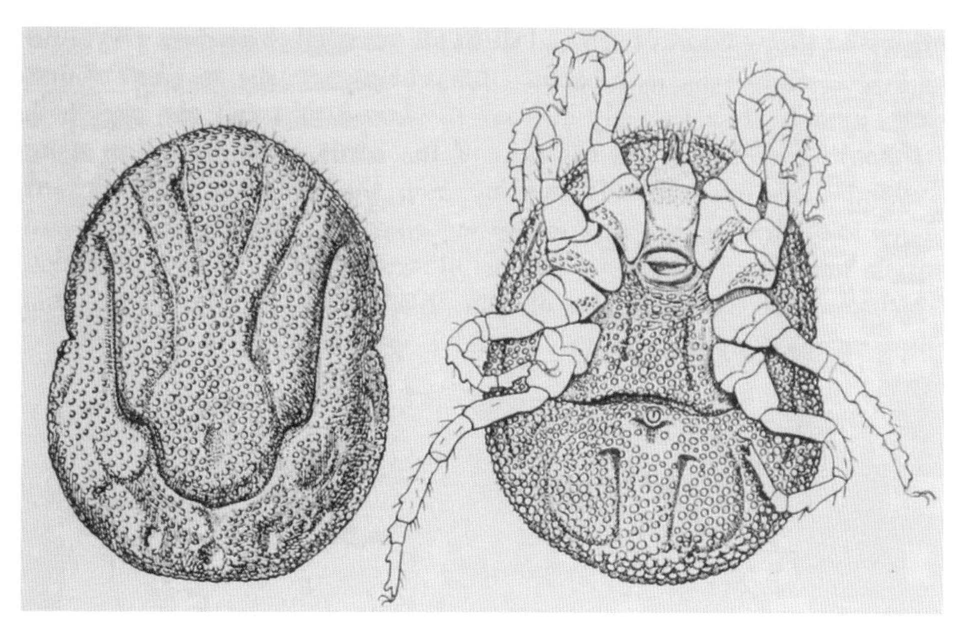

아프리카돼지열병은 주로 진드기류가 옮기는 것으로 알려져 있다.

경우든 이제는 전 세계 사람들과 물자가 자유롭게 드나드는 현실이기 때문에, 한편으로는 일부 지역의 풍토병이 전 세계로 확산될 위험이 이전보다 대단히 높아졌다는 것을 보여주는 사례이기도 하다.

한편 오히려 일부는 집돼지에서 멧돼지에게 역으로 확산되었을 가능성을 이야기하기도 한다. 그 과정에서 무분별하게 멧돼지를 포획하고 사살하는 것에 대한 비판과, 공장식 축산이 질병의 피해를 더 키운다는 주장이 함께 제기되고 있다. 멧돼지를 포획하고 사살하는 과정에서 이를 피하기 위해 멧돼지가 더 넓은 범위를 움직이게 되면서 감염을 확산시킬 우려가 있다는 것이다.

쟁점

1. 아프리카돼지열병은 접촉, 사료, 배설물 등을 통해 돼지에게만 전파되는 바이러스성 질병으로 출혈, 고열, 식욕감소 등의 증상을 일으키며 잠복기는 3일에서 21일, 치사율은 100%에 이른다.
2. 최근 한국에서 아프리카돼지열병이 발생하여 빠르게 퍼지고 있다.
3. 전파 경로에 대해서는 휴전선을 넘나드는 멧돼지, 수입사료, 불법 수입된 고기 등을 의심하고 있으나 아직 명확히 밝혀지지는 않았다.
4. 현재 우리나라 방역당국이 15만 마리를 살처분하는 등의 조치를 취한 이후 다시 발생하지는 않았지만 언제 다시 발생할지 모른다는 위험성을 가지고 있다.

논제

1. 아프리카돼지열병의 증상과 특징을 정리하고 확산을 차단하기 위한 과학적 방안을 제시하시오.
2. 아프리카돼지열병의 증상과 특징을 통해 한국에 전염된 경로를 과학적으로 추측하시오.
3. 공장형 축산 제도와 가축 전염병과의 관계에 대해서 논하시오.

키워드

아프리카돼지열병 / 공장형 축산제도 / 멧돼지 감염

용어사전

풍토병 제한된 지역에서만 반복적으로 발생하는 질병

살처분 가축 감염병이 발생하였을 경우 병의 전염을 막기 위해 일정한 반경 내의 가축들을 도살하는 것

공장형 축산 종래의 전통적인 방목형 축산과는 달리, 동물권이나 동물복지를 고려하지 않고 효율성을 우선시하여 높은 조밀도의 시설에서 동물을 사육하는 방식

찾아보기

Nicolette Hahn Niman. (2012). 돼지가 사는 공장. 황미영(번역). 수이북스.

박성민. (2019.10.17). 파주 멧돼지서 돼지열병 바이러스 첫 검출…연천도 1마리 추가. 연합뉴스.

윤진현. (2019.10.14). 아프리카돼지열병의 발병원인과 전파경로. 한겨레.

허정원. (2019.10.18). 돼지열병(CSF) 충북·경북 확대…"멧돼지, 남→북 방역해야. 중앙일보.

아프리카돼지열병: 한국서 7번째 발병 확인. (2019. 09.26). BBC NEWS 코리아.

생태통로

들여다보기

지난 수십년 간 차량의 수가 늘어나면서 자연스럽게 도로의 건설도 증가했다. 그런데 이와 함께 생태계의 단절 또한 이어지고 있다. 도로 건설에는 산이나 들을 양분하는 일이 필수적으로 따라오기 때문이다. 이를 극명하게 드러내는 것 중 하나가 바로 로드킬이다. 고속도로 로드킬의 경우 2012년부터 2016년까지 총 1만 1,379건이 발생했다. 국도 로드킬의 경우 2016년 한 해만으로도 총 1만 1,876건에 이른다. 지방도로의 로드킬 숫자는 추산조차 못하고 있는 실정이다.

이러한 문제를 해결하기 위해 등장한 것이 생태통로다. 생태통로는 야생동물이 도로나 댐 등의 건설로 인해 서식지가 절단되는 것을 막기 위해 야생동물이 지나는 길을 인공적으로 만든 것이다. 1998년 처음 등장한 이후 2010년 기준 164개에 이르는 생태통로가 전국에 설치되었다. 이 중 육교형이 131개소, 터널형이 33개소, 배수로와 겸하는 생태통로의 경우 육교형 16개소, 터널형 137개소가 만들어졌다.

포유류를 위한 생태통로에는 개방도가 중요하다. 개방도는 통로의 단면적을 통로의 길이로 나눈 값으로, 개방도가 작으면 포유류는 위협을 느끼고 이용하기를 꺼려한다. 따라서 환경부에서는 개방도 0.7 이상을 기준으로 제시하고 있다. 그러나 양서파충류를 위한 통로의 경우 개방도보다 대상 종에 따른 햇볕 투과여부가 중요하다.

생태통로의 건설은 증가하고 있지만 실효성 여부에 대해서는 논란이 있다. 도와 시군, 환경단체 등이 경기도의 생태통로 62개 중 인간의 통행이 잦거나 생태통로 기능을 하지 못하는 19개를 제외한 나머지 43개 생태통로의 실효성을 조사한 결과 효용성이 높은 곳은 9곳에 불과했고, 나머지는 효율성 보통이나 낮음, 판단 불가능이라는 결과를 받았다.

반면 2019년 5월 작성된 한겨레 기사에 의하면, 2014년 9곳 2,056회였던 생태통로 이용횟수가 2018년 14곳 7,921회로 증가해 생태통로당 평균이용률이 2.5배 증가한 것으로 보고되었다. 그러나 2017년 이용득 의원실의 분석에 의하면 생태통로가 있는 지역이라도 여전히 로드킬이 일어나고 있는 것으로 분석되었다. 의원실은 동물들이 생태통로를 보고 이를 이용하자는 판단을 잘 하지 못하고 있다고 결론지었다.

생태통로가 로드킬을 막아주는 장치라기보다 단절된 구간을 이어주는 개념이라 보아야 한다는 주장도 있다. 로드킬을 막는 용도로는 생태통로보다 오히려 잘 설계된 울타리가 적절하다는 것이다.

생태통로에 대한 대중의 인식도 아직은 성숙하지 못한 수준이다. 등산객이 생태통로를 이용해 다니는 사례가 많이 보고되고 있기 때문이다. 일례로 구례군이 생태통로를 산책로로 조성한 사례가 있다.

쟁점

1. 생태통로는 1998년 처음 도입된 이후 현재까지 지속적으로 증가하고 있다.
2. 생태통로를 인간이 통행하는 등 실효성에 대한 논란도 많지만, 시간이 지남에 따라 야생동물이 생태통로를 이용하는 횟수도 증가하고 있다.
3. 반면 한 조사에서는 생태통로가 있는 지역에서 여전히 로드킬이 일어나고 있다고 파악되어, 생태통로가 동물보호 기능을 충분히 수행하지 못하고 있다는 의견도 나타나고 있다.

논제

1. 생태통로를 건설하는 데 있어 중요하게 고려해야 할 것은 무엇인지 제시하시오.
2. 생태통로는 아직 동물들의 통로 역할을 제대로 하지 못하고 있다. 현재 건설되고 있는 생태통로의 문제점을 분석하고, 동물보호 기능을 제대로 수행하기 위한 방안을 제시하시오.
3. 생태통로를 보완하고, 로드킬을 줄이기 위한 다양한 방안을 제시하시오.

키워드

생태통로 / 로드킬 / 생태계 연결

용어사전

로드킬 주행 중 야생동물의 갑작스런 침입으로 발생하는 충돌 사고

찾아보기

최태영 (2016). 도로 위의 야생동물. 국립생태원.

전국생태통로 설치운영 현황. (2011). 환경부.

김광호. (2017.05.03). '동물 다니라는 길에 사람만'…이름뿐인 '생태 통로'. 연합뉴스.

김광호. (2017.05.17). 갑자기 나타난 고라니와 '꽝' 야생동물 로드킬 연간 200만마리. 연합뉴스.

박기용. (2019.05.26). 야생동물 생태통로 이용률 5년간 2.5배 늘어. 한겨레.

최우리. (2017.11.04). 생태통로 있어도 로드킬 난다…해법은 역시 '맞춤형'. 한겨레

갯벌 보존

들여다보기

갯벌은 조석간만의 차에 의해 땅이 바닷물 속에 잠겼다 드러나는 일이 반복되는 곳이다. 때문에 잔잔한 파도에 의해 운반되고 쌓인 점토들이 오랫동안 쌓여 평탄한 지형이 대부분이다. 퇴적물의 조성에 따라 모래갯벌과 펄갯벌, 그리고 이 둘이 혼재되어 있는 혼성갯벌로 구분된다. 우리나라의 서해안과 남해안은 전 세계적으로 갯벌이 잘 발달된 곳이다.

갯벌이 연안의 다른 환경에 비해 생물다양성이 높은 지역은 아니다. 하지만 주변의 생물들을 부양하는 지역이라고 말할 수는 있다. 갯벌은 해양생태계로 구분되지만, 먹이원의 대부분은 육상생태계의 쇄설성유기물에 의존한다. 쇄설성유기물의 대부분은 동물의 사체나 변 등으로 단백질의 양이 매우 높다. 이러한 먹이를 섭취하며 1μm 정도에 불과한 저서성 플랑크톤들이 생활한다. 조개와 굴도 이러한 유기물에 의해 생존한다. 플랑크톤은 먹이 활동을 하면서 유기물을 분해하기 때문에 수질을 정화시키는 효과도 낸다. 그 위에서 고둥과 우렁이들, 각종 철새나 물고기들이 이들을 먹으며 생활한다.

서해안과 남해안의 갯벌 및 그 주변에서 생활하는 생물들로는 어류 200여 종, 갑각류 250여 종, 연체동물 200여 종, 갯지렁이류가 100여 종 이상 된다. 이 밖에도 해양무척추동물과 미생물이 200여 종, 100종 이상의 바다새, 50여 종의 현화식물이 갯벌생태계에 서식하거나 의존하며 산다.

덕분에 갯벌은 구석기시대부터 인류의 식량과 경제를 책임지는 중요한 공간이기도 했다. 갯벌은 이 외에도 오염물질을 정화하고, 태풍이나 해일의 충격을 일차로 흡수하여 육지의 피해를 감소시키며, 광합성에 의해 이산화탄소를 소비하여 지구온난화를 저지하는 데에도 중요한 역할을 한다.

그러나 인류의 식량 생산 방식이 발전하면서 갯벌은 고려시대부터 간척사업으로 꾸준히 훼손되기 시작했다. 특히 근현대에 들어서는 대규모 간척사업으로 그 훼손 정도가 더 커지고 있다. 일제 강점기에는 산미증식계획 등을 목적으로 간척사업이 이루어졌으며, 해방 이후에도 산업단지, 항만건설을 위한 목적으로 간척이 꾸준히 시행되었다. 2016년 기준 우리나라의 간척지 면적은 1,100㎢으로 남아있는 갯벌 면적인 2,842㎢의 절반에 이를 정도로 그 규모가 막대하다.

단일 사업으로 가장 큰 면적을 개간한 경우는 새만금 사업으로 개간 면적이 291㎢에 달한다. 이 사업은 1991년 11월 착공하여 2020년에 매립이 끝나는 것으로 예정되어 있으며, 환경단체의 꾸준한 반대에도 불구하고 투입된 비용 등의 이유로 꾸준히 진행되고 있다. 그 여파로 갯벌 생태계가 파괴되고 인근 어민들의 생계가 사라지는 일이 일어나기도 했다. 지금 이 지역의 수질은 5~6등급 정도로 최악의 수질을 자랑하고 있다.

쟁점

1. 갯벌은 갯벌과 그 주변의 생태계를 부양하는 중요한 역할을 하고 있다.
2. 갯벌은 오염물질을 정화하고, 온실가스를 줄이며, 태풍 등의 자연재해로부터 육지를 보호하는 역할을 하고 있다.
3. 식량 생산 방식이 발전한 이후 갯벌의 경제적 가치가 낮다고 판단한 인간은 간척사업을 통해 갯벌을 꾸준히 개간해 왔다. 현재에 이르러서는 우리나라의 경우 간척한 토지가 남아있는 갯벌의 절반에 이를 정도로 많은 면적이 훼손되었다.

논제

1. 갯벌의 다양한 가치에 대해 설명하고, 갯벌을 보존하기 위한 방안을 과학적으로 제시하시오.
2. 갯벌이 훼손될 경우 일어날 수 있는 상황들에 대해 살펴보고, 그중에서도 부정적인 변화에 대한 대처방안을 과학적으로 제시하시오.

키워드

갯벌 / 갯벌 생태계 / 간척 / 새만금

용어사전

쇄설성유기물 육상 생태계의 잔존물로 보통 1mm 이하의 자그마한 유기물 덩어리

저서성 바다, 늪, 하천, 호수 따위의 밑바닥에서 사는 특성

갑각류 주로 수중생활을 하는 절지동물의 한 분류로 게, 새우, 가재, 따개비 등이 속한다

현화식물 속씨식물을 일컫는 말로 씨방 속에 씨가 들어가 있는 것이 특징이다

산미증식계획 일제가 조선을 식량공급지로 만들기 위해 1920년부터 1934년까지 실시한 정책

찾아보기

고철환(엮은이). (2009). 한국의 갯벌. 서울대학교출판문화원.

이병구. (2004). 갯벌생태와 환경. 일진사.

갯벌정보. 바다생태정보나라 [웹사이트]. Retrieved from https://bit.ly/30m7diE

길고양이 중성화

들여다보기

TNR이란 포획Trap, 중성화Neuter, 방사Return의 준말로 길고양이를 포획하여 중성화수술을 시킨 후 다시 돌려보내는 것을 말한다. 20세기 중반 영국은 길고양이 문제가 심각했다. 보호소에서는 애완동물을 주인에게 찾아주는 데에만 관심을 두었고, 정부기관은 전염병 예방차원에서 길고양이를 죽일 것을 지시했다. 이에 대응하기 위해 1965년 처음으로 개인 차원에서의 TNR이 시작되었고, 1974년 동물보호를 위한 대학연대에서 최초로 단체 차원의 TNR를 주장했다. 이후 이 움직임이 미국 등으로 퍼지면서 전 세계에 정착되었다.

TNR의 장점은 늘어나는 길고양이로 인해 발생하는 사회적 문제를 차단한다는 데 있다. 길고양이들은 발정기가 되면 괴상한 울음소리를 내거나, 쓰레기를 뒤집어 놓는 등 주위를 불편하게 하기도 하고, 바토넬라감염병 등의 질병을 반려동물과 사람에게 옮기기도 한다. 때문에 길고양이의 개체수를 조절하는 것은 중요한 문제다.

TNR은 길고양이를 죽이지 않고 좀 더 인도적인 방법으로 개체수를 조절한다. 길고양이를 모두 죽일 경우 다른 지역의 고양이들이 넘어와 다시 원 상태를 복원하게 되는데, TNR은 이 또한 방지한다. 반대로 일부 중성화되지 않는 고양이를 남겨둠으로써 혈족관계를 수 세대 지속시킬 수 있도록 한다. 동일지역에 혈연관계인 고양이들이 모여 있으면 고양이들 간의 분쟁을 줄일 수 있다는 이점도 있다.

이에 우리나라 지방자치단체에서도 길고양이 중성화사업을 추진하고 있다. 하지

길고양이 중성화에 대한 문제로 논란과 의견이 분분하다.

만 이 사업과정을 공개하고 있는 지자체는 서울시뿐이다. 서울시는 2013년부터 중성화사업을 적극적으로 시행한 결과, 2013년 25만 마리였던 길고양이 수가 2015년 약 20만 마리, 2017년에는 약 13만 9천 마리로 줄어들었다. 4년 만에 길고양이 수가 약 44% 줄어든 것이다. 하지만 나머지 대부분의 지자체는 예산이 부족하여 길고양이의 현황 파악은 물론 사업효과도 검증하지 못하고 있다.

아직은 부작용도 있다. 중성화수술을 하면 고양이의 왼쪽 귀를 1cm정도 잘라 재수술을 받지 않게 하고 있는데 이를 이용해 귀만 자르고 지원금을 받아가거나, 일부는 사람들이 기르는 고양이에게 중성화수술을 시키기도 한다. 물론 병원 측의 어려움도 있다. 서울시는 고양이 한 마리를 수술하는 데 약 13~16만 원을 지원하는데, 병원 측은 실제 수술에 들어가는 비용이 더 크다고 주장하고 있다.

반대하는 의견도 만만치 않다. 길고양이를 중성화하는 것은 그들의 번식 본능을 빼앗는 일이며, 영문도 모른 채 학대를 당하는 것이라는 의견도 있다. 또 길고양이가 많아지는 이유가 유기되는 고양이가 많기 때문인데, 유기 방지를 하지 않는 상태에서 1년에 수억의 비용을 들이는 것은 문제라는 비판도 있다.

쟁점

1. 길고양이 중성화사업은 길고양이를 죽이지 않고 개체수를 조절함은 물론이고, 일부를 중성화하지 않고 남겨놓음으로써 도시생태계를 안정화한다는 장점이 있다.
2. 길고양이 중성화수술은 고양이들이 영문도 모른 채 수술을 당하고, 이들의 번식을 불가능하게 한다는 점에서 또 다른 학대라는 주장도 있다.
3. 서울시가 매년 수억의 예산을 들여 중성화사업을 시행한 결과, 4년 만에 44% 정도의 개체수를 줄이는 데 성공하였다. 하지만 다른 지자체들의 경우 예산 부족으로 인해 사업 진행에 난항을 겪고 있다.
4. 중성화수술을 통해 고양이의 귀를 1cm 잘라 재수술을 방지하고 있지만 귀만 자르거나, 반려묘를 수술하는 편법을 통해 지원금을 받아가는 경우도 있다.

논제

1. 길고양이를 죽이는 것과 TNR을 시행하는 것의 장단점을 통해 그 차이를 정리하고, 어느 것이 더 윤리적이고, 효율적인지 주장하시오.
2. 길고양이 중성화수술에 대한 윤리적 문제와 이점을 살펴보고, 중성화수술의 필요성에 대해 논하시오.
3. 도시는 원래 인간을 위해 계획된 공간이다. 그리고 이곳에 고양이들이 자신만의 생태계를 구축하여 생활하고 있다. 인간과 동물이 공존하는 도시생태계의 장단점을 정리하고, 이와 관련하여 인간과 동물의 공존에 대해 논하시오.

키워드

길고양이 / 중성화수술 / TNR / 길고양이 중성화사업 / 도시생태계

찾아보기

김종형. (2018.10.01). 길고양이 '중성화' 논란…"개체 수 줄여야" vs "또 다른 학대". 국민일보.

원낙연. (2018.02.22). 서울시 '중성화' 10년…'길냥이' 4년간 44% 감소. 서울앤.

TNR. 나무위키 [웹사이트]. Retrieved from https://namu.wiki/w/TNR

도시 비둘기

들여다보기

서울의 경우 예전에는 비둘기가 사직공원이나 남산공원 같은 도심 녹지에 살았었다. 그런데 1988년 서울올림픽 폐막행사에서 비둘기 3천 마리가 방사된 이후 그 수가 급속히 늘기 시작했다. 한때는 서울시청 옥상에서 먹이를 주며 기르기도 했었다. 그 이후 2000년까지 국가적 행사가 있을 때마다 '평화의 사도'인 비둘기를 방사하는 과정에서 점점 비둘기의 개체수가 늘어났다. 녹지에서만 살기에는 개체수가 너무 늘어 이제는 고가도로나 다리 밑에서 주로 서식하고 있다.

2009년 환경부는 비둘기를 유해 야생동물로 지정했다. 늘어난 개체수로 인해 증가한 배설물이 건축물과 문화재를 부식시키고, 날리는 깃털이 생활에 지장을 초래한다는 이유에서다. 때문에 시장 · 군수 · 구청장의 허가를 받으면 비둘기를 포획할 수 있게 되었다. 야생의 집비둘기는 보통 1년에 1~2회 번식을 하지만, 도심에 사는 집비둘기는 먹이가 풍부해 1년에 7~8회까지 번식한다. 현재 수도권에서는 집비둘기가 100만 마리, 서울에만 50만 마리가 살고 있는 것으로 추정되고 있다.

비둘기의 배설물은 강한 산성을 띠는 요산이 있기 때문에 건물 등을 부식시킬 수 있다. 탑골공원의 원각사지 10층 석탑은 이 비둘기 배설물을 막기 위해 유리로 보호되고 있으며, 고궁의 경우 단청 보호를 위해 전각마다 비둘기 접근 방지용 그물이 쳐져있다.

2009년 비둘기 유해조류 지정 당시 시민단체인 카라와 조류학자 윤무부 교수는

2009년 환경부는 비둘기를 유해 야생동물로 지정했다.

이에 반대하는 성명을 냈다. 그 사유로는 집비둘기를 유해하다고 단정할 수 있는 구체적이고 과학적 원인을 밝히고 있지 않다는 점, 유해조류 지정 이전에 도시생태계의 일원으로 사람들과 공존하기 위한 과학적인 연구 조사나 합리적 관리 방안이 협의된 적이 없으며, 유해조류 지정은 동물이 생태계 내에서 가지는 역할과 위치가 전혀 고려되지 않은 것이기 때문에 장기적으로 도시생태계의 유지 관리에 걸림돌이 될 수 있다는 점 등을 내세웠다.

도시는 기형적인 생태계를 품고 있다. 동식물들은 달라진 먹이와 환경에서 살아가기 위해 적응을 거듭하고 있다. 인간이 도시에서 지속적인 삶을 영위하면서도 자연과 공생하기 위해서는 이들에 대한 이해 역시 필수적이다. 영국 런던의 경우 자연과 인간과 동물이 공존하는 개념을 바탕으로 도시개발을 하고 있다. 인간만 사는 곳이 아니기 때문에 공간 계획에서도 자연이 들어설 곳을 지정하고, 인간의 출입을 제한하여 동물들이 자연과 더 가깝게 살 수 있도록 하고 있다.

쟁점

1. 인간의 필요에 의해 도시에 살게 된 비둘기가 이제는 유해조류로 지정 받게 되었다.
2. 비둘기는 도시생태계에 적응하며 변화했고, 이를 고려하지 않은 개체수 조절은 위험할 수 있다.
3. 도시는 인간이 살기 위해 기형적으로 만들어진 생태계다. 인간의 생존과 자연과의 공생을 포함한 도시생태계에 대한 고려가 그동안 이루어지지 않은 것 역시 사실이다.

논제

1. 2000년까지 비둘기는 평화의 상징으로 각종 행사에서 날려졌다. 그러나 2009년 환경부는 비둘기를 유해조류로 지정하여 개체수를 줄이기 위해 노력하고 있다. 비둘기를 어떠한 관점으로 바라보고, 또 어떻게 받아들이고 관리해야 할지에 대해 논의하시오.
2. 도시생태계의 특징을 자연생태계와 구분하여 정리하고, 장단점을 정리하시오. 그리고 이 도시생태계를 지속가능하게 하기 위한 방안을 제시하시오.
3. 동물보호단체인 카라의 주장에 의하면 비둘기를 도시생태계의 일원으로 보는 연구가 필요하다고 한다. 비둘기가 도시 생태계에서 어떠한 역할을 하고 있는지 논의하시오.

키워드

비둘기 / 집비둘기 / 유해 야생동물 / 유해조류 / 도시생태계

용어사전

요산 단백질의 일종인 퓨린이 대사되면서 생성되는 물질로 신장을 통해 소변으로 배설된다

유해조류 여러 가지 이유로 인간의 생활에 해를 입히는 조류

찾아보기

강찬수, 임주리. (2009. 06.01). 평화의 상징 비둘기 '공공의 적' 됐다. 중앙일보.

남종영. (2005.04.26). 고양이와 비둘기에 관한 진실. 한겨레21, 557.

박소연. (2009.08.03). 비둘기와의 공존을 위해. 에코뷰.

정하늘. (2019.05.08). 비둘기가 노숙하는 나라..."자연 공존 도시계획 필요". 에듀인뉴스.

모기 박멸

들여다보기

말라리아, 지카바이러스, 뎅기열, 일본뇌염 등 모기가 옮기는 전염병은 22종에 달한다. 세계보건기구에 따르면 매년 7억 명 이상이 모기로 인한 전염병에 걸리고 그중 100만 명이 이로 인해 사망한다.

그래서 모기를 멸종시키는 것에 대한 논의와 연구가 전 세계적으로 진행되고 있다. 특히 최근에는 기존의 해충약 등과 같은 전통적 방법이 아닌 유전공학에 의한 해결 방법이 시도되고 있다. 『네이처』에 발표된 논문에 따르면 방사능을 쬐여 생식 능력을 떨어트리고, 곤충의 세포 속에 기생하며 생식 능력을 낮추는 볼바키아 세균에 감염시킨 수컷 모기를 야생에 방사하는 실험을 했다. 실험 결과 이 모기에게서 태어난 유충은 실제로 수명이 크게 짧아졌고, 2년 동안 추적 조사한 결과에 따르면 매년 83~94%의 개체수 감소를 보였다고 한다.

그러나 모기를 멸종시키자는 주장에 대한 보존론자의 반론도 만만치 않다. 곤충을 한 종이라도 멸종시키는 것은 지구 생태계에 큰 영향을 미쳐 인간에게 다시 악영향을 끼칠 수도 있다는 것이다. 모기 유충과 모기는 다른 종에게 좋은 먹잇감이 된다. 특히 모기의 천적으로 유명한 모스키토피시mosquitofish는 모기가 사라진다면 멸종을 피할 수 없을 것으로 예상되고, 툰드라 지대의 철새들 역시 큰 개체수 감소가 예상된다.

또 모기 유충은 유기물을 분해하여 수질 정화에도 기여하고 있다. 더구나 피를 빠는 것은 번식기의 암컷뿐이고, 나머지 기간에는 수액을 빨고 생활하기에 식물의 수분에도 기여를 하고 있다. 모기가 멸종한다면 이 부분 역시 우려된다.

또 툰드라의 순록들은 모기 때문에 바람을 거스르는 방향으로 이동하는데, 만약 모기가 사라진다면 순록 떼의 이동에도 변화가 생기고, 이 변화 역시 다른 종에게 큰 영향을 줄 것이다. 모기가 옮기는 풍토병 때문에 개발되지 못하는 지역도 있는데, 이 지역의 난개발도 우려스러운 부분이다.

그러나 모기 박멸론자들은 모기가 사라진 생태계에서 다른 종들이 그 자리를 대체할 것이라 주장하며 모기 멸종의 정당성을 주장하고 있다. 모기를 먹이로 하는 종들의 먹잇감들을 보면 모기가 차지하는 비율은 매우 적다는 것이다. 식물의 수분 역할도 다른 곤충들이 대신할 수 있다고 주장한다. 그들은 모기가 사라져 생길 우려는 인구의 증가밖에 없다고 주장한다.

모기과에 속하는 종은 약 3,500여 종에 이르는데 그중 인간에게 치명적인 피해를 입히는 종은 10여 종에 불과하다. 따라서 10여 종의 모기만 멸종시키는 방법을 강구하는 것도 가능하다. 오히려 더 우려스러운 점은 모기를 매개로 전염병을 퍼트리는 바이러스와 기생충이 모기가 멸종된 후 또 다른 경로를 발견할지도 모른다는 점이다.

쟁점

1. 모기는 말라리아, 지카바이러스, 일본뇌염 등의 심각한 전염병을 옮기는 매개체로, 이 전염병 때문에 전 세계적으로 매년 100만여 명이 사망한다.
2. 모기 보존론자들은 모기와 모기 유충은 다른 종들의 먹이가 되고, 수질을 정화하며, 수분을 도와주는 등 생태계에서의 역할이 큰 종이므로 이들이 사라지면 생태계에 변화가 올 것이라 주장한다.
3. 모기 박멸론자들은 생태계에서 모기가 하는 역할을 다른 종이 충분히 대체 가능하므로, 모기 박멸을 해야 한다고 주장한다.
4. 3,500여 종의 모기 중에서 인간에게 치명적인 피해를 입히는 종은 10여 종에 불과하므로 다른 대안 역시 가능하다.
5. 모기를 박멸하더라도 이들을 매개로 하는 바이러스와 기생충이 모기 이외의 경로를 발견할 수 있다는 우려도 있다.

논제

1. 모기는 1년에 100만여 명의 목숨을 뺏는 전염병을 옮기고 있지만 다른 종의 먹이가 되거나, 수질을 정화하고, 수분을 돕는 등의 긍정적인 역할도 하고 있다. 모기를 박멸하는 것에 대한 찬반 입장을 정하고, 이에 대한 근거를 제시하시오.
2. 제시된 방법 외에도 모기를 박멸할 수 있는 다양한 방법에 대해 논의하시오. 이 중에서 생태계에 미칠 영향을 최소화하는 방법은 무엇일지 도출하시오.
3. 모기가 사라지면 이들이 매개하는 바이러스와 기생충도 멸종할 것인지에 대한 입장을 정하고, 그 근거를 제시하시오.
4. 모기를 박멸하지 않고 이들이 옮기는 질병에 대응할 수 있는 다른 방법을 찾아 제시하시오.

키워드

모기 / 모기 박멸 / 모기 생태계 / 말라리아 / 지카바이러스 / 뎅기열 / 일본뇌염

용어사전

말라리아 학질모기가 옮기는 전염병으로, 매년 2억에서 3억 명의 사람이 감염되고 수백만 명이 사망하는 위험한 질병이다

지카바이러스 플라비바이러스과와 플라비바이러스속에 속하는 바이러스로, 숲모기를 통해 전염된다. 사람에서는 지카열로 알려진 가벼운 증상의 병을 일으키는데 산모가 감염될 경우 신생아의 소두증과 관련이 있는 것으로 여겨진다

뎅기열 모기가 매개가 되는 뎅기 바이러스에 의해 발병하는 전염병

볼바키아 곤충에게서 발견되는 흔한 공생 박테리아. 볼바키아는 약 75%의 곤충의 세포 내에 감염이 되어있으며, 최근 곤충의 암컷과 수컷의 성비를 조절한다는 것이 알려졌다

수분 종자식물에서 수술의 화분이 암술머리에 붙는 일

찾아보기

Timothy C. Winegard. (2019). 모기. 서종민(번역). 커넥팅.

유용하. (2019.07.18). '불임 수컷' 퍼뜨린 후 2년.. 모기는 씨가 말랐다. 서울신문.

이강봉. (2010.08.05). 모기없는 세상에서 살고 싶다고?. 사이언스타임즈.

멧돼지 피해

들여다보기

멧돼지 출몰은 최근 10년 사이 급증한 현상이다. 그 전에는 거의 출몰한 일이 없었는데, 2009년에는 31회를 기록하더니 2010년에는 384회를 기록할 정도로 급증했다. 이처럼 최근 야생 멧돼지의 습격이 점점 잦아지면서 시민들의 불안감이 고조되고, 경제적 피해도 늘고 있다. 2000년대 중반까지는 주로 농작물 피해가 대부분이었으나 최근 민가나 상점을 습격하는 사례, 로드킬을 당하는 사례도 늘고 있다. 멧돼지 출몰로 인한 농작물 피해액은 연간 150억을 넘기고 있다.

다양한 방지책 또한 등장하고 있다. 충청도와 전라도는 기동포획단을 운영하기도 하고, 순환 수렵장 제도를 운영해 개체수를 조절하기도 했다. 폐현수막과 폐타이어로 농경지를 둘러싸고, 올무나 독약이 묻은 먹이를 준비하거나 멧돼지 전용 트랩을 설치하기도 했지만 그럼에도 야생 멧돼지의 출현은 여전히 증가하고 있다.

멧돼지 출몰 방지대책 역시 여러 가지 우려가 존재한다. 역사적으로 인간이 개입해 야생동물 문제가 해결된 사례가 거의 없기 때문이다. 미국은 철도를 파괴하는 물소를 포획했지만 결국 인디언들의 삶을 파괴하는 결과를 낳았고, 반대로 지금은 물소를 보존하기 위해 노력하고 있다. 호주는 사냥을 위해 토끼를 풀어 놓았다가 초지가 황폐화 되었고, 여우를 풀어 놓아 토끼의 개체수를 조절하려 했으나 풍부한 먹이 때문에 여우의 수가 급증하게 되었다.

우리나라의 경우 2019년 아프리카돼지열병이 발생한 이후 그 매개체로 야생멧돼

멧돼지가 살 곳을 잃자 산을 내려오는 경우가 점점 많아지고 있다.

지가 지목되면서 멧돼지 사살이 더욱 심해지고 있다. 하지만 무분별한 야생멧돼지 포획은 생태계의 균형을 깨트리고, 한국 멧돼지의 멸종을 촉진할 수도 있다. 멧돼지가 자주 도심에 출몰하는 이유는 산에 먹이가 부족하기 때문이다. 먹이가 부족하다는 것은 급속히 개체수가 증가했기 때문인데, 이는 자연에 멧돼지 포식자가 거의 없기 때문이다. 다른 이유로는 난개발로 인해 산림이 줄어들고, 각종 도로 건설로 인해 생태계가 잘게 쪼개어져 멧돼지들이 갈 곳이 없어지고 있기 때문이기도 하다.

쟁점

1. 최근 야생멧돼지가 자주 출몰하여 사람들을 불안에 떨게 하고 경제적 피해를 주고 있다. 그리고 이러한 현상은 매년 늘고 있다.
2. 멧돼지 포식자가 거의 없어져 개체수가 급증했고, 때문에 산에 먹이가 부족해지고 있다.
3. 산악지역의 개발로 멧돼지 서식지가 좁아지고 있다.
4. 야생동물 문제에 대한 무분별한 인간의 개입은 생태계의 균형을 깨트리기 쉽다.

논제

1. 최근 멧돼지의 출몰이 잦아지고 있다. 그 원인을 분석하고, 이에 대한 해결책을 제시하시오.
2. 인간의 무분별한 개입으로 야생동물의 개체수 조절에 실패한 사례가 많다. 그렇다고 이를 방치하면 자연과 인간에 대한 피해가 증가한다. 양쪽의 문제를 해결할 수 있는 과학적 대안을 제시하시오.
3. 자연은 그동안 인간에게 정복의 대상이거나 극복의 대상이었다. 덕분에 인간은 많은 편의를 누리고 있지만 최근 자연의 반격이 이어지고 있다. 이러한 관점에서 멧돼지의 출몰을 설명하고, 이에 대한 대책을 마련하시오.

키워드

멧돼지 출몰 / 멧돼지 피해 / 야생유해조수

찾아보기

강병집. (2011.12.13). 야생 멧돼지에 대한 생태적 해결책 모색의 필요성. 오마이뉴스 [웹사이트]. Retrieved from https://bit.ly/2TnIR6D

남종영, 임세영. (2017.08.04). '멧돼지 당근책' 효과 얼마나 있을까. 한겨레.

박병기. (2018.03.04). 천적없어 우글거리는 멧돼지…농작물 피해주고 사람도 공격. 연합뉴스.

붉은불개미

들여다보기

붉은불개미는 다른 개미보다 호전적이며 침에 강력한 독이 있다. 이들의 둥지를 건드리면 즉각 떼로 반격한다. 사람이 물리면 화상을 입은 것 같은 심한 통증이 나타나며, 쏘인 부분이 붓기 시작하고 발진이 나타난다. 심하면 손이 떨리거나 동공이 좁아지고 현기증, 호흡곤란, 혈압 저하, 의식 장애, 과심장박동 등 과민성 쇼크 증상이 이어진다. 크기가 작은 동물은 죽기도 한다. 또 이들 개미의 둥지가 식물의 뿌리를 약하게 만들어 농사에 방해가 되기도 한다. 이에 따라 현재 세계자연보호연맹은 붉은불개미를 세계 100대 악성 침입 외래종으로 지정했으며, 우리나라에서도 2018년 1월 생태계 교란 생물로 지정되었다.

붉은불개미는 아르헨티나 원산이나 미국, 오스트레일리아, 뉴질랜드, 캐리비안 제도, 타이완, 필리핀, 중국 등지의 전 세계로 확산되었으며 우리나라에서는 2017년 9월 처음 발견된 이후 2018년 10월까지 총 여덟 차례 나타났다. 주로 선박을 통해 수입되는 목재나 목재가공품 등에 묻어 들어오는 경우가 많다.

붉은불개미는 적응력이 뛰어나 박멸하기가 쉽지 않다. 홍수나 가뭄, 추위 모두를 잘 견딘다. 짝짓기를 마친 여왕개미는 700만 개의 정자를 지니고 7년 정도를 살면서 지속적으로 알을 낳는데, 대략 한 군락당 20만에서 30만 마리에 이르는 일개미를 두고 있다. 미국, 호주, 중국 등은 이미 유입된 붉은불개미의 방제에 실패했으며, 방제에 성공한 뉴질랜드의 경우도 그 과정에 대단히 오랜 시간이 걸렸다. 호주의 경우 방제

비용으로 2,800억 원이 넘는 돈을 들였으나 완전 방제에 실패했다. 현재 붉은불개미의 방제 방법으로는 땅을 파서 개미집을 발견, 제거하고 주변의 일개미를 하나하나 잡는 것이 최선이다. 이후 주변에 살충제를 뿌리고 트랩을 설치하여 나머지 살아남은 개미를 모두 잡아들여야 한다.

이처럼 붉은불개미가 이미 들어와서 자리를 잡으면 방제가 대단히 어려우므로 항구나 공항 등에서 이를 선제적으로 발견하여 처치하는 것이 가장 중요하다. 붉은불개미의 발견은 전문가들이 항만의 컨테이너 주변을 살펴보는 것과, 페로몬트랩을 통해 유인되는 것을 확인하는 것이 가장 좋은 방법이다. 그러나 여왕개미가 분비하는 페로몬을 이용한 페로몬트랩 유인책은 일개미를 유인할 수는 있지만 가장 중요한 여왕개미를 유인하지 못한다는 문제가 있다.

쟁점

1. 붉은불개미에게 물리면 극심한 고통이 동반되고 심하면 사망에 이르는 피해가 일어날 수 있다.
2. 붉은불개미는 식물의 뿌리를 약하게 만들어 농사에 방해가 되기도 한다. 때문에 국제적으로도 해충으로 지정되었으며 우리나라에서 또한 생태계 교란 생물로 지정되었다.
3. 붉은불개미의 방제는 쉽지 않아 많은 나라가 완전 방제에 실패했다.
4. 페로몬트랩으로는 여왕개미를 유인할 수 없다.
5. 붉은불개미는 주로 선박을 통해 수입되는 목재 및 관련 제품과 함께 들어온다.

논제

1. 붉은불개미의 생태를 정리하고, 이를 통해 붉은불개미의 방제 방안을 모색하시오.
2. 붉은불개미의 세계적 피해 상황을 정리하고, 다른 개미보다 피해가 심한 이유를 과학적으로 분석하시오.
3. 붉은불개미가 전 세계적으로 확산되는 이유를 분석하고, 이를 통해 확산 방지에 필요한 방안을 과학적으로 고안하시오.

키워드

붉은불개미 / 붉은불개미 방제 / 생태계 교란 생물 / 페로몬트랩 / 침입 외래종

용어사전

페로몬트랩 성 유인 물질을 이용한 곤충포획장치

찾아보기

강찬수. (2018.07.14). 한반도 노리는 붉은불개미. 중앙일보.

심창섭. (2019.06.28). 붉은불개미는 왜 확산하고 있을까?. 사이언스타임즈.

황소개구리

들여다보기

황소개구리는 미국과 캐나다 동부지역이 원 서식지로, 우리나라의 경우 1958년 국립 진해양어장에서 소수 개체만을 들인 뒤 1973년 식용을 목적으로 대량 사육하였다. 그러나 황소개구리가 식용으로 용이하지 않자 일부 상인들이 저수지에 버렸는데, 이때를 계기로 우리나라 생태계에 유입되었다. 황소개구리는 최대 20cm까지 자랄 정도로 덩치가 크고 곤충과 달팽이, 거미, 지렁이, 어류뿐 아니라 작은 포유류나 조류도 먹을 정도로 식성이 좋으며 천적이 없어 생태계 교란 생물로 지정된 상태다.

현재 황소개구리는 한반도 전역에 분포하고 있으며 강과 하천, 저수지, 농수로, 배수로 등에 서식한다. 일반적으로 4월에 동면에서 깨어나면 5~7월 사이에 번식을 한다. 한 번에 6천 개에서 4만 개의 알을 산란하며, 2~3년 정도의 올챙이 시절을 지나 성체가 된다.

1990년대 중반부터 외래종 생태계 파괴의 대표종으로 알려진 황소개구리는 이후 대대적인 소탕작전이 벌어졌으나 성과가 크지 않았다. 그런데 2000년대 이후 황소개구리의 개체수가 급격히 감소한 것으로 보고되고 있다. 그 이유로는 황소개구리에 익숙해진 토종 포식자들이 황소개구리 올챙이를 잡아먹기 시작했기 때문으로 알려졌다. 고니, 쇠오리, 원앙 등의 철새와 가물치, 메기 같은 토종 어류가 황소개구리의 올챙이를 잡아먹고 있다.

황소개구리의 개체수가 급격히 늘어남에 따라 황소개구리의 먹이가 줄어든 것과

황소개구리는 대표적인 생태계 교란종으로 알려졌었으나, 시간이 지나면서 개체수가 급감하였다.

황소개구리가 잡아먹는 사냥감들이 황소개구리의 사냥 습관에 익숙해진 것도 한 이유로 보인다. 또 다른 측면에서는 외래종이 특정 생태계에 침입했다가 생태계와의 상호작용을 통해 일정한 위치를 부여받은 현상으로 보는 견해도 있다.

쟁점

1. 황소개구리는 먹이를 가리지 않는 식성으로 인해 생태계에 큰 위협이 되었다.
2. 최근 여러 포식자들이 황소개구리의 올챙이를 잡아먹기 시작하면서 개체수가 줄어들었다.
3. 황소개구리의 개체수가 늘어나면서 먹이가 줄어든 것 또한 개체수가 줄어든 원인이 되었다.

논제

1. 황소개구리는 한국 생태계에 유입된 이후 생태계 교란종이 되었다. 황소개구리의 예를 통해 외래종이 지역 생태계에 유입되는 것의 위험성을 과학적으로 논하시오.
2. 황소개구리가 생태계에 유입되고 나서 생태계 교란이 있었으나, 시간이 지나면서 개체수가 급감하였다. 그 과정에서 생태계가 갖추어야 할 요건이 무엇인지 과학적으로 논하시오.
3. 생태계는 항상 외부와 상호작용을 한다. 하지만 인간의 개입에 의해 외래종이 급격히 유입되면 생태계 교란이 심각해지기도 한다. 외래종에 대해 어떠한 태도를 가져야 할지를 논하시오.

키워드

황소개구리 멸종 / 외래종 / 생태계 교란 생물 / 생태계 평형

용어사전

생태계 교란 생물 대한민국 환경부에서 지정하여 관리하고 있는, 토종 동식물의 생태계를 위협할 우려가 있는 동·식물을 말한다

생태계 평형 안정된 생태계에서 생물 군집의 종류나 개체수가 거의 변하지 않고 전체적으로 안정된 상태가 유지되는 것

찾아보기

국기헌. (2014.09.29). 황소개구리 생태계 교란 확인…상위 포식자도 '꿀꺽'. 연합뉴스.

이완배. (2009.09.29). '황소개구리의 몰락' 맬서스는 알고 있었다. 동아일보.

조홍섭. (2017.08.14). 무법 황소개구리의 천적은 토종 가물치·메기. 한겨레.

여섯 번째 대멸종

들여다보기

지구상에 생명체가 생태계를 구성한 이후 대량의 멸종 사건이 일어난 적이 몇 번 있는데, 그중 가장 큰 다섯 번의 멸종 사건을 대멸종 사건이라 한다. 마지막 대멸종은 6천만 년 전에 일어났는데 공룡 멸종으로 유명한, 운석 충돌에 의한 백악기말 대멸종 사건이었다.

이후 오랜 기후의 안정으로 지구상에는 과거 어느 때보다 많은 종류의 생물들이 살게 되었다. 그런데 산업혁명 이후 인간의 활동으로 다시 많은 생물종들이 멸종하고 있다. 『네이처』의 한 논문에 따르면 2200년이 되면 조류의 13%, 포유류의 25%, 양서류의 41%가 멸종할 것이라고 한다. 이는 백악기말 멸종에 비해 무려 천 배나 빠른 속도다. 그래서 몇몇 과학자들은 현재 제6의 대멸종이 시작되었다라고도 한다. 또 지금까지 총 다섯 차례의 대멸종에서 최상위포식자들이 예외 없이 모두 사라진 것으로 미루어 보아, 여섯 번째 대멸종에서는 최상위포식자인 인간의 생존 역시 위험할 수 있다고 경고하고 있다.

현재 급격하게 이뤄지고 있는 멸종의 원인은 총 네 가지로 이야기 된다. 첫째는 인간의 과도한 사냥 때문이다. 대표적인 예로 도도새를 들 수 있다. 도도새는 아프리카 모리셔스 섬에 사는 새로 천적이 없어 날개가 퇴화한 새다. 그러나 유럽인들이 이 섬을 발견한 뒤 도도새를 식용으로 사냥했다. 또 사람과 함께 이 섬에 들어온 생쥐, 돼지, 원숭이들이 도도새의 알을 먹으면서 멸종에 이르게 되었다. 독도가 유일한 번식

처였던 독도강치 역시 1920년대에 가죽과 기름을 얻기 위해 일본인들이 남획한 결과 멸종했다.

두 번째 원인은 인구 증가와 이에 따른 삼림지역의 파괴로 인해 서식지가 감소되고 있는 것이다. 지금도 아마존에서만 매년 축구장 20만 개 규모의 삼림이 파괴되고 있다. 이로 인해 매년 아마존의 포유류 10종, 조류 20종, 양서류 8종이 멸종하고 있다.

환경오염 또한 멸종의 원인으로 크게 부상하고 있다. 산업혁명 이후 전 세계적으로 늘어난 쓰레기와 미세먼지, 미세플라스틱, 화학물질에 의한 물과 토양의 오염 등은 인간은 물론 생물들의 삶에도 치명적인 요인이 되고 있다.

마지막으로 기후변화 또한 중요한 원인이다. 산업혁명 이후 인간 활동에 의해 지구의 평균기온은 1℃ 정도 상승했다. 지구 기온의 상승은 기후 안정성을 크게 위협하여 폭염과 한파를 불러오고, 해류의 흐름을 바꾸고 있다. 이러한 생태계의 교란은 생물종에게 커다란 위험요소가 된다. 과학자들은 연평균기온이 2℃ 정도 상승할 경우 지구 생명체의 약 20%가 멸종할 것으로 전망하고 있다.

쟁점

1. 과거 대멸종과 달리 현재 대두되고 있는 여섯 번째 대멸종의 원인은 인간 활동이다.
2. 그러나 인구는 계속 증가하고 있으며 편리한 생활에 대한 요구 역시 점점 커지고 있다.
3. 과거 대멸종 사건에서 최상위포식자가 모두 멸종한 것으로 보아, 여섯 번째 대멸종이 일어날 경우 인간의 안전 역시 위협받을 수 있다.
4. 종다양성과 생태계의 급속한 붕괴는 인간에게도 커다란 악영향을 미치고 있다.

논제

1. 과거 지구에서 일어난 대멸종과 여섯 번째 대멸종의 공통점과 차이점을 분석하고, 이번 대멸종이 특별한 점을 과학적으로 논하시오.
2. 인간이 자연을 개발하여 누릴 수 있는 이익과 자연을 파괴할 때 발생하는 피해를 비교해보고, 개발을 계속 하는 것이 옳은지를 논하시오.
3. 최근 멸종의 원인을 분석하고, 멸종을 방지하기 위한 방안을 과학적으로 논하시오.

키워드

여섯 번째 대멸종 / 인간 활동과 멸종 / 자연개발과 멸종 / 기후변화 / 환경오염 / 산림파괴

찾아보기

EBS 다큐프라임 생명 40억년의 비밀 작가팀, 김시준, 김현우, 박재용. (2014). 멸종. MID.

김선한. (2012.07.13). 과도한 벌채로 아마존 희귀동물 멸종위기. 연합뉴스.

김시균. (2016.12.02). 일본 어부들이 멸종시킨 `독도 강치`. 매일경제.

김형근. (2006.08.08).“2100년, 종(種)의 50%가 멸종할 수도”. 사이언스타임즈..

손영식. (2018.05.10). 아마존, 벌채로 죽어간다 지난해 축구장 20만 개 규모 사라져. 나우뉴스.

이성규. (2017.10.26). “기후변화가 동물 멸종 가속화”. 사이언스타임즈.

이우신. (2017). 야생동물의 멸종위기 원인과 보전. 환경정보.

최병국. (2015.11.21). '지구의 허파' 아마존의 나무 종 절반 멸종 위기. 연합뉴스.

꿀벌의 실종

들여다보기

꿀벌은 여왕벌을 중심으로 수많은 벌들이 모여 집단생활을 하는 군집성 곤충이다. 이 집단에서 꿀을 모으고, 벌집을 짓고, 유충을 공격자로부터 지키는 등의 다양한 일을 하는 구성원은 일벌이다. 일벌은 꽃의 수분에도 큰 역할을 한다. 일벌이 꿀을 모으기 위해 꽃을 드나들 때, 일벌의 다리의 잔털에 붙은 꽃가루가 다른 꽃의 암술에 전달되면서 꽃의 수분이 이루어진다. 이외에도 꽃가루가 바람을 통해 이동하는 경우와 물을 통해 이동하는 경우도 있지만 지구상에서 가장 흔한 수분 방법은 곤충을 통한 수분이다. 이 중 꿀벌에 의해 수분이 되는 경우가 대단히 큰 비중을 차지한다.

그런데 최근 꿀벌의 군집붕괴현상이 전 세계적으로 빈번해지면서 개체수가 급감하고 있다. 군집붕괴현상이란 일벌이 사라지면서 꿀벌 군집이 붕괴되는 현상을 말한다. 원래 벌통이 비어버리는 일은 매년 봄이면 일정하게 되풀이되는 현상으로 겨울동안 식량이 부족하다거나 하는 이유로 나타난다. 그러나 최근의 군집붕괴현상은 벌의 시체조차 남지 않고, 심지어 애벌레는 모두 살아있는 상태로 일벌만 사라진다는 점에서 차이점이 있다.

일각에서는 군집붕괴현상이 종종 있어왔다는 점을 지적한다. 아일랜드에서는 950년, 992년, 1443년에 군집붕괴현상이 있었다. 미국에서도 이 현상이 종종 나타나는데 1995년에는 펜실베니아 주에서 절반 이상의 꿀벌이 사라진 적이 있었다. 그러나 최근의 군집붕괴현상은 과거와는 다른 측면이 있다. 2006년 처음 나타난 이후 매년

2006년 이후 꿀벌이 지속적으로 사라지고 있는 상황에서, 작물의 약 27%가 꿀벌 없이는 생존할 수 없어 문제가 되고 있다.

30%의 꿀벌이 지속적으로 사라지고 있다는 점인데, 과거의 단발성 양상과는 다르기 때문이다.

문제는 이 현상의 원인이 밝혀지지 않고 있다는 점이다. 대체로 과학자들이 추정하는 원인으로는 기생충의 일종인 꿀벌 응애, 농약과 화학물질로 인한 기억력 감퇴, 체력저하, 전자파로 인한 방향감각 상실, 유전적 병목현상, 유전자 조작 식물, 양봉업의 변화, 기후변화, 이스라엘 급성마비성바이러스IAPV 등이 지목되고 있으나 아직 명확하게는 밝혀지지 않고 있다.

인간이 재배하는 작물의 3분의 1은 곤충에 의해 수분이 되는 충매화이고, 충매화의 80%가 꿀벌에 의존한다. 작물의 약 27%가 꿀벌 없이는 생존할 수 없는 것이다. 만약 꿀벌이 사라진다면 전 세계의 식량 생산은 엄청난 차질을 빚게 될 수밖에 없다. 인간이 재배하는 작물뿐 아니라 생태계 전반에서도 꿀벌에 의한 수분이 이루어지지 않으면 당장 멸종 위기에 처할 식물들이 많다.

쟁점

1. 벌통에서 일벌이 집단적으로 사라지면서 꿀벌 군집붕괴현상이 나타나고 있다.
2. 과거 군집붕괴현상은 몇십 년에 한 번 정도씩 나타난 현상이지만, 2006년 이후부터는 매년 일어나고 있어 꿀벌 멸종의 우려를 자아내고 있다.
3. 꿀벌은 다양한 충매화의 수분을 돕고 있어 꿀벌이 멸종하면 관련된 수많은 식물이 같이 멸종할 수 있고, 작물의 27%도 열매를 맺을 수 없게 된다.
4. 꿀벌 군집붕괴현상이 왜 일어나고 있는지 아직 정확한 원인을 밝혀내지 못하고 있다.
5. 대체적으로 인간의 활동으로 인한 기후변화, 환경오염과 몇 가지 질병이 의심되고 있어 인간 문명에 보내는 경고로 해석되기도 한다.

논제

1. 군집붕괴현상으로 인해 꿀벌의 멸종이 우려되고 있다. 꿀벌이 사라지면 어떤 일이 일어날지 정리하고, 이에 대한 대안을 과학적으로 제시하시오.
2. 일벌의 행동과 생태를 통해 일벌이 벌통으로 돌아오지 않는 이유를 과학적으로 분석하고, 이를 이용해 군집붕괴현상을 막기 위한 방안을 제시하시오.

키워드

꿀벌 / 일벌 / 서양벌 / 군집붕괴현상 / 충매화

용어사전

군집성 곤충 같은 종이 한 구역에 많이 모여 사는 곤충

꿀벌 응애 꿀벌의 유충 번데기와 성충에 기생하면서 체액을 빨아먹는 진드기

유전적 병목현상 질병이나 자연 재해 등으로 개체군의 크기가 급격히 감소한 이후 적은 수의 개체로부터 개체군이 다시 형성되면서 유전자 빈도와 다양성에 큰 변화가 생기게 되는 현상

이스라엘 급성마비성바이러스(IAPV) IAPV에 감염된 꿀벌은 날개에 경련을 일으키면서 벌통 밖으로 나가 마비되어 죽게 된다

찾아보기

오주훈. (2009.05.25). 흔적도 없이 사라진 그들, 인류 문명 활동에 경고. 교수신문.

이슬기. (2015.08.14). 꿀벌이 사라지고 있는 이유. 사이언스타임즈.

군집붕괴현상. 나무위키 [웹사이트]. Retrieved from https://bit.ly/30rcGVE

쇠똥구리의 멸종

들여다보기

쇠똥구리는 '지역멸절종'으로 분류된다. 지역멸절종이란 지구상의 다른 서식지에는 아직 살고 있지만 해당 지역에서는 존재하지 않는 종을 일컫는 말로, 쇠똥구리는 한국에서 1971년에 발견된 이후 완전히 사라졌다. 쇠똥구리가 사라진 이유는 자연에 건강한 소똥이 사라졌기 때문이다. 우리나라는 1970년대 후반부터 사료와 항생제를 먹여 소를 키우기 시작했는데, 쇠똥구리는 항생제를 먹은 소의 배설물을 먹으면 죽는다. 더구나 가축의 방목이 줄면서 목초지가 감소하였고, 가축의 진드기를 제거하기 위해 구충제를 사용하면서 쇠똥구리도 멸절하게 된 것으로 보고 있다.

2016년 여름 고려대 배연재 교수팀은 쇠똥구리 복원에 성공했다. 이 연구팀은 2015년부터 다섯 차례에 걸쳐 쇠똥구리 460마리를 수입했다. 이 중 64마리가 살아남아 동면 중인데, 이 중 5마리는 한국에서 태어난 알이 자라 성충이 된 것이라 더 특별하다. 연구팀은 개체수를 늘려 방사를 계획하고 있다. 곤충연구소는 한 발 더 나아가 영광군 안마도에서 쇠똥구리를 위한 농장을 운영하고 있다. 여기에는 두 마리 소가 쇠똥구리를 위한 똥을 식량으로 생산하고 있다.

쇠똥구리는 보통 20~30분 동안 소똥이나 말똥을 뭉쳐 지름 20mm 정도의 경단을 만든다. 그리고 이 경단을 묻기에 적당한 장소까지 30분에서 1시간 정도를 굴리고, 100m 이상 끌고 가는 경우도 있다. 적당한 곳에 다다르면 경단 속에 굴을 파고 알을 낳은 뒤 다른 곳으로 이동한다. 이 알은 25일 정도 부화해서 1~2일 간의 애벌레, 7~9

한국에서 쇠똥구리는 1971년 이후 완전히 사라졌다.

일 간의 번데기 시기를 거쳐 우화하여 성체가 된다. 성체는 보통 10월에 동면에 들고, 4월에 잠에서 깨며 수명은 2~3년이 된다.

쇠똥구리과의 곤충은 국내에서 33종이 살았거나 살고 있는 것으로 알려져 있다. 그중에서 소나 말의 배설물을 뭉쳐 그 속에 알을 낳는 종은 쇠똥구리, 왕쇠똥구리, 긴다리쇠똥구리, 애기뿔쇠똥구리 등이 있다. 그러나 쇠똥구리는 '지역멸절', 왕쇠똥구리와 긴다리쇠똥구리는 '위급'으로 분류되어 있다. 그나마 애기뿔쇠똥구리가 남아 명맥을 유지하고 있으며, 최근 작은눈왕쇠똥구리가 새로 보고되기도 했다.

쟁점

1. 가축에게 사료를 먹이고 항생제 등의 약제를 사용하면서 쇠똥구리가 멸절하게 되었고, 다른 쇠똥구리과 역시 개체수가 많이 줄게 되었다.
2. 방목이 줄고 목초지가 줄어든 것 또한 쇠똥구리의 개체수에 영향을 주고 있다.
3. 현재 쇠똥구리를 몽골에서 수입하여 사육 중에 있고, 환경부와 일부 지자체도 수입을 계획하고 있다.

논제

1. 쇠똥구리가 사라진 원인을 정리하고, 쇠똥구리의 종 복원을 위해 필요한 노력을 과학적으로 정리하시오.
2. 쇠똥구리를 복원하더라도 이미 쇠똥구리를 위한 생태계는 무너져 있는 상황이다. 이런 상황에서 복원의 의미가 있는지 논하시오. 그리고 이에 대한 과학적인 근거를 함께 제시하시오.
3. 쇠똥구리의 복원과 함께 생태계 복원 또한 필요하다. 인간의 활동을 고려하여 생태계 복원을 위한 과학적 방안을 제시하시오.

키워드

쇠똥구리 / 지역멸절종 / 멸종위기종 복원

용어사전

지역멸절종 지구상의 다른 서식지에는 생태를 유지하고 살고 있지만 해당 지역에서는 존재하지 않는 종

성충 다 자라서 생식 능력이 있는 곤충

우화 번데기가 날개 있는 성충이 됨

찾아보기

Richard Jones. 2017. 버려진 것들은 어디로 가는가. 소슬기(번역). MID.

강찬수. (2017.03.22). 이 땅에서 사라졌던 쇠똥구리, 대학 사육실에서 다시 태어나다. 중앙일보.

김현미. (2004.10.18). 그 많던 '왕쇠똥구리'는 어디로 갔을까. 주간동아.

송윤경. (2017.12.06). 환경부가 '쇠똥구리 5000만원어치 삽니다' 공고 낸 이유는. 경향신문.

이강운. (2017.09.23). 쇠똥구리 먹이 '생산'하는 세상에서 가장 행복한 소. 한겨레.

바나나 위기

들여다보기

동남아시아 자생의 바나나는 박물학자에 의해 카리브해의 섬 지역에 도입되었고, 이후 자메이카를 거쳐 중앙아메리카 지역의 대규모 농장에서 재배되었다. 이 바나나가 바로 그로미셸 품종이다. 그로미셸 품종은 한때 중앙아메리카의 주된 수출품이었으나 1950년대 곰팡이마름병인 파나마병에 걸리게 되면서 1965년 사라졌고, 이후 파나마병에 내성이 있는 캐번디시 품종의 바나나가 대세가 되었다.

그러나 1990년 파나마병의 변종인 신파나마병이 대만과 필리핀 지역에서 나타나면서 캐번디시 품종도 위험하게 되었다. 캐번디시 품종은 세계 바나나 생산량의 47%와 바나나 수출의 95%를 차지하고 있는데 과학자들은 이 캐번디시 품종 역시 15년 정도 후에는 멸종할 것으로 보고 있다. 바나나가 이렇게 곰팡이 균에 취약한 이유는 동일한 맛과 크기를 유지하기 위해 전 세계의 캐번디시 바나나가 모두 동일한 유전자를 갖게 되었기 때문이다.

식물의 번식은 수정에 의한 번식과 뿌리나 줄기 등 영양기관에 의한 번식이 있는데, 영양기관에 의한 번식은 모체의 유전자가 그대로 전달된다는 특징이 있다. 캐번디시 바나나의 번식 역시 영양기관인 알줄기를 잘라 심어서 이루어지므로 모든 캐번디시 바나나는 동일한 유전자를 가진다. 이런 경우 일정한 수준의 맛과 크기가 유지된다는 장점이 있지만 전염병에는 극히 취약하다는 단점이 있다.

물론 모든 바나나 종이 사라지는 것은 아니다. 아직 야생에는 캐번디시와 다른 여러 종류의 바나나가 서식하고 있기 때문이다. 그러나 야생품종을 교배하여 병충해에도 강하고, 상품성도 좋은 바나나로 개발하는 과정은 매우 까다롭다. 일례로 영국의 큐 왕립식물원 소속 과학자들이 아프리카 동부의 마다가스카르 섬에서 병충해에 강한 바나나 종을 찾아냈다. 하지만 남은 개체수는 딱 5그루였다. 바나나를 구할 방법을 찾았지만 아슬아슬한 상황이었다. 또 이 품종은 씨가 있어 먹기가 불편하다는 단점이 있었다. 바나나 씨는 너무 단단해서 씹으면 이가 부러질 정도라 상품성이 떨어진다.

바나나를 위협하는 질병이 다양한 것도 문제가 된다. 바나나는 파나마병 외에도 싱가토카병, 번치탑병, 마름병 등 여러 바이러스에 취약하기 때문이다. 가능한 방법 중 하나는 유전자 변형GMO 바나나를 도입하는 것인데 이 또한 부정적인 인식 등으로 여의치 않은 상황이다. 무엇보다 근본적으로 한 종류의 바나나만 유통되고 있는 현실이 바나나를 더욱 질병에 취약하게 만들고 있다. 새로운 품종이 도입되더라도 유전자의 다양성을 갖추고 있지 않다면, 또다시 새로운 전염병이 돌게 되었을 때 바나나 멸종의 위협은 되풀이 될 것이다.

쟁점

1. 현재 유통되는 대부분의 바나나는 캐번디시 종인데, 현재 신파나마병에 걸려 멸종위기에 있다.
2. 바나나 품종은 모두 동일한 유전자를 갖고 있어서 질병에 한 번 걸리면 매우 취약하다는 단점이 있다.
3. 야생의 바나나는 씨가 있어서 상품성이 떨어지므로 품종 개량을 거쳐야 한다.
4. 바나나를 위협하는 질병은 매우 다양해서, 품종 개량 시 모든 질병에 대한 저항성을 만들어야 하는데 이것은 쉽지 않은 문제다.
5. 캐번디시 바나나가 멸종하면 바나나를 주로 수출하는 나라의 경제가 위험해질 수 있다.
6. 단일한 품종이 전 세계적으로 유통되면 이러한 위기가 또다시 발생할 것이다.

논제

1. 캐번디시 바나나가 신파나마병에 걸려 멸종 위기에 처해있다. 이 바나나가 멸종한 뒤 새로운 바나나를 개발하지 못할 경우 생길 수 있는 문제들을 제시하고, 대처 방안을 제시하시오.
2. 아직 신파나마병에 걸리지 않은 캐번디시 바나나 나무를 보호하기 위한 방안을 과학적으로 제시하시오.
3. 바나나는 품종 개량으로 동일한 유전자를 가지고 있고, 때문에 질병에 매우 취약하다. 질병에 강한 바나나를 개발하기 위해 과학자들이 어떤 노력을 기울일 수 있을지 대안을 제시하시오.
4. 단일한 품종의 바나나가 전 세계적으로 유통되는 것이 근본적인 문제다. 이 문제를 어떻게 해결할 수 있을지 이에 대한 대안을 제시하시오.

키워드

바나나 / 그로미셸 / 캐번디시 / 파나마병 / 신파나마병 / 유전자 다양성

찾아보기

고승희. (2017.11.17). 바나나도 멸종위기? 언제까지 먹을 수 있을까. 리얼푸드.

허정원. (2018.07.12). 바나나 멸종 막을 나무…이제 딱 5그루 남았다. 중앙일보.

극지방 개발

들여다보기

남극과 북극은 지구상에서 가장 혹독한 환경을 자랑한다. 그래서 여러 탐험가들의 탐험 대상이 되어왔지만, 아직도 자세한 사항에 대해서는 잘 모르는 지점이 많다. 반대로 혹독한 환경 덕분에 인간에 의한 개발이 지체되고 있어 생태계가 나름대로 유지되고 있다.

그런데 지구온난화가 진행되면서 북극 얼음이 녹고 있어 큰 문제가 되고 있다. 최근에는 빙하가 녹아 우리나라에서 유럽까지 가는 북극항로에 대해 연구하고 있을 정도다. 이미 여러 차례에 걸쳐 시범운행을 마친 북극항로는 인도양과 수에즈 운하를 통과하는 극동유럽항로보다 약 7,000km가 짧아 15,000km밖에 되지 않는다.

북극은 석유와 천연가스가 풍부해 여러 나라와 정유회사들이 눈독을 들이던 곳이다. 북극에는 원유가 전 세계 추정 매장량의 14%, 천연가스의 경우 30%, 액화 천연가스의 경우 20%가 매장되어 있다. 그러나 얼음으로 덮여있어 개발 비용이 높은 데다 국제 유가가 떨어지면서 수지타산이 맞지 않게 되자 각 나라와 기업들이 관망만 하고 있는 중이다.

북극은 독특한 해빙생태계를 갖고 있다. 해빙 위에 물웅덩이가 생겨 바다와 이어지면서 염분이 공급되면 다양한 미세조류, 플랑크톤들이 서식하게 된다. 이 플랑크톤은 봄철에 번성하여 겨울을 보낸 상위포식자들에게 좋은 먹잇감이 되고 있다.

북극보다 더 추운 곳이 바로 남극이다. 남극은 중국보다 큰 대륙으로 대부분 평균

지구온난화로 극지방의 빙하가 녹자 다양한 변화가 일어나고 있다.

두께 1.6km의 얼음으로 덮여있으며 남극점의 최한월 평균기온은 영하 59.3도다. 남극 해안지역의 최고 풍속은 초속 88미터에 이르기도 한다.

1959년 맺어진 남극조약으로 인해 남극은 지구에서 유일하게 영유권 주장이 금지되었다. 그 외에도 상업적 목적의 지질자원 채취 등이 금지되어 보호받고 있다. 그러나 남극조약에는 생물자원에 관련된 내용은 없어, 크릴새우와 메로(파타고니아 이빨고기)가 남획되고 있어 생태계 파괴의 우려가 있다. 한국은 세계 2위의 어획국가로, 2011년에 크릴새우 남획으로 남획국가로 지정되는 불명예를 겪기도 했다.

그런데 지구온난화로 남극의 기후에도 빨간불이 켜졌다. 줄어드는 빙하는 얼음 밑에 사는 크릴의 생태계를 위협하고 있다. 크릴은 독특한 배변습관으로 막대한 이산화탄소를 바다 밑에 저장해 지구온난화를 막는 중요한 역할을 한다. 또 지구온난화로 남극의 빙하가 녹은 후 다시 얼면서 그 크기가 커져 펭귄이 먹이활동을 위해 100km를 이동해야 하는 경우도 생겼다.

남극에는 수십 개의 과학기지가 있어 이를 통해 독특한 남극의 기후와 생태계가 연구되고 있다. 특히 남극의 빙하는 과거의 기후와 생태계를 연구하는 데 큰 자료가 되고 있다. 가장 오래된 남극의 빙하는 80만 년 전에 형성되었다고 한다.

쟁점

1. 북극과 남극은 아주 한랭한 기후로 지구상의 다른 지역과는 많이 다른 독특한 생태계를 이루고 있다.
2. 최근 지구온난화로 남극과 북극의 얼음이 녹는 등 큰 변화가 일어 생태계가 파괴되고 있다.
3. 북극에는 석유와 천연가스 등 지하자원이 많이 매장되어 있으나 한랭한 기후로 경제성이 없어 개발되지 않았다.
4. 남극은 남극조약으로 영유권 주장과 지질자원 개발 등이 금지되었다.
5. 그러나 생물자원 관련 내용은 없어 현재 크릴 등의 생물자원이 남획되고 있으며, 이로 인한 생태계 파괴가 우려되고 있다.

논제

1. 북극과 남극의 독특한 생태계를 설명하고, 이 생태계를 보존해야 하는 이유를 과학적으로 제시하시오.
2. 지구온난화로 인해 빙하가 녹는 등 북극과 남극의 생태계가 파괴되고 있다. 빙하가 녹는 것은 지구온난화에 어떤 역할을 하는지 설명하시오.
3. 남극의 생물자원 남획이 지구 생태계에 끼치는 영향을 주장하고, 남획을 막고 보존하기 위한 방안을 도출하시오.
4. 만약 북극권 역시 남극처럼 조약을 통해 보호해야 한다면 그 이유를 제시하시오. 만약 조약을 통해 보호할 필요가 없다면 그 이유를 제시하시오.

키워드

북극 생태계 / 남극 생태계 / 지구온난화 / 크릴새우 / 메로(파타고니아 이빨고기) / 남극조약

용어사전

남극조약 1959년 남극대륙의 평화적 이용을 위해 정한 조약으로 남극의 평화적 이용, 과학 조사와 교류의 허용, 영유권 주장 금지, 군사 행동 금지 등을 담고 있다

영유권 일정한 영토에 대한 해당 국가의 관할권

찾아보기

Sachiko Okada, 남극에서 무슨 일이 벌어지고 있는 건가요?. 그린피스 코리아 [웹사이트]. Retrieved from https://bit.ly/2TAlxmz

고은경. (2017.04.04). 남극생선 '메로' 씨 말리는 한국. 한국일보.

김준래. (2018.11.01). 북극항로의 '안전 항해' 가능해져. 사이언스타임즈.

배한성. (2007.11.06). "빙하는 과거 기후와 환경변화 기록한 냉동타임캡슐". 노컷뉴스.

정원엽. (2015.10.12). 북극 유전 개발. 중앙일보.

조홍섭. (2006.10.19). 크릴, 마구잡이... 남극생태계 흔들라. 한겨레.

남극 생태계 보존, 과학연구로 해답 찾는다. (2017.07.31). 해양수산부.

북극의 생태계. 북극지식센터 [웹사이트]. Retrieved from https://bit.ly/36Zn9Kk

해안사구 보존

들여다보기

우리나라의 해안사구는 서해안이 남해안과 동해안보다 잘 발달되어 있는데, 큰 하천에서 이동한 모래와 실트(모래와 점토 중간) 등이 퇴적되어 넓은 모래 해안과 간석지를 형성한다. 여기에는 겨울의 강한 바람이 한 몫을 한다. 강한 겨울바람은 많은 양의 모래를 내륙으로 이동시키면서 넓은 해안사구가 형성될 수 있게 한다. 반면 동해안은 서해안보다 모래가 굵고, 좁고 긴 사구를 형성한다는 것이 특징이다.

해안사구는 발달정도에 따라 해빈, 초기사구, 전사구, 배후사구로 나누어진다. 전사구와 배후사구의 높은 언덕 뒤로 낮은 저지대가 형성되고 물이 고이면 이곳은 사구 습지가 된다. 바람이 불어 오목한 곳에 모래가 쌓이면 초기사구가 형성된다. 이 초기사구에는 풀씨가 같이 날아와 풀이 자라게 된다. 하지만 풀의 지지력이 약해 바람이 불면 다시 무너질 수도 있다. 풀의 밀도가 높아지면 전사구로 진행한다. 사구가 좀 더 안정화된 것이다. 식물에 의해 풍속이 느려지면, 모래가 더 퇴적한다.

사구는 모래로 이루어져 있는데, 이 모래는 물과 바람의 흐름에 따라 쌓이고 날리고를 반복한다. 그렇기 때문에 태풍으로 강한 파도가 쳐도 에너지를 분산시켜 피해를 줄일 수 있다. 콘크리트 방파제의 경우 파도에 의해 아랫면이 침식이 되면서 무너지고 많은 비용을 들여 재건해야 하는 반면, 해안사구는 그런 단점이 없다.

해안사구에는 해양 부유생물을 먹는 모래거저리, 큰조롱박먼지벌레와 같은 작은 곤충들이 정착을 한다. 그러면 표범장지뱀이 나타나 모래 속에 구멍을 파고, 곤충을 먹고 살아간다. 이 표범장지뱀은 멸종위기야생생물 2급으로 지정되어 있다. 사구 생태계가 무너지면 생존이 제일 위험한 종이다. 또 흰물떼새 등이 이 모래에 알을 낳고 번식을 하기도 한다. 간혹 근처 산림에서 삵과 수달, 고라니 등이 나와 먹이 활동을 하기도 한다. 그 외에도 사구에 빗물이 스며들어 지하수면을 높여주기도 하고, 사구가 바닷물의 침입을 막아주어 뒤쪽 가까운 곳에서도 농사가 가능해진다.

또 해안사구는 풍광이 아름다워 해수욕장으로도 이용되고, 펜션 등이 들어서기에도 좋은 곳이다. 이와 함께 2001년 신두리해안사구가 천연기념물로 지정되면서 재산권을 주장하는 주민들과 심한 갈등을 겪기도 했다. 최근에는 캠핑족이 늘어나면서 해안사구에 캠핑촌을 개발하기도 하고 있다. 모래를 평탄하게 하고 그 위에 데크를 설치하는 것이다. 그러나 이렇게 사람들이 자주 드나들면서 사구의 생물들은 생존지를 빼앗기고 있다.

쟁점

1. 해안사구는 자연 방파제 노릇을 하며 태풍과 해일의 피해를 줄여주고, 독특한 생태계를 형성하여 곤충과 작은 생물들이 살아가는 터전이 되어주고 있다.
2. 해안사구는 풍경이 아름다워 휴양지로 인기가 많다. 그 여파로 파손이 되기도 하고 생태계가 훼손되기도 한다.

논제

1. 해안사구의 장점을 정리하고, 생태계 보존의 가치를 논하시오.
2. 해안사구는 풍경이 아름다운 것은 물론 쉴 곳을 제공하기도 한다. 이를 인간의 휴양지로 활용하는 것이 옳은지, 생태계를 보존하기 위해 인간의 출입을 통제하는 것이 옳은지 논하시오.

키워드

해안사구 / 해안사구 방파제 / 해안사구 생태계 / 해안사구 해수욕장 / 해안사구 캠핑장

용어사전

사구 바람에 의해 모래가 이동하여 퇴적된 언덕이나 둑 모양의 모래 언덕

해빈 해안선을 따라 파도와 연안류가 모래나 자갈을 쌓아 올려서 만든 퇴적지대

부유생물 물속에서 물결에 따라 떠다니는 작은 생물을 통틀어 이르는 말

데크 인공 습지를 관리하고 관찰하기 위해 설치한 인공 구조물

찾아보기

해안사구 보전, 관리지침. (2004.04.28). 환경부 대구지방환경청 [웹사이트]. Retrieved from https://bit.ly/2t9U3JG

고은경. (2018.10.13). 육지와 바다 생태계의 완충지, 해안사구를 지켜주세요. 한국일보.

서종철. (2005.11.22). 신두리 해안사구의 생태계. 유엔환경계획한국협회.

신문웅. (2001.11.28). 신두리해안사구 천연기념물 확정. 오마이뉴스.

정진해. (2013.06.24). 모래의 위력 태안 신두리 해안사구를 찾아서. 문화유산채널.

습지 보존

들여다보기

습지는 물의 흐름이 정체되어 고이면서 만들어져, 민물이나 바닷물이 땅의 표면을 덮고 있는 지역을 말한다. 습지에는 식물 잔존물이 완전히 분해되지 않은 상태로 쌓이면서 유기물이 풍부한 퇴적층이 발달하는데, 주로 한랭하고 강수량이 많은 고위도 지방에 분포한다. 습지는 크게 내륙습지와 연안습지로 구분된다. 우리나라 서남해 안의 갯벌은 북해 연안, 캐나다 동부 해안, 미국 동부 조지아해안, 남아메리카 아마존 하구와 함께 세계 5대 연안습지로 꼽힌다.

습지는 다양한 생물들이 서식할 수 있는 환경을 제공한다. 습지의 얕은 수초지대는 물고기들이 알을 낳고 여기서 깨어난 어린 물고기들이 살 장소를 제공한다. 그래서 새들이나 육상생물들이 먹이활동을 할 수 있는 공간이기도 하다. 습지 생태계의 생산력은 연간 평균 3000g/㎡로 알려져 있어 열대우림 생태계와 비슷하다.

지구 지표면의 6%를 차지하는 습지는 우기나 가뭄에 훌륭한 자연댐의 역할을 하며, 우기 때 수분을 저장했다가 건기 때에는 지속적으로 주변에 수분을 공급해 수분을 조절한다. 또 대기 중의 탄소 유입을 차단하여 기후 온난화 완화에 기여하며, 온도와 습도를 조절하여 한 지역의 기상을 유지하는 역할을 하기도 한다.

습지의 미생물 또한 오염물질을 정화시키는 역할을 하고 있다. 이처럼 습지는 생태적으로 종다양성에 기여하고, 물을 조절하고, 오염원을 정화시키는 등의 기능으로 경제적 가치 또한 어마어마하다. 경관 역시 좋아 사람들에게 휴식을 제공하는 관광지

우리나라 서남해안의 갯벌은 북해 연안, 캐나다 동부 해안, 미국 동부 조지아해안, 남아메리카 아마존 하구와 함께 세계 5대 연안습지로 꼽힌다.

로서의 가치 또한 높다.

습지의 이러한 많은 역할에도 불구하고 우리나라의 습지 면적은 점점 줄어들고 있다. 2019년 1월 환경부의 조사에 따르면 지난 3년간 습지 74곳이 소실되었고, 91곳은 면적이 감소했다고 한다. 이 과정에서 자연적으로 발생한 요인은 드물고, 경작지 개발, 시설물 건축 등 인위적 요인이 90%에 달해 우려를 낳고 있다.

이에 환경부는 습지 보존 정책을 강화하기로 했다. 개발사업에서는 환경평가영향에서 습지가 포함된 경우 습지 훼손 최소화를 위해 노력하고, 중장기적으로 자연자원 총량제, 습지 총량제를 도입하여 추진할 예정이다. 이는 개발의 결과로 습지가 훼손될 경우 같은 면적만큼 습지를 조성하도록 하는 제도로, 도입과정에서의 진통이 예상되지만 습지 보존을 위해서는 매우 중요한 정책이라고 할 수 있다.

그러나 한편에서는 자연적으로 조성된 습지를 훼손하고 인위적으로 만든 습지가 생태계 유지에 큰 도움이 되지 못할 것이라는 지적도 있다.

쟁점

1. 습지는 생물다양성을 확보하고, 오염물질을 정화하며, 홍수와 가뭄 피해를 줄여주는 등 중요한 역할을 하고 있다.
2. 습지는 대부분 인간의 개발로 인해 훼손되고 있다.
3. 환경부에서는 습지 보존을 위해 습지 총량제를 도입할 예정이다.

논제

1. 습지 생태계의 중요성에 대해 설명하고, 이를 보호하기 위한 대안을 과학적으로 제시하시오.
2. 습지 총량제는 습지를 개발할 때 같은 넓이의 습지를 다른 지역에 조성하도록 하는 제도다. 이 제도의 실현 가능성에 대해 과학적으로 평가하고, 어려운 점이 있다면 그에 대한 대안을 제시하시오.

키워드

습지 / 습지 생태계 / 습지 보존 / 습지 총량제

용어사전

자연자원 총량제 개발사업 또는 도시지역에 자연자원의 보전 총량을 설정하고, 개발로 인해 훼손·감소되는 가치만큼을 복원하도록 하는 제도

습지총량제 습지에 등급을 매겨 보전 가치가 높은 습지에 대한 개발행위를 엄격히 제한하고, 습지가 훼손 또는 상실될 경우 원 습지를 복원하거나 대체습지를 조성해 전체 습지 면적을 유지하도록 하는 제도

찾아보기

환경부. (2019.01.04). 생물다양성의 보고, 습지가 사라지고 있다. 대한민국 정책브리핑.

습지보전. 국토환경정보센터 [웹사이트]. Retrieved from https://bit.ly/389hAsV

생명공학과 윤리

20세기와 21세기 생명공학의 발전은 눈부십니다. 특히 유전공학의 발전은 그중에서도 유달리 많은 관심을 받고 있습니다. 줄기세포 치료와 유전자 치료 등을 통해 난치병과 불치병을 새로운 기술로 치료할 가능성이 높아졌고, 이는 예방 의학에도 기여하고 있습니다.

하지만 한편으로 인간을 대상으로 한 생명공학은 윤리적 문제에 대한 심각한 고민을 안겨주기도 합니다. 유전자 정보의 공개 문제나 특허 문제, 개인 의료정보에 대한 문제는 사회적 합의가 쉽지 않은 주제들입니다. 그와 더불어 아직까지 양측의 주장이 대립되고 있는 GMO문제, 슈퍼세균이나 백신반대운동 역시 문제를 낳고 있습니다.

이렇듯 생명공학은 한편으로 생명 연장이나 노화 방지 등 인간의 삶을 풍족하게 해 주지만 여전히 첨예한 윤리 문제를 야기시키는 주제이기도 합니다.

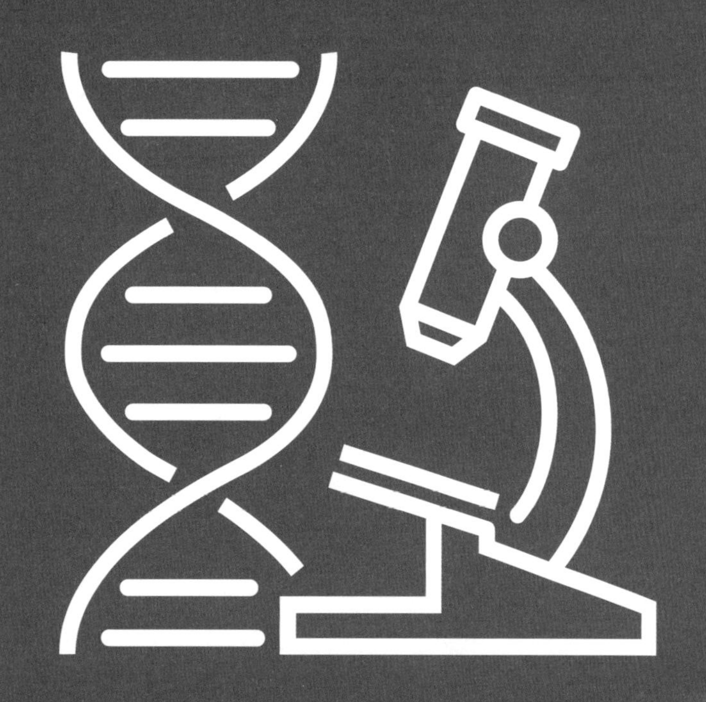

유전자 치료

들여다보기

의료현장에서의 치료 패러다임이 변하고 있다. 아스피린과 같은 화학약품에서 시작된 약품은 단백질 같은 생체분자 의약품을 거쳐 이제는 유전자를 수정하는 수준에까지 이르렀다. 유전자 치료제란 유전자상의 이상으로 질환이 발생하는 경우 비정상 유전자를 정상유전자로 대체시키거나 새로운 기능을 추가하는 치료법을 말한다. 1989년 첫 번째 성공사례가 보고된 이후 2016년 2월까지 2,300여 건의 임상시험이 수행되었다.

유전자 치료의 대상이 되는 체내 세포는 크게 세 가지로 분류가 된다. 체세포는 성장과 분화가 끝난 세포로 신체를 구성하는 일반적인 세포를 말한다. 체세포를 대상으로 한 치료는 가장 안전하지만, 수명이 짧아 지속적으로 치료를 반복해야 한다는 단점이 있다. 줄기세포는 체내에 소량으로 존재하는데 필요한 경우 분화하여 새로운 세포를 만들어 내는 역할을 한다. 이 줄기세포를 대상으로 한 치료는 주기적으로 치료해야 한다는 번거로움은 덜 수 있지만, 유전되지 않으므로 후세에 다시 발병할 가능성이 있다.

마지막 경우는 생식세포를 치료 대상으로 한 경우다. 생식세포를 대상으로 한 치료는 대상 환자를 치료하는 것이 아니라 후세에 태어날 아이들을 치료하는 것이다. 유전으로 인한 질병을 대대손손 치료한다는 장점이 있지만, 앞으로 유전자를 영구적으로 바꾸어 버린다는 점에서 윤리적 문제가 존재한다.

정상유전자를 체내에 주입하는 방법으로는 바이러스 벡터를 사용하는 방식이 가장 효과를 보고 있다. 이 방식은 바이러스가 체내에 침입하여 자신의 유전자를 세포핵에 전달하는 방식을 이용하는 것으로, 바이러스의 유해 유전자를 제거한 후 이용한다. 최근에는 크리스퍼 카스9 유전자가위를 이용해 유전자를 도입하는 것뿐만 아니라 고장 난 유전자를 정교하게 수정하는 기술도 활발하게 연구되고 있어 기대감을 더하고 있다.

그러나 한계도 있다. 먼저 인체 내의 유전자가 바뀌면 면역세포가 이 세포를 외부에서 침입한 것으로 인식할 수도 있다. 이로 인해 면역반응 문제가 발생할 가능성이 있으며, 바이러스 벡터 때문에 발생하는 면역반응 문제 역시 여전히 보고되고 있다. 또 바이러스 벡터의 유해성을 제거한다고는 하지만 이로 인한 면역반응도 여전히 보고되고 있다. 그리고 심장병이나 고혈압, 알츠하이머 등은 단일 유전자가 아닌 여러 가지 유전자에 의해 일어나는 질병이므로 치료가 사실상 불가능하다. 유전자가 잘못 삽입된 경우 종양을 유도할 수도 있다. 여기에 종양억제 유전자를 넣을 수도 있지만, 유전자가 길어질수록 유전체의 도입이 힘들어지므로 치료 효과가 낮아진다는 문제점이 있다.

유전자 치료에 대한 새로운 우려도 생겨나고 있다. 치료가 아닌 증강의 측면에서 이를 접근하는 사람들이 생길 수 있기 때문이다. 예를 들어 운동선수의 운동 능력을 향상시키거나 외모나 기억력, 지능을 포함한 신체적, 정신적 능력을 향상시키는 데에 유전자 가위 기술이 도입될 수 있다. 그럼에도 불구하고 유전자 치료는 유전성 난치병 치료에 가장 효과적인 아이디어로, 앞으로 난치병 치료의 주류가 될 것으로 기대되고 있다.

쟁점

1. 유전성 난치병 치료를 위해 유전자 치료가 각광을 받고 있다.
2. 유전자 치료는 체세포, 줄기세포, 생식세포를 대상으로 할 수 있다. 체세포를 대상으로 하는 경우 가장 안전한 방법이지만 주기적인 반복 치료가 필요하고, 줄기세포를 대상으로 하는 경우는 반복 치료가 필요 없지만 후세에 유전되지 않는다. 생식세포 치료의 경우 윤리적 문제가 대두되고 있으나 대대로 유전병 발병을 막을 수 있다는 장점이 있다.
3. 유전자 치료법은 아직 면역문제, 암 발생 가능성, 여러 유전자를 동시에 치료해야 하는 경우 등 여러 해결해야 될 문제를 갖고 있다.

논제

1. 유전자 치료의 필요성에 대해 언급하고, 일어날 수 있는 문제점을 기술하시오. 그리고 이 문제점을 기술적으로 보완할 방안을 창의적으로 제시하시오.
2. 유전자 치료 대상이 되어야 하는 질환과 대상이 되면 안 되는 질환 및 표현 형질에 대해 논의하시오.
3. 생식세포의 유전자 치료는 태어날 아이의 자발적 의사로 이루어진 것이 아니다. 이로 인해 생길 수 있는 문제를 정리하고, 어떤 가이드라인을 설정해야 할지 제시하시오.

키워드

유전자 치료 / 유전자 치료제 / 유전성 질환 / 유전공학

용어사전

패러다임 한 시대의 사람들의 견해나 사고를 근본적으로 규정하고 있는 인식의 체계 또는 사물에 대한 이론적인 틀이나 체계

생체분자 생물체에 존재하는 분자 및 이온에 대해 넓은 의미로 사용되는 용어로 세포 분열, 형태형성, 발생과 같은 일반적인 생물학적 과정에 필수적인 분자

임상시험 의약품, 의료기기 등의 안전성과 유효성을 증명하기 위해 사람을 대상으로 실시하는 시험

(세포) 분화 세포가 분열 증식하여 성장하는 동안에 서로 구조나 기능이 특수화하는 현상

벡터 분자생물학에서 유전 물질의 인위적 운반자로 사용되는 DNA 분자

면역반응 병원균, 독소, 외래 물질 같은 항원에 대한 생명체의 복잡한 방어 반응

찾아보기

이성규. (2019). 질병정복의 꿈, 바이오 사이언스. MID.

김병희. (2018.01.13). 유전자 치료의 현주소는?. 사이언스타임즈.

박미라. (2017.02.06). 암세포만 죽이는 유전자 치료법 개발. 메디칼업저버.

유전자 치료. 국립보건연구원 [웹사이트]. Retrieved from https://bit.ly/2Rjs3Lt

유전자 치료의 효과와 부작용. (2002.02.25). 중앙일보.

줄기세포 치료

들여다보기

줄기세포는 배아줄기세포와 성체줄기세포, 역분화줄기세포(유도만능줄기세포)로 나눌 수 있다. 배아줄기세포는 수정란에서 유래된 세포다. 분화능력에 따라 개체로 분화할 수 있는 것, 기관으로 분화할 수 있는 것 등으로 구분이 된다. 성체줄기세포는 특정 종류의 세포만을 생성할 수 있다. 이에 반해 역분화줄기세포는 일반 체세포에 일정한 자극을 주어 인공적으로 만들어 낸 줄기세포를 말한다.

줄기세포를 이용하면 그동안 치료에 없던 개념인 재생을 이용할 수 있다. 그런데 배아줄기세포를 이용하는 경우 수정란을 이용하기 때문에 윤리적 문제가 크다. 성체줄기세포의 경우 조혈모세포, 신경줄기세포를 이용한 치료가 활발하게 연구되고 있다. 또 앞서 보았듯이 유전자 치료에 있어 줄기세포를 이용하면 여러 번 치료하지 않아도 된다는 장점이 있다. 특히 성체줄기세포의 경우 특정 세포로만 분화가 가능한 반면, 역분화줄기세포(유도만능줄기세포)는 일반 체세포를 활용해 배아줄기세포와 같이 전능한 세포를 만들 수 있다는 장점이 있다.

그런데 이러한 줄기세포 치료에도 부작용은 있다. 줄기세포가 체내에 들어가 원하지 않는 다른 조직으로 분화하거나, 때로는 암이 되기도 하고, 면역작용에 저항을 받기도 한다. 유전자 치료가 병행될 경우 유전자 치료의 문제점인 바이러스 독성, 염증반응, 유전자 삽입에 의한 돌연변이 발생 등이 문제가 되기도 한다. 또 이러한 치료가 획기적이기는 하지만 아직은 초기이기 때문에 과도한 관심에 대한 사회적 후유증도 존재할 것이다. 치료 효과에 대한 검증이 충분하지 않거나 불법 치료의 사례도 발생할 수 있다.

줄기세포 치료제는 전 세계적으로 우리나라의 4건을 포함해 총 7개 약품이 허가를 받아 치료에 사용되고 있다. 이를 바탕으로 보면 줄기세포 치료에 있어 우리나라가 세계적 선두로 보이지만, 성급한 허가라는 비판도 많이 제기되고 있다. 미국의 경우 줄기세포 치료제를 이용한 임상연구를 가장 많이 하는 나라이지만 아직 판매허가를 받은 제품은 하나도 없다. 그만큼 줄기세포 치료에 대한 위험성에 대해 주의하고 있는 것이다. 이에 유명 학술지 『네이처』는 우리나라의 줄기세포 치료제가 데이터가 부족한 상태에서 판매 허가되었다고 비판하기도 했다.

하지만 우리나라 관련 업계의 의견은 다르다. 현재 한국의 줄기세포 상장사는 10곳에 이르는데 2014년 이후 신약 판매가 허가된 곳은 한 곳도 없다. 한국은 미국 다음으로 줄기세포 치료제 임상시험을 많이 하고 있는 나라다. 그만큼 연구가 활발하고 기술력이 충분하지만, 과도한 규제가 발목을 잡고 있다는 것이 이들의 입장이다.

줄기세포 치료술은 줄기세포 치료제와 다르다. 줄기세포 치료제는 약이고 줄기세포 치료술은 의료 기술이다. 치료술의 경우 병원에서 본인의 줄기세포를 분리하여 자체 품질 검사를 거친 뒤 주입하는 것이다. 해당 시술에 대해 안전성과 유효성이 인정되는 경우 보건복지부에서 신의료기술로 인정을 받아야 진료비를 청구할 수 있다. 한편 미용 목적을 위한 줄기세포 이식술은 신의료기술 승인 여부와 상관없이 의료기관에서 시술이 가능하고 진료비를 청구할 수 있다.

쟁점

1. 줄기세포는 다른 종류의 세포로 분화 가능한 세포다.
2. 성체줄기세포는 특정 종류의 세포로만 분화 가능하다.
3. 배아줄기세포는 어떠한 종류의 세포로든 분화 가능하다.
4. 줄기세포를 이용한 치료는 재생을 통해 영구적 치료가 가능하다는 장점이 있다.
5. 줄기세포를 이용한 치료 과정에는 암세포 등 원치 않는 세포가 생겨날 부작용이 있다.
6. 줄기세포 치료제는 전 세계적으로 7건이 허가를 받았으며 그중 4건이 우리나라의 것이다.
7. 그러나 우리나라의 경우 성급한 허가라는 비판이 존재하기도 한다.

논제

1. 줄기세포 치료제의 부작용에는 어떤 것이 있을 수 있는지 정리하고, 그 대응책을 제시하시오.
2. 배아줄기세포 이용의 과학적 윤리적 문제를 정리하고, 그 이용에 대한 찬반 입장을 정한 후 근거를 제시하시오.
3. 줄기세포 치료제와 줄기세포 치료술의 차이를 파악하고, 현재 시중 병원에서 진행되고 있는 줄기세포 치료술의 문제점을 지적, 그 대안을 제시하시오.
4. 줄기세포 치료제에 대한 규제가 무엇인지 파악하고, 이를 어떻게 개선해야 하는지에 대한 입장을 정한 후 그 근거를 제시하시오.

키워드

줄기세포 / 줄기세포 치료제 / 유도만능줄기세포 / 역분화줄기세포 / 재생의학

용어사전

조혈모세포 정상인의 혈액 중 약 1%정도에 해당되며 모든 혈액세포를 만들어 내는 능력을 가진 원조가 되는 어머니 세포

신경줄기세포 자기 재생산이 가능하고, 신경계통 세포로의 분화 능력을 가진 세포

찾아보기

이성규. (2019). 질병 정복의 꿈, 바이오 사이언스. MID.

한국줄기세포학회. (2015). 줄기세포 치료의 모든 것. NECA 공명.

오일환. (2013). 줄기세포 치료의 허와 실. 대한의사협회지, 56.

공성윤. (2018.07.13). 줄기세포 치료제, 그 위험한 유혹. 시사저널.

유전자 검사

들여다보기

2003년 인간게놈프로젝트의 성공 이후 유전자에 대한 관심이 연구자뿐만 아니라 일반인에게서도 증가했다. 유전자 정보를 알면 질병이나 출신계통 등 많은 것을 알 수 있을 것이라는 기대 때문이다. 이후 차세대염기서열분석next generation sequencing, NGC 등 다양한 유전자 검사법이 나오면서 비용 또한 저렴해졌고, 이제 의료시설을 거치지 않고도 유전자 검사를 할 수 있는 시대가 되었다.

유전자 검사란 이뿐만 아니라 염색체의 이상, 단백질 이상 등을 진단하는 방법을 의미한다. DNA와 RNA를 직접 분석할 수도 있고 질병 유전자형을 통해 간접적으로 볼 수도 있으며, 대사물질을 생화학적으로 검사할 수도 있다.

2017년 4월 미국 식품의약국은 '23andme'의 가정용 유전자 테스트를 최종 승인했다. '23andme'는 파킨슨, 알츠하이머 등 10개 질환에 대해 15만 원 정도의 비용으로 사전 진단을 할 수 있는 서비스다. 또 『가디언』지에 의하면 유전자 검사를 통해 사람들은 자신들의 선조가 어떤 사람들이었는지도 발견할 수 있게 되었다.

유전자 검사의 문제로는 과도한 정보를 알게 된다는 점을 들 수 있다. 보통 알츠하이머는 65세 이후에 시작되지만 원인 물질인 베타 아밀로이드 침착은 40대부터 시작될 수 있다. 또 아포리포단백질E군 중에서 E4를 가진 사람은 70세 이전에 약 50%, 90세에 약 99%가 치매 증상을 보이는 것으로 알려져 있다. 그러나 아직 알츠하이머에 대한 치료법이 발견되지 않은 상태에서 이러한 진단을 통해 치매에 대한 과도한

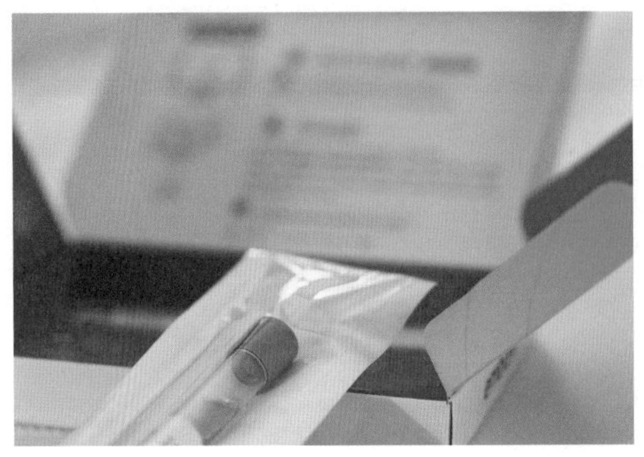

미국의 강아지 DNA 분석 회사인 엠바크의 DNA 검사키트. 이제 작은 침을 이용해 DNA 검사를 할 수 있는 시대가 되었다.

공포를 겪게될 수 있게 되었다. 자신을 스페인계 혈통으로 알고 있던 한 여성은 이 검사를 통해 자신의 유전자에 스페인계 유전자가 하나도 없음을 알게 되는 경험을 하기도 했다.

이러한 문제가 나타나는 이유 중 하나는 아직 사회적으로 유전자 정보를 어떻게 받아들여야 할지에 대한 이해와 합의가 없다는 점이다. 더구나 유전자 검사는 회사들의 부추김으로 인해 상업적으로 시행되고 있다. 때문에 유전자에 대한 이해가 전혀 없는 사람들도 접할 수 있게 되었다. 많은 질병은 관련 유전자가 존재한다고 해서 반드시 발병하는 것도 아니고, 유전자 변종이 발견되었을 경우 그 유전자의 의미를 모르는 경우도 대다수다. 또 유전자 정보 보호 문제 등도 아직 법제화 되지 않은 상태이기 때문에 2차 피해가 우려되기도 한다.

한국에서는 2019년 2월 13개의 민간기업에서 13개의 유전자 검사가 가능하도록 허용되었다. 그러나 우리나라 역시 위의 문제들에 대한 준비가 되지 않았음에도 불구하고, 관련 업계에서는 120개의 유전자 검사를 요구하는 등 더 많은 검사를 허용해달라는 불만을 토로하고 있다.

쟁점

1. 유전자 검사 비용이 저렴해지고 규제가 풀리면서 민간에서의 검사가 가능하게 되었다.
2. 유전자 검사를 통해 질병의 가족력이나 질병에 걸릴 확률을 알 수 있게 되는 등 유전자 검사가 주는 장점 또한 존재한다.
3. 그러나 유전자에 대한 사회적 이해와 유전자 보호에 대한 법적 근거가 충분히 마련되지 않은 상황에서, 잠재 질병이나 알지 못했던 혈통 문제가 드러나면서 사회적 혼란을 일으키고 있다.
4. 2019년 우리나라에서도 민간에서의 유전자 검사가 허용되었다.

논제

1. 질병 유전자 검사는 질병에 걸릴 수 있는 가능성을 사전에 탐지하고 치료할 수 있다는 장점에도 불구하고 여러 가지 사회문제를 일으키고 있다. 유전자 검사를 민간에 허용하는 것이 맞는지, 또는 의료기관에서만 하는 것이 옳은지에 대해 논하시오.
2. 질병의 유무를 사전에 진단할 수 있는 유전자 검사의 이익에도 불구하고 사회적으로 여러 가지 문제가 나타나고 있다. 유전자 검사의 장단점을 정리하고, 올바른 유전자 검사의 정착을 위해 필요한 대책들을 정리하시오.
3. 유전자 정보는 개인정보 중 하나다. 민간에서의 유전자 검사로 인해 나타날 수 있는 정보보호 문제에 대해 기술하고, 이를 방지하기 위한 대안을 제시하시오.

키워드

유전자 검사 / 유전자 진단 / 23andme / 유전자 정보 / 유전자 정보 보호

용어사전

베타 아밀로이드 알츠하이머 환자의 뇌에서 발견되는 아밀로이드 플라크의 주성분으로 알츠하이머 병에 결정적으로 관여하는 36~43개의 아미노산 펩타이드

아포리포단백질 정상적인 에너지 대사를 하는 동안 지질의 전달에 필수적인 요소로 동맥경화에도 관여하며, 면역계에서도 기능을 수행하는 단백질이다.

찾아보기

이민섭. (2018). 게놈 혁명. MID.

유한욱. (2008). 유전자 검사의 현황과 오남용 문제점. 대한내과학회지, 74.

질병관리본부 국립보건연구원 생명의과학센터 심혈관·희귀질환과. (2010). 유전자 검사의 종류와 방법. 주간 건강과질병, 50.

이강봉. (2017.08.28). 유전자 검사의 명과 암?. 사이언스타임즈.

허지윤. (2019.02.12). "120개 풀어 달랬더니 13개만 유전자 검사 허용"...'규제 샌드박스' 해도 규제는 여전?. 조선 비즈.

유전자 정보 특허

들여다보기

2010년 3월 미국 법원에서는 인간 유전자에 대한 미리어드 제네틱스사의 특허권을 무효화하는 판결이 내려졌다. 제네틱스사는 BRCA 유전자에 대한 특허를 갖고 있었다. 이 BRCA 유전자의 특정 부위에 돌연변이가 있을 경우 유방암 발병율이 7배 이상 높아진다. 따라서 BRCA 유전자의 돌연변이를 검사하는 것은 유방암의 조기 진단과 예방에 매우 중요한 과정이다.

2010년 기준 인간 유전자에 대한 특허 승인은 전 세계적으로 유전자 전체의 10분의 1에 해당하는 4만여 건에 이른다. 특허가 승인된 사례를 살펴보면 크게 세 가지로 나눌 수 있다. 첫째는 분리된 유전자에 대한 것이고, 둘째는 분리된 유전자를 활용하는 방안에 관한 것, 그리고 세 번째는 유전자와 질병 사이의 관계를 바탕으로 질병을 진단하는 기술에 관한 것이다.

대부분의 국가 특허에는 대원칙이 있다. 그것은 바로 특허를 발명에 대해서는 부여하고 발견에 대해서는 부여하지 않는다는 것이다. 때문에 유전자 특허 반대론자들은 유전자 정보에 대해 자연에 존재하는 것을 발견한 것이지 발명한 것이 아니라는 주장을 펼치고 있다.

반면 유전자 특허 찬성론자들은 '분리된 유전자'는 인간이 만든 화합물로 봐야 하며, 순수한 상태의 DNA 분자는 자연에 존재하는 화합물과 다른 형이기 때문에 특허의 대상이 될 수 있다고 주장한다. 그러나 이에 대해 반대론자들은 분리된 유전자가

미리어드 제네틱스사에서 BRCA 유전자에 대한 특허권을 내면서부터 유전자 특허에 대한 찬반 논란이 가열되었다.

자연 그대로의 유전자와 동일한 정보를 있다는 점과, 단백질 코드, 이 유전자를 발견하는 과정과 진단하는 과정, 그리고 분리하고 정제하는 과정 자체가 발견이라는 논리를 펴고 있다.

그러나 이러한 주장들은 자세하게 구분을 할 필요가 있다. 분리된 유전자가 자연물과 같은 유전정보를 가져 그것이 진단의 핵심이 되는 경우와, 분리된 유전자가 자연물과 다른 특성을 가져 이 특성이 특허의 핵심이 되는 경우는 분명히 다른 내용의 특허가 될 것이기 때문이다.

이와는 별도로 공공 가치의 측면과 복지, 또는 연구 촉진의 측면에서 접근하자는 논쟁도 있다. 유전자는 인류 공동의 자산이기 때문에 특허권을 인정할 수 없다는 논리다. 또 이러한 유전자에 특허가 인정되면 저소득층이나 가난한 나라의 경우 이 유전자와 관련된 진단에 대한 비용을 지불하기 어려워진다. 그럴 경우 유전자 특허는 부유한 집단의 이익만을 보호해 줄 뿐이고, 이 발견에 대한 이익을 얻는 사람들은 연구자들이 아닌 투자 자본가들이 될 것이라는 것이다.

반면에 찬성론자들은 이러한 권리를 인정하지 않으면 유전자 관련 연구에 관한 투자 열기가 줄어들 것이고, 이로 인해 발견된 지식이 은폐될 것이라는 것이라고 주장하고 있다.

쟁점

1. 유전자 특허가 가능한지 아닌지에 대한 논란이 있다. 이는 유전자가 자연물을 발견한 것인가, 아니면 이를 발명한 것인가에 대한 논쟁과 관련 되어 있다.
2. 유전자가 특허가 될 수 있다고 주장하는 경우, 유전자가 자연물이 아닌 분리된 유전자이며 분리된 유전자는 자연물과 다른 특성과 용도를 갖고 있다고 주장한다. 또 유전자 특허는 유전자 연구를 촉발시켜 진단과 치료에 진전을 가져올 것이라고 주장한다.
3. 유전자가 특허가 될 수 없다고 주장하는 경우, 유전자에 대한 것은 자연에 존재하는 것을 발견한 것에 불과하며 분리된 유전자 역시 자연 상태의 유전자와 동일한 유전정보를 갖고 있다는 점을 강조한다. 또 유전자 특허가 허용될 경우 의료비용이 증가하여 저소득층 및 후진국에서 이를 사용하기 힘들어진다고 주장한다.

논제

1. 유전자 정보를 얻기 위해서는 유전자를 분리하여 증폭, 정제하는 과정을 가지게 된다. 이렇게 얻은 유전자 정보는 특허가 될 수 있는지, 또는 없는지 이에 대한 과학적 근거를 들어 주장하시오.
2. 유전자 정보에 특허권을 부여할 경우 사회에 돌아올 이익과 손해를 분석하고, 각각의 장점을 누릴 수 있는 대안을 근거를 들어 제시하시오.
3. 과학적 발견이 개인 혹은 특정 집단의 특허가 될 수 있는지에 대해 찬반 입장을 정하고, 이에 대한 근거를 제시하시오.

키워드

유전자 정보 / 유전자 정보 특허 / BRCA 유전자 / 미리어드 제네틱스

찾아보기

박재용. (2018). 4차 산업혁명이 막막한 당신에게. 뿌리와이파리.

박재용. (2019). 과학이라는 헛소리 2. MID.

김연희 (2013.03.14). 유전자 특허 찬반 논란? 사이언스타임즈.

이상헌 (2011.04.11). 인간 유전자에 대한 특허는 윤리적으로 정당한가?. 헬로우디디.

신체 이식

들여다보기

신체 이식은 머리 이식이라고도 한다. 무엇을 주체라고 생각하는지에 따라 서로 다른 용어를 사용하지만 결국 한 사람의 머리와, 다른 사람의 몸을 접합한다는 뜻이다. 이탈리아 신경외과 의사 세르지오 카나베로와 중국 하얼빈의대 외과의사 런샤오핑 교수는 개와 원숭이의 끊어진 척수를 연결하는 데 성공했다.

척수 연결은 한 동물의 몸에서 머리를 자른 뒤 '폴리에틸렌 글리콜'이라는 생물학적 접착제로 신경과 혈관을 다른 동물의 몸에 붙이는 방식으로 이루어졌다. 카나베로 박사는 2014년 사람의 머리를 다른 사람의 몸에 이식하는 계획을 발표했으며, 2017년에는 중국에서 이를 실시할 것이라고 밝혔다. 현재 중국에서도 카나베로 박사와는 독립적으로 신체 이식을 시도하려는 움직임이 있다.

그러나 기술적인 면에서 신체 이식은 몇 가지 난제를 극복해야 한다. 먼저 머리를 보존해야 한다. 일단 머리를 신체에서 떼어낸 다음에는 매우 낮은 온도로 낮추고 그 상태를 유지해야 한다. 또, 떼어낸 머리를 다른 사람의 몸에 연결하는 과정은 대단히 빨리 이루어져야 한다. 카나베로 박사는 1시간 이내에 특수 고분자 접착제로 머리를 다른 사람의 신체 혈관과 연결해야 한다고 하는데, 머리 이식보다 더 간단한 심장 이식이 4시간 정도 소요되는 것을 생각하면 이는 굉장히 힘든 도전이 될 것이다.

거부 반응 역시 무엇보다 중요하다. 일반적인 장기의 경우에도 거부 반응이 수술의 성패를 좌우하는데, 머리라는 대단히 복잡한 부위를 이식할 때 어느 부분에서 거부 반응이 일어날지 미리 예상하기 어렵기 때문이다.

척수를 다시 연결하는 것 또한 대단히 힘든 과정이다. 카나베로 박사는 특별한 접착제가 그 역할을 할 것이라고 주장하지만 근거가 부족하다. 카나베로 박사는 환자가 수술 후 몇 주 동안 혼수상태에 빠져 있어야 척수가 치유될 수 있을 것이라고 주장하는데, 이런 장기간의 혼수상태가 가져올 부작용 또한 문제가 될 것이다.

마지막으로 모든 문제가 해결되어 환자가 치유된다고 할지라도 새로운 몸에 의한 환자의 마음이 어떻게 변화할지 모른다는 문제가 있다. 기존의 이식 수술은 기관 혹은 신체의 아주 일부에 한정되었지만 이 경우 순환계, 호흡계, 소화계, 생식계 등 신체 대부분의 기관계를 제공받는 것이기 때문에 그로 인해 어떠한 반응이 나타날지 알 수 없는 상황이다.

윤리적인 점에서도 문제가 있다. 일단 이식을 하려면 머리와 몸을 제공하는 두 사람이 모두 공식적으로 죽어야 한다. 신체를 제공하는 사람의 경우 사망 후 제공하겠다고 미리 약속을 한다면 다른 문제가 되겠지만 머리를 제공하는 사람의 경우 스스로 죽음을 선택해야 하며, 시술을 주관하는 의사들은 이를 방조 내지 협조하는 상황이 될 수도 있다. 또한 현재까지 이 시술이 성공할 가능성이 충분히 있다고 판단할 자료가 존재하지 않는다.

하지만 온몸에 암이 퍼진 말기 암 환자나 척수성 근위축증을 가진 사람 등의 경우 신체 이식이 유일한 대안이 될 수도 있기 때문에 이와 관련한 논쟁과 시도는 계속 이어질 것이다.

쟁점

1. 신체 이식이 가능하다고 주장하는 연구진에 의해 신체 이식 연구가 수행되고 있다.
2. 신체 이식은 혈관과 신경을 연결해야 하는 매우 어려운 수술이며, 수술이 성공해도 면역거부 반응을 해결해야 한다.
3. 중국에서는 신체 이식 연구에 매년 많은 돈을 지원하고 있다.
4. 연구자들은 동물과 시신의 연구를 통해 신체 이식을 여러 차례 성공했다고 주장하고 있다.
5. 신체 이식의 가장 큰 문제점은 윤리적 문제다. 이식 자체가 살인이라고 하는 주장이 존재하며, 범죄자 등이 이를 이용할 가능성 또한 배제할 수 없다.
6. 신체 이식이 가능할 경우 노화하는 신체를 교체하는 등 생명연장이 가능하다는 주장도 있다.

논제

1. 신체 이식이 어려운 이유를 과학적 근거를 들어 설명하시오.
2. 신체 이식의 윤리적 문제와 의학적 장점을 정리하고, 과학적 근거를 들어 찬반을 논하시오.
3. 만약 신체 이식이 꼭 필요하다면 어떠한 기술적, 윤리적 전제가 있어야 할지 제시하시오.

키워드

머리 이식 / 뇌 이식 / 신체 이식 / 세르지오 카나베로 / 런 샤오핑

찾아보기

박재용. (2019). 엑스맨은 어떻게 돌연변이가 되었을까?. 애플북스.

임창환. (2017). 바이오닉 맨. MID.

유아연. (2018.03.25). 인간의 머리이식 수술 가능한가?. 노벨사이언스 [웹사이트]. Retrieved from https://bit.ly/35V3sli

이성규. (2018.04.13). 머리이식수술 논란, 수면 위로. 사이언스타임즈.

뇌 이식. 나무위키 [웹사이트]. Retrieved from https://bit.ly/385p9Rk

냉동인간

들여다보기

현재 지구상에는 수백 명이 의학이 발달한 먼 미래의 세상에서 깨어나길 기다리며 극저온 용기 안에 보존되어 있다. 대부분 현재의 의학 수준에서는 더 이상 치료가 불가능한 병을 앓고 있는 사람들이다.

냉동보존을 하려면 사망진단서를 받아야 한다. 냉동보존은 대부분 미국에서 행해지는데, 미국의 법이 사망한 사람에 한해서만 냉동보존을 허용하기 때문이다. 일단 사망선고가 내려지면 즉시 사체를 얼음통에 넣고, 심폐소생 장치를 이용해 호흡과 혈액 순환 기능을 복구시킨다. 그리고 피를 모두 뽑고 가슴을 갈라 갈비뼈를 분리한다.

이후 몸의 체액을 빼내고 대신 특수한 부동액을 집어넣는다. 물은 액체 상태보다 고체 상태에서 부피가 더 커지는데 그 과정에서 세포막이 찢겨져 세포가 상하기 때문이다. 그 후 영하 196℃로 급속 냉동시켜 질소 탱크에 보관한다.

현재 세계 최대의 냉동인간 보존 기업인 알코어 생명연장재단은 1972년부터 냉동인간 서비스를 시작했는데 현재 약 150여 구의 냉동인간이 보관되어 있다. 이 중에는 세계적인 미래학자 레이 커즈와일, 페이팔 공동설립자 피터 틸, 캐나다의 억만장자 로버트 밀러 등 꽤 유명한 이들도 있다. 알코어 재단에서도 가장 중요하게 여기는 것이 뇌의 보존이다. 뇌만 제대로 보존된다면 그 사람의 정체성을 계속 유지시킬 수 있다고 보기 때문이다. 사망선고 이후 호흡과 혈액 순환 기능을 임시적으로 복구시키는 것도 뇌를 최대한 보존하기 위해서이기도 하다.

미국의 냉동보존 서비스 업체인 크라이오닉스 연구소의 냉동인간 보관 시설.

이후 이들을 다시 살리는 과정은 더욱 험난하다. 냉동시키는 과정도 쉬운 일은 아니지만, 신체 조직에 피해를 주지 않고 해동시키는 일은 훨씬 더 어렵다. 해동 후 몸속에 들어있던 부동액을 빼내고 다시 체액을 주입해야 하기 때문이다. 현재 이 과정은 세포에 다양한 부작용을 일으키고 있어, 이를 해결할 방법이 개발되어야 한다.

다음으로는 심장이 다시 뛰도록 만들고, 호흡을 하게 해야 한다. 물론 외부장치를 통해 임시로 움직이게 할 수는 있지만, 지속적으로 움직이게 하려면 뇌 중 연수와 간뇌가 제 기능을 할 수 있도록 살아나야 한다. 사람의 뇌는 대뇌, 소뇌, 중간뇌, 연수, 간뇌의 다섯 군데로 구분이 된다. 그중 연수와 간뇌는 생명 활동과 관련된 일을 담당한다. 이 부분의 작동이 멈추는 것을 뇌사라 하고 이로 사망을 판단한다. 냉동인간의 회복에는 멈춰버린 연수와 간뇌를 움직이게 해야 하는데 현재의 의술로는 완전히 불가능한 일이다.

마지막으로 연수와 간뇌를 제외한 나머지 뇌의 영역을 깨워야 한다. 이는 식물인간을 깨우는 것과는 차원이 다른 문제다. 식물인간은 대뇌의 활동이 완전히 정지한 것은 아니기 때문에 뇌파가 나오지만 냉동인간은 대뇌가 완전히 멈추어 뇌파도 검출되지 않는 상태다. 이 부분까지 해결해야 냉동인간이 다시 살아날 수 있다.

쟁점

1. 불치병의 치료나 생명연장을 위해 사망한 인간을 냉동시키는 사례가 있다.
2. 물이 얼면 결정이 커져서 세포가 파괴되기 때문에 냉동과정 자체도 어려움이 있지만, 이보다 더 어려운 해동기술의 경우 현재 발전이 힘든 상황이다.
3. 냉동인간 기술에서 가장 중요한 것은 바로 뇌의 보존이다.

논제

1. 생명은 자연스럽게 수명이 정해져 있다. 냉동인간을 통해 수명을 연장하는 것이 과연 올바른 것인지에 대해 논하시오.
2. 냉동된 사람을 해동하기 위해 해결해야 할 기술적 난제들을 과학적으로 정리하시오.
3. 만약 냉동인간이 미래에 살아난다면 어떠한 사회적 문제가 발생할지에 대해 논하시오.

키워드

냉동인간 / 냉동수면 / 알코어 생명연장재단

찾아보기

강석기. (2017). 과학의 위안. 강석기. MID.

박재용. (2019). 엑스맨은 어떻게 돌연변이가 되었을까?. 애플북스.

Peter Gwynne. (2017.01.14). Preserving Bodies in a Deep Freeze: 50 Years Later. LIVESCIENCE.

이영욱. (2016.02.11). '냉동인간' 시대오나…美서 냉동보존 토끼뇌 거의 완벽 복원. 매일경제.

신약실험에서의 남녀문제

들여다보기

남녀는 키와 몸무게뿐 아니라 호르몬, 물질대사, 유전적 특징에도 많은 차이를 가지고 있다. 따라서 질환의 발생과 증상 그리고 약물 반응에 있어서도 차이가 나타난다. 문애리 덕성여대 약학대학 교수에 따르면 대장암 환자에게 자주 처방되는 특정 항암제를 복용한 여성에게서 같은 약을 복용한 남성보다 탈모나 백혈구 감소 같은 현상이 더 자주 일어난다고 한다. 항암제의 독성과 관련된 단백질이 여성에게 더 적게 존재하여 이에 민감하게 반응하기 때문이다.

2016년 미국 식품의약국이 부작용 사례 보고 시스템 데이터를 분석한 결과, 부작용이 나타난 약물 절반 가까이에서 성별 부작용이 나타났다고 밝혔다. 또 1997년에서 2000년 사이 미국에서 부작용으로 판매 중단된 약 10개 중 8개가 여성에게 더 위험한 부작용을 초래했다고 한다.

특히 신약개발 과정에서 성별 불균형이 생기는 경우가 여전히 많다. 신약개발을 하려면 먼저 세포실험을 하고 다시 동물실험을 한 후 임상시험을 거쳐 의약품 허가가 나는데 이 과정에서 성별 편향이 나타난다. 세포실험에 쓰인 세포 중 아예 성별을 확인하지 않은 경우가 75%나 되었고, 성별이 밝혀진 경우도 80%가 남성 세포였다. 실험동물의 경우 수컷 쥐가 암컷 쥐보다 5배 많이 사용되고 있었으며, 임상시험 참가자의 경우 69%가 남성이었다.

이렇게 편향된 실험에 의해 얻은 결과를 바탕으로 만들어진 약은 여성에게 부작용을 일으킬 가능성이 크다. 그래서 유럽과 미국 등 주요 국가들 사이에서는 새로운 연구 가이드라인이 생기고 있다. 세포실험에서 실험동물의 성별을 밝히는 것과, 되도록 암수 모두를 사용해야 한다는 내용이다.

한편 최근 에이즈 치료제이자 예방약으로 미국 식품의약국의 승인을 받은 데스코비의 경우 예방 목적으로는 남성과 트렌스젠더 여성(선천적 성별은 남성)에게만 승인이 났다. 이유는 임상시험 자체가 남성과 트렌스젠더 여성만을 대상으로 이루어졌기 때문이다. 이에 대해 일부에서는 임상시험 비용을 줄이기 위해 남성만을 대상으로 시험했음을 비판했으며, 미국 식품의약국 역시 2024년까지 여성으로 대상으로 한 임상시험을 마치도록 요청했다.

여성의 경우 약물이 태아에게 미칠 영향을 우려해 가임기 여성에 대한 참여 제한이 있기도 하다. 또 시험 중 임신을 하는 경우 이를 중단해야 하고, 수유 중인 여성 역시 참여가 어렵다. 하지만 이런 입장 역시 비용과 시간을 우선시한 결과라는 지적이 있다. 따라서 의도적으로라도 성별의 균형을 맞추게 할 제도적 개선이 필요하다는 비판이 더욱 커지고 있다.

쟁점

1. 최근 호르몬 변화가 적은 수컷을 주 대상으로 한 동물실험, 남성 참가자가 과반 이상인 약물 임상시험 등으로 인해 약물 부작용이 여성에게 더 많이 나타나고 있다. 이를 성별 불균형 및 여성에 대한 차별로 보는 시각이 많아지고 있다.
2. 그러나 가임기, 임신 중, 수유 중 여성의 경우 신약 임상시험의 참여가 어렵다는 점도 있다. 이는 남성의 사례만 시험 후 신약이 출시되는 경우의 한 원인이 되고 있기도 하다.

논제

1. 남성보다 여성에게 새로운 약을 적용하는 것이 어려운 이유를 분석하고, 이를 방지하기 위해 필요한 노력을 제시하시오.
2. 남성과 여성에게서 같은 약이 다른 효과를 보이는 이유를 분석하고, 이에 대한 대응 방안을 마련하시오.
3. 남성과 여성 이외에 다른 조건에 대한 고려가 필요하다면 어떤 이유에서 어떠한 조건이 필요할지 제시하시오.

키워드

신약개발 남녀차별 / 신약 여성 부작용 / 성별 불균형

찾아보기

오철우. (2019.06.08). 같은 항암제인데 왜 여성에 부작용 더 많을까?. 한겨레.

이정아. (2019.10.09). FDA가 에이즈 치료제 겸 예방약을 남성용으로만 허가한 이유. 동아사이언스.

최병국. (2018.08.09). "남녀 뇌신경 통증반응 전혀 달라…치료법도 달라야". 연합뉴스.

슈퍼세균

들여다보기

예전에는 사람들 사이에서 전염병이 돌아도 그 원인을 알 수 없었다. 그러나 이제는 과학자들의 연구 끝에 그 원인이 세균이나 바이러스 때문이라는 것을 알게 되었다. 또 예전에는 수술이나 분만 후 갑자기 사망하는 일이 잦았는데, 이 또한 세균이나 바이러스에 감염되어 일어난다는 사실을 알게 되었다.

20세기 초 영국의 미생물학자 플래밍이 처음으로 푸른곰팡이로부터 이런 세균을 죽이는 페니실린을 발견하여 항생제 개발에 큰 공을 세웠다. 페니실린과 같이 세균에 의한 감염을 치료하는 약물을 항생제라고 한다.

세균은 원핵생물로 진핵생물인 사람이나 동식물과는 달리 핵을 가지고 있지 않다. 대신 핵 안에 있어야 할 DNA 사슬이 세포질 내에 존재한다. 또한 세균은 진핵생물과 달리 독특한 세포벽을 가지고 있고, 세포막의 구성도 진핵생물과 다른 점이 많다. 항생제는 바로 이 지점에 작용함으로써 사람에게는 큰 피해를 주지 않고 세균만 죽일 수 있다.

세균은 서로 종이 다르더라도 접합이라는 방법을 이용해 서로의 유전자를 교환할 수 있다. 즉 두 세포가 서로 만나 세포막 사이에 일종의 터널을 만들어 서로의 유전자를 주고 받는 것이다. 또 세균은 조건만 맞으면 분열법이라는 방법을 통해 끊임없이 분열하며 번식한다. 이런 조건 때문에 세균은 일반적인 진핵생물보다 변이가 아주 빨리 일어난다.

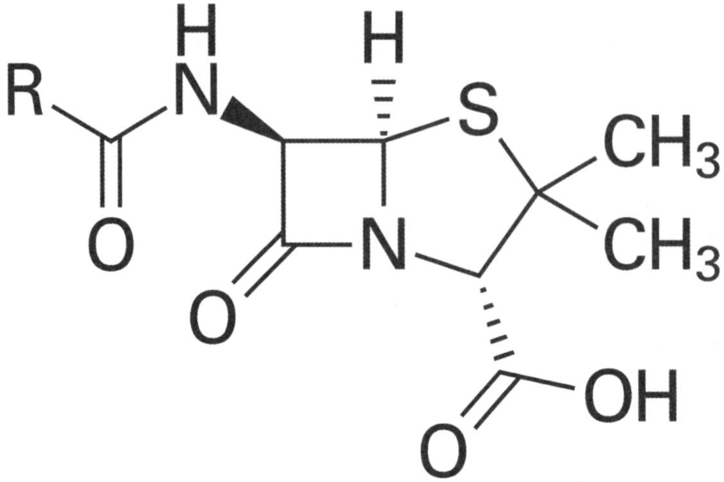

인류를 질병의 공포로부터 어느 정도 해방시키는 데 큰 기여를 한 항생제 페니실린의 분자 구조.

그런데 수많은 변이 중 어떤 변이에는 페니실린과 같은 항생제에 대한 저항성을 가지는 경우도 생기기도 한다. 물론 인류 역시 이렇게 기존 항생제에 대한 저항성을 가진 세균이 등장하면 이에 대항하는 또 다른 항생제를 개발하며 대처해왔다.

대부분의 항생제는 자연에 존재하는 물질을 기초로 만들어진다. 페니실린이 푸른곰팡이에서 유래한 것과 같이 말이다. 생태계의 다양한 생물은 저마다 세균의 침입에 대한 나름대로의 대응 방법을 발전시키는 방향으로 진화했는데 그 결과물을 인간이 차용한 것이다.

그러나 과학자들은 이제 손쉽게 얻을 수 있는 물질을 이용한 항생제의 개발은 거의 막바지에 이르렀다고 말한다. 거기에 기존의 모든 항생제에 저항성을 가지는 세균이 등장했다. 흔히 슈퍼바이러스라고 말하는데, 정확하게는 슈퍼세균이라고 해야 맞다. 이런 세균들의 경우 특히 수술실 등의 경로를 통해 감염이 되면 치료가 어렵다는 문제를 가진다. 이에 대응하는 여러 가지 방법들이 현재 연구 중이나 아직 완전한 치료 방법은 개발되지 못했다.

이와 관련하여 많은 전문가들이 슈퍼세균 발생에 항생제의 남용이 가장 큰 영향을 미친다고 이야기하며, 꼭 필요한 경우에만 항생제를 사용할 것을 주장하고 있다.

쟁점

1. 대부분의 항생제는 자연 물질에 유래한다.
2. 세균은 변이가 아주 빨리 일어나는데, 이러한 빠르고 다양한 변이로 인해 기존의 항생제에 대한 저항성을 가진 세균이 등장하기도 한다.
3. 인간 역시 이런 저항성을 가진 세균에 대항하는 또 다른 항생제를 계속해서 개발해왔다.
4. 그런데 모든 항생제에 내성을 가지는 슈퍼세균이 등장하여 위협이 되고 있다.
5. 슈퍼세균에 대항하는 새로운 항생제 개념이 등장하고 있으나, 비교적 최근에 나타난 것이며 아직 완전히 검증되지는 못했다고 볼 수 있다.

논제

1. 슈퍼세균이 어떻게 등장했는지를 파악하고, 이를 극복할 방법을 제시하시오.
2. 생태계에 항생물질이 있는 이유를 파악하고, 새로운 물질을 발견할 후보군을 어떻게 찾을 수 있을지 그 방안을 제시하시오.
3. 항생제들이 인간에게는 해롭지 않고 세균만 죽일 수 있는 이유가 무엇인지 파악하고 이를 통해 새로운 항생제 개발 방법을 논하시오.
4. 항생제에 대한 내성이 전파되는 것은 유전자의 수평이동 때문이다. 이 개념에 대해 설명하고 이를 대응할 방안을 제시하시오.

키워드

슈퍼세균 / 슈퍼바이러스 / 항생제 / 항생제 남용 / 유전자 수평이동

용어사전

항생제 세균을 죽이거나 세균의 성장을 억제하는 약

원핵생물 세포에 핵과 기타 막구조가 없는 생물

진핵생물 포에 막으로 싸인 핵을 가진 생물로 원핵생물에 대응되는 말

접합 암수의 구별이 없는 생물이 세포의 융합이나 핵의 일부가 합체를 행하는 일

변이 같은 종의 생물 개체에서 나타나는 서로 다른 특성

찾아보기

과학향기 편집부(2004.10.21). 전쟁보다 무서운 재앙 - 슈퍼 바이러스. 한겨레.

김들풀. (2019.07.15). 슈퍼 바이러스 잡고 내성없는 새로운 항생제 개발. IT뉴스 [웹사이트].
Retrieved from http://www.itnews.or.kr/?p=30355.

김윤종, 전채은. (2019.08.02). '최후의 항생제'도 안듣는 슈퍼박테리아 유럽 확산. 동아일보.

이봉진. (2004.04.15). 토종개구리서 '슈퍼 바이러스' 해결책 발견. 사이언스타임즈.

항생제. 질병관리본부. [웹사이트] Retrieved from http://www.cdc.go.kr/

백신반대운동

들여다보기

우리 몸은 외부 병원균에 대한 면역 시스템을 갖추고 있다. 외부에서 병원균이 들어오면 면역 시스템이 발동해 내부 감염 등을 막는다. 그런데 바이러스나 세균은 워낙 번식을 빨리 하기 때문에 이들을 초기에 제압하지 않으면 이 싸움이 굉장히 불리해진다. 물론 개인의 신체적 조건이 다 다르기 때문에 이에 맞서서 이기는 경우도 있고 지는 경우도 있지만, 초기 진압에 실패하면 치료가 굉장히 힘들어지는 것만은 사실이다.

그래서 우리 몸안에는 특정한 병원균을 감지하는 감시자들이 있는데 이를 항체라 한다. 몇몇 항체는 태어날 때 어머니에게서 얻어오기도 하지만 외부 병원균에 대한 항체는 대부분 이렇게 병원균과 싸우면서 만들어진다. 특정한 종류의 병원균이 처음 몸안에 들어오면 면역시스템이 이와 싸우는 동시에, 이 병원균만을 감시하는 항체를 만든다. 덕분에 다음에 동일한 항원이 다시 침입하면 항체가 이를 재빨리 확인해 초기 진압을 할 수 있게 된다.

이런 사실을 발견한 과학자들이 병원균이 침입하기 전에 인체 내에서 항체를 미리 만드는 방법을 강구했는데, 이를 백신이라고 한다. 실제로 백신이 개발되면서 몇몇 질병은 급격히 발생률이 떨어졌다.

그런데 요즘 백신을 자녀에게 맞히지 않는 부모들이 늘고 있다. 미국의 경우 일부 종교 집단을 중심으로 부모가 아이들에게 백신을 맞히지 않아 홍역이 다시 유행하고

백신 반대자는 백신이라는 개념이 처음 등장한 19세기부터 있어 왔지만, 아직도 미국은 물론 한국 등 전 세계에 남아 있다.

있다. 우리나라에서도 '안전한 예방접종을 위한 모임'이나 '약 안 쓰고 아이 키우기 모임' 등 백신을 맞히지 말 것을 주장하는 모임이 생겨났고, 일부 부모들이 자녀들에게 백신을 맞히지 않는 경우가 등장하고 있다.

하지만 전문가들은 백신의 부작용은 대단히 적고, 백신을 맞았을 때의 효용이 훨씬 크므로 이를 맞아야 한다고 주장한다. 백신 접종은 권리이기도 하지만 의무이기도 하다는 것이다.

전염병은 사람과 사람 사이에서 옮겨간다. 그런데 백신을 맞은 사람은 그 병을 옮기지 않는다. 따라서 백신을 맞은 사람들이 다수인 사회에서는 백신을 맞지 않은 사람이 있더라도 그 사람이 병원균과 접촉할 확률이 적다. 그러나 백신을 맞지 않은 사람의 비율이 늘어나면 이들을 매개로 전염병이 다른 사람에게 전파될 가능성이 커지게 된다.

쟁점

1. 질병을 예방하는 백신이 위험하다는 백신반대운동이 전 세계적으로 생겨나고 있다.
2. 대부분의 전문가는 백신의 안전성이 충분히 입증되었다고 이야기하며, 백신이 위험하다는 주장은 허위라는 데에 의견을 같이 한다.
3. 백신반대운동으로 미국의 경우 홍역이 유행하는 등 피해가 속출하고 있다.
4. 전문가들은 백신 접종이 권리이자 의무라고 주장한다.

논제

1. 백신반대운동이 나타나게 된 이유를 정리하고, 이를 막기 위해 어떠한 노력을 기울여야 할지 제시하시오.
2. 백신의 부작용에는 무엇이 있는지 정리하고, 이를 해결하기 위한 방안을 제시하시오.
3. 백신을 맞지 않는 사람들이 많아지면 사회적 위험이 증가하는 이유를 정리하시오..

키워드

백신반대운동 / 무접종 육아 / 안티백신 / 안아키 / 미국 홍역

찾아보기

박재용. (2018). 과학이라는 헛소리. MID.

김태완. (2019.02.08). 안티백신의 비극... 홍역이 유행하는 이유는. 월간조선.

안경진. (2015.12.16). 무접종 육아, 과연 현명한 선택일까. 메디칼 옵저버.

현수랑. (2017.07.26). 백신을 못 믿는 사람들. 동아사이언스.

가족의 질병을 치료하기 위해 태어난 아기

들여다보기

1995년 미국의 몰리 내슈라는 아이가 판코니 빈혈증이란 아주 희귀한 유전병을 가진 채 태어났다. 이 병은 신체 이상, 골수 기능 부전, 악성 종양 등이 나타나는 위험한 병으로 6~8세 정도에 증상이 나타나기 시작해 평균 30세에 사망한다.

이 병의 유일한 치료법은 골수이식인데, 몰리의 부모는 모두 부적합 판정을 받았다. 가능한 남은 방법은 몰리와 같은 유전자형을 가진 다른 사람을 찾는 것이었지만 이는 거의 불가능했다. 부부는 새로운 아이를 낳기로 결정했다. 새로 태어날 아이가 몰리와 적합한 골수를 가질 확률은 25%였고, 수정란에 대한 인간 백혈구 항원HLA 검사로 이를 사전에 확인할 수 있었다.

몰리의 부모는 검사를 통해 몰리에게 골수를 이식할 수 있는 아이를 찾는 여정을 시작했다. 그리고 2000년, 몰리의 동생 애덤이 이런 과정을 거쳐 태어났다. 이 과정에서 많은 수정란들이 검사되었고, 채택되지 못했다. 한마디로 버려진 것이다.

반면 몰리와 같은 병실에 있었던 판코니 빈혈증을 앓던 헨리의 경우 그의 엄마가 동일한 시도를 했지만 임신에 실패했다. 2년 반 동안 353대의 배란 촉진 주사를 맞고 198개의 난자를 만들었지만 결국 실패한 것이다.

이와 관련하여 백혈병에 걸린 언니를 치료하기 위한 목적으로 태어난 소녀가 부모를 상대로 법정 싸움을 벌이는 『마이 시스터즈 키퍼My Sister's Keeper』라는 소설이 발간되었고, 이것이 영화화되기도 했다.

2009년에 영화화된 <마이 시스터즈 키퍼>의 포스터

불치병을 가진 부모들은 "우리는 죽어가는 아이를 살리기 위해 할 수 있는 모든 일을 할 수 있다. 그게 어째서 잘못인가"라고 항변한다. 그러나 생명윤리학자들은 바로 이 지점, '모든 일을 다 한다는 것'에 문제가 있다고 지적한다. 예를 들어 애덤이 태어나기 전에 몰리가 위험해졌다면, 이를 해결할 유일한 방법은 태아를 낙태시킨 후 줄기세포를 채취하는 방법밖에 없지 않았냐는 뜻이다. 한편, 이들은 앞으로 이러한 방법을 통해 치료에 필요한 장기를 위한 아이를 만들어 낼 위험성도 지적하고 있다.

쟁점

1. 판코니 빈혈증은 골수이식을 통해 치료될 수 있으나, 적합한 골수를 찾기가 쉽지 않고, 이 질병을 앓는 환자는 여러 가지 증상을 겪다가 일찍 사망할 위험을 안고 있다.
2. 판코니 빈혈증을 치료하는 방법 중 하나로 같은 유전자형을 가진 사람을 찾는 방법이 있다. 이를 위해 수정란 유전자 검사법을 거쳐 치료를 위한 아이를 가지기도 한다.
3. 그러나 이러한 방법은 생명을 도구로 이용하고 있다는 윤리적 지적을 받고 있다.

논제

1. 질병의 치료를 위해 다른 인간을 낳는 것에 대해 생명 존중의 관점에서 논해보시오.
2. 수정란 유전자 검사법은 아기를 낳기 전에 이를 선택할 수 있는 방법을 열었다. 이는 심각한 유전병을 가진 아기를 태어나지 않게 하거나, 뛰어난 재능을 가진 아기가 태어나도록 유전자를 조작할 위험성이 있다. 이에 대한 찬반 입장을 정하고, 그 근거를 제시하시오.

키워드

애덤 내슈 / 판코니 빈혈증 / 수정란 유전자 검사 / 배아 선별

용어사전

인간 백혈구 항원(HLA) 검사 어떤 HLA 유전자 항원이 유전되었는지 확인하기 위한, 주로 장기와 골수이식의 공여자와 수혜자 간을 일치시키기 위한 검사

찾아보기

이은희. (2002). <하리하라의 생물학 카페> 이은희. 궁리.

Jodi Picoult. (2008). 마이 시스터즈 키퍼 - 쌍둥이별. 곽영미(번역). 이레.

이상언. (2000.10.05). '맞춤 아기' 탄생...유전자 검사 배아 선별. 중앙일보.

배아연구 윤리논란 재연?. (2001.07.05). 동아일보.

수정란 착상전 유전자 검사 받은 최초 아기 출생. (2001.06.09). 한국경제.

판코니 빈혈. (2017.01.01). 코메디닷컴 [웹사이트]. Retrieved from https://bit.ly/2NrhlBC

배양육

들여다보기

실험실 또는 공장에서 동물의 세포를 배양해 고기를 만드는 기술인 배양육은 아직 상용화되지는 않았지만 2020년경 즈음에는 시중에 나올 것으로 예상된다. 2013년 시제품이 만들어졌을 때는 버거 패티 하나에 2,500달러였지만 지금은 250달러로 가격이 낮아진 상태다.

배양육을 만드는 방법은 다음과 같다. 일단 동물의 특정 부위 세포를 떼어낸다. 그리고 그중 줄기세포를 추출한다. 이것을 소 태아의 혈청 속에 넣어주면 줄기세포가 혈청을 흡수하여 근육세포로 분화하고 근육조직이 된다. 몇 주 뒤에는 국수 가락 모양의 단백질 조직이 만들어진다. 여기에 고기 맛을 높이기 위해 지방세포 등을 주입한다.

배양육은 기존 축산업에 의해 엄청난 고통을 받는 수십억 마리의 동물을 구할 수 있다는 장점이 있다. 가축을 사육하는 방식에 비해 온실가스를 대폭 줄일 수 있다는 점 또한 장점인데, 관련 연구에 따르면 온실가스 배출량을 78~96% 줄일 수 있다고도 한다. 또 배양육은 항생제나 합성호르몬과 같은 성분을 활용할 필요가 없고, 유통구조가 단순하기 때문에 살모넬라 및 대장균 같은 세균으로부터 안전해 식품 안전성이 매우 뛰어나다. 마지막으로 가축에게 먹일 사료를 생산하기 위한 곡물 재배 지역을 인간이 먹을 곡물 생산 지역으로 전환하게 되면 식량 부족 문제 역시 해결할 수 있다는 장점이 있다.

반면 배양육의 단점은 우선 시간이 많이 걸린다는 데에 있다. 치킨 너겟 하나를 만드는 데 현재의 기술 수준으로는 2주가 걸린다. 세포 배양에 쓰이는 유전공학 기술인 유전자 편집 기술도 문제가 된다. 유럽에서는 유전자 편집 역시 GMO로 간주하기 때문이다. 또 아직까지는 기존 고기에 비해 매우 비싼 가격도 문제가 된다. 배양육 개발 기업은 이후 배양육이 상용화되어 대규모로 생산되면 현재의 고기와 비슷하게 가격을 낮출 수 있을 것이라 전망하고 있지만 일부 전문가들은 회의적이기도 하다. 배양육이 대규모로 공급되면 기존 축산업에 종사하는 사람들 중 많은 이들이 일자리를 잃을 수밖에 없다는 점 또한 중요 문제다.

최근에는 온실가스 감축 효과가 생각보다 적다는 주장도 제기되고 있다. 축산 과정에서는 주로 메테인가스가 배출되는데 메테인은 대기 중 지속 기간이 이산화탄소에 비해 짧기 때문에 배양육을 통한 온실효과 감소율이 실제로는 7%에 불과하다는 것이다. 거기에 배양육을 만드는 과정에서 지속적으로 전기에너지가 공급되어야 하는데 현재 전기에너지의 절반 이상이 화석에너지를 전환해서 만들어진다는 사실도 지적되고 있다. 이에 대해 다른 연구자들은 배양육을 만드는 데 사용되는 전기를 재생에너지로 공급하면 온실효과 감소율이 매우 높아질 것이라고 반박하고 있다.

쟁점

1. 배양육은 실험실 또는 공장에서 동물의 세포를 배양해 고기를 만드는 기술이다.
2. 배양육은 생명윤리에 대한 고민을 줄일 수 있고, 각종 가축의 질병으로부터 안전하며, 항생제 등을 사용하지 않는다는 장점을 가진다.
3. 배양육은 아직 생산단가가 높고, 고기만으로는 맛이 없어 지방세포 등을 인공적으로 삽입해야 하며, 축산산업의 몰락이 우려된다는 점에서 단점을 가지고 있다.
4. 배양육 역시 이산화탄소를 배출해 지구온난화에는 별다른 개선점이 없다는 주장이 있다.

논제

1. 배양육의 장점과 단점을 제시하고, 배양육 상용화에 대한 찬반 입장을 선택해 주장하시오.
2. 배양육과 기존 축산업에서 발생하는 온실가스를 비교하고, 둘 중 어느 경우가 기술 발달에 따라 온실가스 배출 감소에 더 효과적일 수 있을지 논하시오.

키워드

배양육 / 유전자 편집 / 배양육 온실가스 감축 효과

용어사전

시제품 시험 삼아 만들어 본 제품

혈청 혈장에서 섬유소를 뺀 나머지

분화 세포, 조직이 미숙한 상태에서 복잡한 기능과 형태를 가진 성숙된 상태로 발육 성장해 가는 것

합성호르몬 화학적인 방법으로 합성한 호르몬

유전자 편집 유전체 안의 특정한 DNA를 인식해 자르고 교정하는 기술. 특정 염기서열을 인지해 해당 부위의 DNA를 절단하는 유전자가위가 대표적이다

찾아보기

박재용. (2019). 1.5도, 생존을 위한 멈춤. 뿌리와이파리.

곽노필. (2019.05.21). 콩고기에서 배양육으로…세포농업시대 '성큼'. 한겨레.

박영숙. (2018.09.29). 배양육의 미래, 배양육 연구는 지금 어디까지 왔나. 블록체인AI뉴스 [웹사이트]. Retrieved from https://bit.ly/2Twjwrv

이성규. (2019.03.07). 배양육의 기후변화 논란 불붙나. 사이언스타임즈

배양육. 나무위키. [웹사이트]. Retrieved from https://bit.ly/2FS4bcw

GMO

들여다보기

유전자 변형 생물Genetically Modified Organism, GMO은 기존의 생물체 속에 다른 생물의 유전자를 끼워 넣어 이전에는 존재하지 않았던 새로운 성질을 가지게 한 생물을 말한다. 물론 인간은 이전에도 다양한 방법을 통해 자신에게 유리한 방향으로 식물이나 동물을 변형했다. 밀이며 벼, 닭, 돼지 모두 이런 육종의 과정을 거쳐 인간에게 최적화된 형태로 바뀌었다. 그러나 자연스런 변이의 축적을 통해 기대하는 성질을 가진 생물을 만든 것이 육종이라면 GMO는 그런 과정을 생략하고 인간이 필요한 유전정보를 생물체에 직접 주입한다는 것이 다르다.

GMO의 개발 과정은 총 세 단계로 요약할 수 있다. 먼저 필요로 하는 유전정보를 가진 생물체에게서 해당 DNA를 꺼낸다. 두 번째로 이 DNA를 박테리아에 집어넣는다. 마지막으로 박테리아가 이 유전정보가 담긴 DNA조각(플라스미드라고 한다)을 우리가 변형시키려는 생물체의 세포 안으로 집어넣는다. 이런 방법을 아그로박테리움법이라고 한다. 유전자 조작에는 이외에도 미세주입법이나 입자총법 등이 이용되지만 주로 이용하는 것은 아그로박테리움법이다.

GMO는 대부분 식물, 특히 콩이나 옥수수 면화와 같은 작물에 주로 사용되며 동물의 경우 연구는 계속되고 있지만 상용화된 것은 아쿠아어드벤티지AquAdvantage 연어 정도뿐이다.

약 20년 전 GMO식품이 상용으로 개발되고 판매된 뒤 현재까지 이를 직간접적으

콩은 옥수수와 더불어 대표적으로 소비되는 GMO 작물이다. 우리나라에서 2014년 수입한 식용 콩 중 80%가 유전자 변형 콩이라고 한다.

로 섭취한 결과, 인간에게 이상이 발견되었다고 공인된 것은 없다. 동물실험에서 GMO식품을 섭취한 동물에게 부작용이 발견된 경우에도 아직까지 GMO가 원인이라고 명확히 밝혀진 것은 없다. 하지만 환경단체에서는 인간에게 해가 없을 것이라고 생각했던 DDT나 프레온가스, 플라스틱 등이 20~30년이 지난 뒤에야 그 위해성이 밝혀진 것처럼, 지금 당장 눈에 띄는 피해가 없다고 해서 GMO식품을 섭취하는 것은 문제가 있을 수 있다고 주장한다.

GMO생물의 경우 생태계에 영향을 미치고 있다. 식물은 동물과 달리 종species간 유전자 이동이 비교적 쉽다. 즉 서로 다른 종끼리도 교배가 가능한 경우가 종종 있다는 뜻이다. 우리가 먹는 밀도 이런 과정을 통해 원래의 밀보다 염색체 수가 3배 더 많아졌다. 이런 경우를 유전자 수평이동이라고 한다. 이를 통해 GMO식물에게서 주변의 다른 식물에게로 GMO유전자가 퍼져나가는 현상이 이미 관측되고 있다. 다만 생태계에 그 영향이 얼마나 크게 미치고 있는 것인가에 대해서는 의견이 분분하다.

GMO종자를 독점적으로 개발하고 판매하는 종자 독점기업에 대한 비판도 있다.

이들에 의해 제3세계 농민들이 종속되거나 피해를 본다는 주장도 있고, 각국의 종자 독립성이 크게 약화되고 있다는 주장도 있다.

우리나라의 경우 GMO종자를 통한 작물 재배가 법으로 금지되어 있는 반면 GMO식품의 수입은 허용되고 있다. 또 GMO유전자나 단백질이 포함된 식품의 경우 GMO제품이 사용되었음을 표시하도록 되어 있다.

한편 완제품에는 GMO유전자나 단백질이 남아있지 않더라도, GMO작물이 원재료에 사용되었으면 이를 표기하는 것을 GMO 완전표시제라고 한다. 그런데 우리나라에서는 GMO 완전표시제가 시행되지 않고 있어 원재료에 GMO작물을 사용했더라도 유전자나 단백질이 포함되지 않은 경우 표시하지 않아도 된다. 이에 대한 찬반도 현재 의견이 분분하다.

쟁점

1. GMO식품의 건강에 대한 우려가 있으나, 많은 연구결과에 의하면 안전성 논란에서 어느 정도 벗어나 있다.
2. GMO생물의 경우 주변의 다른 식물에게로 GMO유전자가 퍼져나가는 현상이 관측되고 있다. 그 영향이 생태계에 얼마나 크게 미치고 있는지는 아직 의견이 분분하다.
3. 우리나라에서는 GMO종자를 통한 작물 재배가 법으로 금지되어 있다. 그러나 GMO 완전표시제는 시행하고 있지 않다.

논제

1. GMO식품의 건강 논란에 대해 과학적으로 정리하고, GMO식품과 소비자 건강에 대한 우려에 대한 자신의 의견을 표명하시오.
2. GMO 완전표시제에 대해 정리하고, 이 제도의 시행에 대해 찬반 의견을 제시하시오.
3. GMO가 환경에 미치는 영향을 정리하고, 이에 대한 대안을 제시하시오.

키워드

GMO / GMO 완전표시제 / GMO 건강 / 유전자 수평이동

용어사전

육종 자연적이거나 인공적인 변이를 활용하여 목적에 맞추어 기존의 품종을 개선하는 것

미세주입법 현미경을 통해 관찰하면서 해부기를 사용하여 극미량의 물질을 주사하는 방법

입자총법 유전자를 미세한 금속에 코팅한 뒤 고압가스의 힘으로 변형될 세포에 유용한 유전자가 직접 들어가도록 하는 방법

DDT 유기 염소 화합물의 살충제 중 하나. 제2차 세계 대전 후부터 각국에서 해충 구제에 널리 쓰였으나, 최종적으로 인체의 지방 조직에 축적되어 잔류 독성이 남게 되는 것으로 알려져 우리나라에서는 제조·판매·사용이 금지되었다

프레온가스 염화불화탄소, 냉각재, 추진재, 솔벤트 등으로 널리 쓰이고 있으나 오존층 파괴 및 지구온난화 원인 물질이기도 하다

찾아보기

박재용. (2019). 과학이라는 헛소리 2. MID.

유길용. (2018.09.26). 식탁 벗어난 GMO(유전자변형식품) 유해 논쟁. 중앙일보.

윤성효. (2017.08.21). '불안한 식탁' GMO 식품, 이래도 먹을 건가요. 오마이뉴스 [웹사이트]. Retrieved from https://bit.ly/2ToWEdb

이지현. (2018.04.17). "GMO 완전표시 요구는 과학적 검증 한계 무시한 무리한 주장". 푸드뉴스 [웹사이트]. Retrieved from https://bit.ly/3aecNIk

개인 의료정보

들여다보기

1980년대 미국에서는 약국들이 전산망으로 연결되면서 처방전과 보험금 청구에 필요한 업무가 자동화되었다. 이 과정에서 처방전 정보를 수집해 제약업계에 파는 사업이 생겨났다. 개인정보가 모여 빅데이터가 되면 곧 '돈이 되는' 정보가 되는 것이다. 물론 개인정보가 삭제된 채 제공된다고는 하지만 정보기술의 발달로 이를 복원하는 일이 쉬워져 논란이 되고 있다. 우리나라의 경우 2013년 의약 관련 단체가 설립한 기관이 연간 30만 달러를 받고 다국적 데이터 업체에 환자들의 정보를 동의 없이 판매해 집단 소송이 제기되었다.

한편 정부는 2018년 데이터 경제 활성화를 위해 39개 병원, 5,000만 명 규모의 바이오헬스 빅데이터 구축 산업을 추진하겠다고 밝혔다. 2020년 12월까지 삼성의료재단, 연세대학교의료원 등 39개 의료기관과 7개 기업이 병원 보유 데이터를 표준화하고, 이에 대한 네트워크를 구축하는 것이다. 또 병원이 보유한 의료데이터를 공통데이터모델로 표준화하는 것과, 이를 분석하기 위한 소프트웨어 개발 및 플랫폼 구축을 목표로 하고 있다.

아울러 대통령직속 4차산업혁명위원회와 과학기술정보통신부도 2018년 5월부터 병원 건강검진 결과를 개인이 다운로드 받을 수 있는 '마이데이터' 사업을 확장 추진하고 있다. 국민건강보험공단이 갖고 있는 개인의 건강정보를 어플리케이션을 통해 핸드폰으로 전송하는 시스템을 갖추는 것이다.

이를 찬성하는 측에서는 앞으로 의료가 병원과 의사 중심에서 개인 중심으로 변화할 것이기 때문에 의료정보에 대한 개인의 접근성이 커질 것이라 보고 있다. 치료 또한 예방과 관리 개념으로 변화할 것이기 때문에 의료데이터를 기반으로 한 디지털 헬스가 중요해질 것으로 보고 있다. 의료정보의 활용을 통해 병원 간 진료 연속성을 확보하고, 중복 처방을 줄이고, 정밀 의료와 질병 예측, 진단 결과 해석 서비스 등의 강점을 지니게 될 것이라 보고 있다.

하지만 이에 대한 우려를 나타내는 쪽에서는 개인 의료정보가 의료의 상업화를 부추길 수 있다고 주장하며 정보통신기술이 모든 것을 해결해 줄 것이라는 기술 만능주의가 만연해지는 것을 경계한다. 또 환자 개인이나 정보 주체의 동의 없이 병원 측의 동의만으로 사업이 추진되고 있다는 점도 문제라고 지적한다. 해킹의 우려 및 확보된 정보가 보험사나 제약사, 병원 등에 상업적으로 활용될 우려도 지적하고 있다.

이러한 논쟁을 뒤로 하고 의료데이터를 상업화하려는 시도는 이미 진행 중이다. 2018년 현대중공업지주와 카카오인베스트먼트는 서울아산병원과 함께 의료데이터 활용 전문업체인 '아산카카오메디컬데이터'를 설립했다.

쟁점

1. 개인 의료정보가 빅데이터화 되면 의료정보에 대한 개인의 접근성이 커져 능동적인 의료서비스 소비자로서의 역할이 가능해질 수 있다.
2. 개인 의료정보가 빅데이터화 되면 데이터를 기반으로 한 디지털 헬스를 통해 질병의 예방과 관리 측면이 강화될 수 있다.
3. 개인 의료정보가 빅데이터화 되면 병원 간의 진료 연속성, 중복 처방 방지 등 서비스 측면에서의 개선 또한 기대할 수 있다.
4. 반면 개인 의료정보의 빅데이터화가 곧 의료 상업화로 이어질 수 있다는 우려와, 해킹에 대한 우려가 함께 지적되고 있다.

논제

1. 개인 의료정보를 비식별정보로 만들어 이를 상품화하는 것에 대해 찬반 입장을 정하고, 그 근거를 제시하시오.
2. 개인 의료정보가 빅데이터화되는 것의 장단점을 정리하고, 이에 대한 찬반 입장을 정하시오.
3. 개인 의료정보를 빅데이터화할 때 필요한 전제 조건들을 제시하시오.

키워드

개인 의료정보 / 비식별 정보 / 의료정보 상업화 / 마이데이터

용어사전

데이터 경제 데이터의 활용이 다른 산업 발전의 촉매 역할을 하고 새로운 가치를 창출하는 것

공통데이터모델 여러 기관에 흩어져 있는 기관의 데이터를 공통된 데이터 모델로 변경하기 위한 데이터의 구조와 저장 방식을 정의한 표준

찾아보기

박재용. (2018). 4차 산업혁명이 막막한 당신에게. 뿌리와이파리.

김효실, 황예랑. (2018.08.29). 개인정보 활용 사회적 합의 안됐는데…현대중-카카오, 국내 첫

의료 데이터 회사 만든다. 한겨레.

박양명. (2019.05.09). 개인의료정보 관리 주도권 '병원에서 환자로'. 메디칼타임즈.

배민철. (2015.07.24). 약학정보원, 환자 개인정보 43억 건 불법거래. 코메디닷컴.

하경대. (2019.05.08). 개인 의료정보 활용, 득인가 실인가. 의사신문.

보건 · 의료 분야의 개인정보보호. 찾기쉬운 생활법령정보 [웹사이트]. Retrieved from https://bit.ly/2FQGt0f

현대 과학과 갈등

이전에는 손 쓸 방법이 전혀 없다고 생각했던 지진과 화산활동에 대해 과학자들은 새로운 연구를 통해 이를 조금이라도 빨리 예측할 수 있는 시스템을 구축하려 애쓰고 있습니다. 반면 새로운 전력 생산방법으로 각광받던 지열 발전이 오히려 지진을 촉발할 수도 있음이 밝혀지기도 했습니다. 또 원자력 발전에 대해서도 탈원전을 주장하는 많은 이들이 있고, 여전히 그 경제성을 따져봐야 한다는 이들도 있습니다.

21세기 들어 치열하게 연구되고 있는 우주탐험도 여러 가지 측면을 살펴보아야 할 주제입니다. 새로운 우주여행 방식이 제안되고 있기도 하고, 우주로부터의 위험을 탐지하기 위한 노력도 이루어지고 있습니다. 반면 우주개발 문제에 대해서는 그 방식과 정당성에 대해 여러 논의가 진행되고 있습니다.

현대 과학이 새로 발견하거나 개발한 기술, 제품 역시 그 이용에 따라 인류에게 도움이 되기도 하지만 오히려 갈등을 더 키우기도 합니다. 과학이 인류에게 도움이 되기 위해, 우리는 과학을 어떻게 대해야 할까요? 이는 현대인에게 가장 중요한 이슈가 되고 있습니다.

쓰나미

들여다보기

2004년 12월 26일, 인도네시아 수마트라섬 서부 해안 40km 지점에서 규모 9.1~9.3의 지진이 발생했다. 이 지진으로 평균 15~30m, 최고 높이 51m의 쓰나미(지진해일)가 발생했으며, 이 쓰나미는 시속 800km로 퍼져나가 남아시아 6개 국가를 타격하고, 이로 인해 30만여 명의 사망자와 5만여 명의 실종자, 170만여 명의 이재민이 발생했다. 이 지진의 지진파는 지구를 15바퀴 돌았고, 이로 인해 지구의 자전속도가 2.6μS(마이크로초) 짧아졌다.

2011년 3월 11일에는 일본 동북부 해안에서 규모 9.0~9.1의 지진이 발생했다. 이로 인해 일본 도호쿠 지방에는 40.5m의 해일이 일어났고, 미야기현에서는 내륙으로 10km까지 해일이 밀려들었다. 이 지진으로 혼슈섬 전체가 동쪽으로 2.4m 이동하였고, 지구의 자전축이 10~25cm 움직였다. 그리고 후쿠시마 원자력 발전소가 파괴되면서 엄청난 양의 방사능이 유출되었고 아직도 사후 처리가 진행 중이다.

쓰나미는 지진으로 발생하는 지진해일을 말한다. 해양지각에 단층이 생성되거나 충돌할 때, 이 단층이 수십 센티미터 정도 튀어 오르면 에너지가 바닷물로 전달되어 위치에너지로 전환된다. 깊은 곳에서 발생하는 해저지진일수록 쓰나미의 에너지가 커진다. 대략 물 1㎥가 1톤인데, 몇 킬로미터에 걸쳐 1m만 바닷물이 올라가도 수십억 톤에서 수조 톤의 물이 움직이는 것이 된다. 이 쓰나미는 시속 수백 미터로 움직이다 해안에 다다르면 시속 수십 킬로미터로 해안을 덮치게 된다.

2011년 동일본대지진 당시 발생한 쓰나미로 폐허가 된 이와테 현의 한 도시.

6,600만 년 전 공룡의 멸종을 설명하는 가설 중 하나인 운석충돌설에 따르면, 운석의 충돌로 발생한 쓰나미의 높이가 2km 이상이 되었을 것으로 추정된다. 이 쓰나미가 운석충돌 지점에서부터 발생해 지구 반대편에 도달했을 때의 높이는 300m 이상이 되었을 것이라고 한다. 기원전 15세기경에는 에게해의 티라섬(현재의 산토리니)의 화산 폭발로 쓰나미가 발생해 미노아 문명이 파괴되었고, 섬의 대부분이 바다 아래로 가라앉아 버렸다.

쓰나미에는 전조증상이 있는데, 바로 물빠짐 증상이다. 밀물과 썰물은 6시간마다 진행되므로 매우 느리게 진행된다. 하지만 쓰나미가 있어 거대한 해일이 발생하면 주변의 물을 끌어가 해안에서는 몇 분 만에 물이 빠지는 증상을 볼 수 있다. 해일의 규모가 클수록 크게, 빠르게 빠지므로 이 현상을 파악하면 대피 시간을 벌 수 있다.

쟁점

1. 쓰나미는 지진 등으로 해양지각에 단층이 생성되면서 발생하는 현상으로, 지진의 규모가 클수록 크며, 해안 주변에 막대한 피해를 입힌다.
2. 쓰나미는 물빠짐이라는 전조증상이 있어 이를 잘 파악할 경우 대피할 시간을 벌 수 있다.

논제

1. 쓰나미를 예측할 수 있는 과학적인 방안을 제시하시오.
2. 쓰나미 피해를 줄이기 위해 평상시에 준비해야 할 것들과, 쓰나미가 발생할 때 취해야 할 행동요령을 과학적으로 제시하시오.

키워드

쓰나미 / 지진해일 / 쓰나미 전조증상

찾아보기

2004년 인도양지진해일. 위키백과 [웹사이트]. Retrieved from https://bit.ly/2uJBzjk

도호쿠 지방 태평양 해역 지진. 위키백과 [웹사이트]. Retrieved from https://bit.ly/2FPBI75

쓰나미. 나무위키 [웹사이트]. Retrieved from https://bit.ly/36Xixo3

지진해일 예측체계. 기상청 [웹사이트]. Retrieved from https://bit.ly/2u361Ve

포항지진과 지열발전

들여다보기

2018년 4월, 고려대 · 부산대 · 서울대 공동연구팀은 2017년 11월에 발생한 포항지진이 유발지진이라는 결론을 내고 이를 『사이언스』지에 발표했다. 같은 날, 스위스 · 독일 · 영국 공동연구팀도 포항지진이 유발지진일 가능성이 높다는 연구결과를 『사이언스』지에 실어 이 주장에 힘을 실었다.

유발지진은 인간의 활동으로 인해 발생하는 지진을 말한다. 우리나라 연구팀은 지열발전을 위한 물 주입 시기와 지진 발생 시기의 시간차, 주입공의 위치와 진원의 거리, 주입공의 깊이와 진원의 깊이, 주입공의 위치와 지진을 일으킨 단층의 위치 비교 등을 들어 포항지진을 유발지진으로 결론지었다.

연구팀이 포항지진을 유발지진으로 결론지은 이유는 다음과 같다. 첫째, 기상청이 지진관측을 시작한 1978년부터 2015년까지 이 지역에서 규모 2.0 이상의 지진이 한 건도 발생하지 않았으나, 지열발전을 위해 2016년 1월 물을 주입하기 시작한 이후 몇 시간 뒤부터 지진이 발생하기 시작했다. 또 자연지진의 진원 깊이가 보통 10~20km인 데 비해 포항지진은 시추공의 깊이와 비슷한 5km 지점에서 지진이 발생했다.

이에 정부 역시 포항지진정부조사단을 구성하여 포항지진의 원인을 조사했다. 그리고 2019년 3월, 정부는 앞선 연구와는 달리 이 지진이 유발지진이 아닌 촉발지진인 것으로 결론을 내었다. 촉발지진이란 인간 활동 이상의 에너지가 필요한 지진을 의미한다.

정부의 설명에 따르면 2011년 동일본에서 발생한 대지진의 영향으로 한반도가 5cm 정도 이동하였으며, 이 때문에 단층의 응력이 축적되었고, 그 원인으로 경주지진이 발생했으며, 그 이후 포항에서 지열발전으로 물을 공급하던 중 포항지진이 발생했다고 한다. 이 지진이 유발지진이 아닌 것으로 결론이 난 것에는 규모가 이유가 되었다. 규모 5.4인 포항지진이 발생하기 위해서는 아주 많은 양의 물을 주입해야 하는데, 포항지열발전소에서 주입한 양은 그 추정량의 810분의 1 정도밖에 되지 않기 때문에 유발지진이 될 수 없다는 것이다. 다만, 정부조사단은 물의 주입 이후에 발생한 미소지진은 유발지진으로, 포항지진의 본진은 촉발지진으로 판단했다.

아직 논란은 남아있다. 인도에서 댐 건설로 규모 6.3, 시베리아에서 광산 개발로 규모 6, 미국에서 셰일가스 개발로 규모 5.8의 지진이 일어났는데, 포항지열발전소를 건립할 때 이를 염두에 두고 충분한 조사를 하지 않았다는 것이다. 포항지진이 일부 인재인 것이 밝혀진 만큼, 지진으로 인한 피해에 대해 정부의 보상 범위가 어디까지 이루어져야 할지 이에 대한 법원의 판결이 남아있다. 현재 포항 주민들은 정부를 상대로 소송을 제기한 상태다.

쟁점

1. 정부조사단은 포항지진을 동일본지진에 의한 지층 변화에 더해 지열발전을 위한 물 주입으로 발생한 촉발지진으로 판단했다.
2. 포항지열발전소를 건설할 당시에는 한반도의 육지에서 큰 규모의 지진이 난 사례가 없었으나, 2016년 경주지진을 시작으로 육지에서 대형지진이 발생하고 있다.
3. 2011년에 일어난 동일본 지진은 한반도의 위치를 5cm 이동시켰고, 이로 인해 발생한 응력으로 경주지진과 포항지진이 발생했다.

논제

1. 포항지진은 동일본 지진에 의한 지층 변화에 더해 지열발전을 위해 주입한 물로 인한 촉발지진으로 밝혀졌다. 앞으로 지하를 개발하기 위해서는 지진의 발생을 염두에 둘 수밖에 없게 되었다. 지하 개발 이전에 조사해야 할 사항이 무엇일지 정리하시오.
2. 동일본 대지진은 한반도의 위치에 영향을 주었고, 이로 인해 경주지진과 포항지진이 발생했다. 이 과정에 대해 설명하고, 주변 나라에 지진이 발생했을 때 정부가 취해야 할 조치로 무엇이 있을지 이를 과학적으로 제시하시오.
3. 앞으로 한반도에서의 지진을 예측하기 위해 조사해야 할 항목을 과학적으로 제시하시오.

키워드

포항지진 / 포항 지열발전 / 촉발지진 / 유발지진

용어사전

주입공 유체가 강제로 주입된 시추공

진원 지구 내부에서 지진이 최초로 발생한 지점

시추공 지질 조사 등을 위해 땅속 깊이 구멍을 뚫는 것

미소지진 지진 규모가 1 이상 3 미만인 작은 지진

본진 특정 지역에서 연속된 지진 중 규모가 가장 컸던 지진

찾아보기

포항지진 분석 보고서. (2018). 기상청.

이근영. (2019.03.20). 포항지진은 지열발전에 의한 '촉발지진'. 한겨레.

2017년 포항 지진. 나무위키 [웹사이트]. Retrieved from https://bit.ly/2RmXuEV

2017년 포항 지진. 위키백과.[웹사이트]. Retrieved from https://bit.ly/2FO0S6a

원자력 발전

들여다보기

1978년 4월, 최초의 상업 원자력 발전소인 고리 원자력 발전소 1호기가 발전을 시작했다. 2017년 기준 한국에서는 총 24기의 원자력 발전소가 운영 중으로 전체 전력의 약 30%를 공급하고 있으며, 5기가 건설 중에 있다. 1980년대 초에는 원전 핵연료 기술의 국산화를 이루었으며, 이를 바탕으로 2009년에는 아랍에미리트에 원전을 수출하기도 했다.

문재인 정부는 공약으로 탈원전을 선언했었다. 더 이상 새로운 원전을 짓지 않겠다고 한 것이다. 그러나 2018년 가을, 신고리 5, 6호기 재가동에 관한 국민 대토론회를 통해 안전기준을 강화해 가동을 지속하기로 결정을 내리게 되었다.

원자력 발전은 우라늄, 플루토늄 같이 질량이 큰 원자핵이 중성자와 충돌해 가벼운 원자핵 2개로 쪼개지는 과정에서 나오는 에너지를 이용한 것이다. 이 과정이 연쇄적으로 지속될 때 나오는 에너지를 이용해 터빈을 돌려 발전한다. 그런데 이 과정에서 막대한 방사성 물질이 생성되기 때문에 안전시설이 매우 중요하다. 이를 위해 설치되는 원자로격납건물은 두꺼운 철근콘크리트 구조로, 사고 발생 시 방사성 물질의 외부 누출을 막는 역할을 한다. 그 안에 설치되는 원자로 용기는 연쇄적인 핵분열 반응이 일어나도록 하는 탄소강 재질의 압력용기다. 또 원자로에서 나온 열을 이용해 증기를 발생시키는 증기 발생기가 있고, 원자로의 냉각재를 순환시키고 압력을 조절하는 냉각재 펌프가 있다.

가동 중인 원자로의 냉각탑.

이러한 원자로에는 안전의 관점에서 다루어야 할 2가지 요소가 있다. 하나는 에너지 생성과정에서 방사성 물질이 발생한다는 점이고, 다른 하나는 원자로가 정지된 이후에도 핵연료에서 계속 분열이 일어나 오랫동안 열이 발생한다는 점이다. 따라서 원자로 반응로 제어, 핵연료 냉각, 방사성 물질 격납이 안전에 있어 매우 중요하다.

이러한 설비들의 안전을 보장하기 위한 몇 가지 원칙이 있다. 첫째, 기기의 고장에 대비해 여유 있게 기기를 설치하는 것이다. 둘째, 기기가 동일할 경우 같은 원인으로 고장이 날 수 있으므로 다른 원리의 장비를 같이 보유해야 한다. 셋째, 한 기기의 사고가 다른 기기에 영향을 미치지 않도록 분리해야 한다. 마지막으로 기기가 기능을 상실하더라도 자동적으로 안전에 유리한 상태로 작동하도록 해야 한다.

그러나 이러한 안전원칙에도 불구하고, 원자력 발전 반대론자들은 발전소에 사고가 한 번 나면 막대한 피해와 매우 오랜 기간의 수습이 필요하기 때문에 그 안전성을 담보할 수 없다고 주장한다. 지금까지 세 번의 치명적인 원자력 사고가 있었는데, 1979년 운전원 조작실수로 인한 미국 스리마일 원자력 발전소 사고, 1986년 구소련에서 일어난 체르노빌 원자력 발전소 사고, 2011년 쓰나미로 인한 일본 후쿠시마 원자력 발전소 사고가 그것이다.

일본의 경우 지진과 쓰나미에 대한 대비가 잘 되어 있는 편이다. 그러나 규모 9.2의 지진으로 유례없는 높이의 쓰나미가 발생하자, 이를 감당하지 못한 냉각장치에 사고가 일어났다. 이 일로 반경 20km 이내 10만 명의 피난민이 발생했다.

그럼에도 불구하고 원자력 발전은 화력 발전, 태양광 발전, 수력 발전 등 다른 발전보다 발전 비용이 저렴하다. 또 석탄, 석유, 가스를 태우는 화력 발전에 비해 온실가스를 배출하지 않는다는 장점이 있고, 최근 문제가 커진 미세먼지도 배출하지 않아 원자력 옹호론자들은 원자력을 친환경에너지라 주장하고 있다. 그러나 방사성 물질 폐기 과정에 대한 비용을 계산한다면 원자력 발전의 비용이 결코 저렴하지 않다는 것이 반대론자들의 주장이다.

쟁점

1. 원자력 발전은 막대한 양의 에너지를 저렴한 비용으로 얻을 수 있는 발전 방식이다.
2. 원자력 발전은 다른 발전에 비해 발전 비용이 저렴하고, 온실가스나 미세먼지를 배출하지 않는다는 장점이 있다.
3. 원자력 발전은 사고 발생 시 엄청난 에너지와 방사성 물질을 방출하기 때문에 매우 위험하여, 이를 대비하기 위한 여러 안전기술이 적용되어 있다.
4. 지금까지 미국과 구소련, 일본에서 세 번의 치명적인 원자력 발전소 사고가 있었고, 이로 인해 막대한 피해가 있었다.
5. 원자력 발전은 아무리 안전에 대비해도 한 번 사고가 나면 그 피해가 막대하다. 그리고 이러한 단점이 원자력 발전을 반대하는 매우 중요한 이유가 된다.
6. 원자력 발전의 또 다른 단점으로 방사능 폐기물 처리 비용이 막대하다는 사실이 거론된다.

논제

1 원자력 발전 방식을 계속 이용하는 것에 대한 찬반 입장을 결정하고, 그 근거를 제시하시오.

2. 원자력 발전의 문제점을 정리하고, 이를 줄이기 위한 과학적인 방안을 제시하시오.
3. 원자력 발전을 사용하지 않을 경우 발생할 문제점을 제시하고, 문제점을 해결할 수 있는 과학적인 방안을 제시하시오.

키워드

원자력 발전 / 핵분열 / 원자력 발전소 사고 / 원자력 안전

찾아보기

박재용. (2019). 1.5도, 생존을 위한 멈춤. 뿌리와이파리.

권민석. (2017.06.19). 문재인 대통령, 탈원전 선언 "신규 원전 전면 백지화". YTN.

노지원. (2017.10.20). 공론화위 “신고리 5·6호기 건설공사 재개” 권고. 한겨레.

원자로 이야기. 한국원자력연구원 [웹사이트]. Retrieved from https://bit.ly/30xNYmB

토륨 발전

들여다보기

토륨은 원자번호 90번인 악티늄족이다. 자연 상태에서는 토륨-232로 존재하고, 알파붕괴를 일으키며, 반감기는 140.5억 년으로 우주의 나이보다 길다. 지구의 지각에는 토륨이 우라늄보다 4배나 많이 매장되어 있으며, 보통은 희토류 금속에서 뽑아낸 모자나이트 모래를 정제해 얻는다. 토륨은 한때 가스맨틀과 합금의 재료로도 쓰였지만, 방사능 위험 때문에 더 이상 사용하지 않게 되었다.

그런데 이 토륨이 우라늄을 사용하는 기존 원전의 대안 연료로 떠오르고 있다. 우라늄은 연쇄반응이 지속적으로 일어나기 때문에 원전의 작동을 멈추어도 계속 붕괴반응이 일어나는 반면, 토륨은 연쇄반응이 일어나지 않아 스위치를 끄면 바로 작동을 멈춘다는 장점이 있어 안전한 발전 방식으로 주목받고 있다.

토륨의 또 다른 장점으로는 핵무기의 원료인 플루토늄이 나오지 않는다는 것이 있다. 기존의 원전은 부산물로 플루토늄이 나오기 때문에 전략기술로 평가받아 이를 건설하지 못하는 나라가 있다. 그러나 토륨은 안보상의 이유로 건설이 제지 당할 일이 일어나지 않는다. 또 토륨은 전 세계에 골고루 매장되어 있어, 소수의 국가가 독점할 수 없다. 방사능 폐기물 발생량 또한 우라늄의 1,000분의 1밖에 되지 않으며, 온실가스도 배출하지 않는다.

토륨은 효율성에서도 우라늄을 앞선다. 광산에서 우라늄 250톤을 채굴하여 35톤으로 농축하면, 1년간 1GW급 원전에서 사용된 후 35톤의 핵폐기물을 생성한다. 그러나 토륨은 1톤을 채굴하면 '농축 과정 없이' 그대로 1년간 1GW급 원전에서 사용된 후, '겨우' 1톤의 핵폐기물이 나온다. 그중 83%가 10년 안에 안전해지며, 나머지 17%는 300년 동안 땅속에 격리 보관하면 된다.

물론 단점도 있다. 토륨-232가 자연 상태에서 연쇄반응을 일으키지 않는 것이 역으로 개발 장벽이 되기도 한다. 토륨 발전을 하려면 외부에서 중성자를 계속해서 공급해 줘야 한다. 토륨이 중성자를 받아 우라늄-233이 되어야만 연쇄반응을 일으켜 발전이 가능하기 때문이다. 때문에 토륨 발전을 위한 두 가지 방식이 연구되고 있다. 하나는 우라늄-235이나 우라늄-238, 플루토늄과 같이 연쇄반응이 잘 일어나는 핵종을 섞어 이용하는 방식이고, 다른 하나는 가속기에서 고속으로 가속시킨 양성자를 이용해 만들어 낸 중성자를 토륨에 충돌시키는 방식이다.

토륨 원전의 상용성과 검증은 이미 통과된 상태다. 스위스는 2005년 가속기를 이용한 방식으로 1MW의 전력을 생산했다. 현재 토륨 원전 개발에 가장 두각을 나타내는 나라는 인도다. 인도는 2019년 현재 토륨을 사용하는 원자로인 개량형중수로 Advanced Heavy Water Reactor, AHWR의 설계를 마쳤다. 그 외에도 중국, 미국, 노르웨이, 벨기에, 미국이 적극적으로 토륨 원전을 개발하고 있다.

하지만 아직 상용화된 경우는 없다. 가속기에서 고속으로 가속시킨 양성자를 쓰는 경우 양성자를 만드는 데 드는 비용이 굉장히 높아 경제성을 맞추기가 힘들기 때문이다. 우라늄이나 플루토늄 같은 물질을 섞어 쓴다면, 일반 원자력 발전소처럼 핵폐기물이 다량으로 발생하는 문제가 여전히 존재하게 된다.

쟁점

1. 우라늄을 이용한 원자력 발전은 연쇄반응으로 인해 매우 위험하고, 막대한 폐기물이 배출된다는 단점이 있다.
2. 토륨 발전은 연쇄반응이 자연적으로 일어나지 않아 안전하고, 농축 과정 없이 채굴한 상태 그대로 원료로 사용할 수 있다. 또 우라늄보다 효율이 좋아 폐기물이 1,000분의 1정도밖에 나오지 않는다는 장점이 있다.
3. 그런데 토륨에서 연쇄반응이 일어나지 않는다는 점이 동시에 원전의 장벽이 되고 있다. 중성자를 외부에서 공급해줘야 하기 때문이다. 그 해결 방법으로 연쇄반응이 일어나는 핵종과 섞어 주는 방법과, 양성자 가속기를 이용해 중성자를 제공하는 방법이 개발되고 있다.

논제

1. 우라늄 원전과 토륨 원전의 장단점을 분석하고, 더 나은 발전방식을 선택하여 주장하시오. 두 방식 모두 문제가 된다면 그 이유를 제시하시오.
2. 토륨 발전에는 연쇄반응이 일어나는 핵종과 섞어 주는 방식과, 양성자 가속기를 이용하는 방식이 있다. 두 방식의 장단점을 파악하여 하나를 선택하고, 그 이유를 제시하시오.
3. 토륨 원전에 중성자를 공급할 새로운 방안을 창의적으로 제시하시오.
4. 토륨 발전이 부적절한 발전 방식이라면 어떤 이유 때문인지 그 이유를 제시하시오.

키워드

원자력 발전 / 토륨 / 토륨 원전

용어사전

알파붕괴 어떤 핵이 헬륨원자의 핵인 알파입자를 방출하면서 원자번호가 2, 질량수가 4 줄어든 핵으로 변환되는 것, 또는 이런 변환으로 인해 물질 안에 들어 있는 해당 핵들의 수가 시간에 따라 줄어드는 것

희토류 스칸듐(Sc), 이트륨(Y), 란타넘족의 15개를 포함한 17개 원소의 통칭. 서로 화학적 성질이 유사하고, 광물 속에 그룹으로 함께 존재한다

모자나이트 희토류 원소를 포함하는 적갈색의 인산염 광물

가스맨틀 원적외선 광원으로 이용되는 가열 발광체의 일종

전략기술 국제 평화 및 안전을 해칠 우려가 있다고 인정되는 물자 및 기술의 수출 통제에 관한 사항을 협의 · 조정하는 국제적인 협의체 또는 이와 유사한 기구가 전략 물자의 개발 · 제조 · 사용 · 저장 등에 이용될 수 있다고 인정하는 이중용도기술

찾아보기

김준래.(2017.09.05). '토륨' 원자로, 우라늄보다 안전. 사이언스타임즈.

Thorium-based nuclear power. 위키백과[웹사이트]. Retrieved from https://bit.ly/2uTD273

윤신영. 토륨에너지. 고등과학원 [웹사이트]. Retrieved from https://bit.ly/2sqDWXA

토륨원전. 7 Global Solutions [웹사이트]. Retrieved from https://bit.ly/30nThol

핵융합 발전

들여다보기

핵융합 발전은 수소원자의 동위원소인 중수소의 원자핵 두 개로 헬륨 원자핵을 만들고, 이 과정에서 빠져나오는 에너지를 이용해 전기를 만드는 방식이다. 지금 태양이 만들어 내고 있는 빛 에너지가 바로 이 핵융합에너지다.

현재의 원자력 발전과 다른 점이 있다면, 먼저 핵융합 과정에서 만들어지는 헬륨 원자핵이 방사능을 띠지 않는 안전한 물질이라는 점이다. 원자력 발전이 문제가 되는 지점 중 가장 중요한 것이 사용후핵연료의 반감기가 아주 긴 고준위 핵폐기물이라는 점인데, 일단 핵융합 발전은 이 점에 있어서는 안심이다. 또 연료로 사용하는 중수소의 경우 물 분자를 분해하는 과정에서 얻을 수 있는데, 다행히 지구 지표의 70%가 바다다 보니 우리가 필요한 만큼의 중수소를 아주 쉽게 얻을 수 있다. 즉 핵융합 발전은 핵폐기물이 거의 없고, 연료가 풍부하여 어느 나라에 치우치지도 않는다는 장점을 가지고 있다.

하지만 기술적 문제가 만만치 않다. 핵융합 발전 아이디어는 20세기 중반부터 대두되어 관련 연구도 벌써 60년이 넘도록 진행되고 있지만 아직도 상용화가 되지 못하고 있다. 이러한 상황은 핵융합 발전이 그리 쉬운 일이 아님을 보여준다. 핵융합을 일으키려면 중수소 원자핵이 아주 빠른 속도로 서로 부딪쳐야 하는데 원자핵들은 모두 플러스 전기를 띠기 때문에 전기적 반발력이 강하다. 전기적 반발력을 뚫고 중수소 원자핵이 핵융합을 할 만큼 서로 가깝게 가게 하려면 아주 높은 온도와 압력이 필요하다. 태양이야 워낙 중심부의 압력이 커서 낮은 온도에서도 핵융합이 이루어지지만 지구상에서 이런 일이 일어나려면 약 1억℃의 온도가 되어야 한다.

그런데 1억℃의 온도를 견딜 만한 용기가 없다. 모든 물질이 1억℃에서는 녹아버리고 기화된다. 과학자들은 중수소의 원자핵으로 이루어진 플라즈마를 자기장으로 가두는 방식으로 이 문제를 해결하고자 하고 있다. 그런데 이것이 의미 있게 되려면 1억℃의 온도에서 플라즈마가 일정한 압력을 가진 상태로 존재하는 시간이 어느 정도 이상 되어야 하는데, 이 지속시간을 늘리는 것이 아주 힘들다.

우리나라가 이 분야에서 세계 최고 수준의 기록을 가지고 있는데 2019년 1억℃의 온도를 1.5초간 유지하는 데 성공했다. 현재 핵융합 발전을 위한 연구시설인 케이스타KSTAR의 최종 목표는 1억℃를 300초간 안정적으로 유지하는 것이다. 이 정도라면 상용화를 시작할 수 있다. 국제적으로는 한국, 미국, 중국, 일본, 유럽연합, 러시아, 인도 7개국이 참여하여 프랑스 남부에 건설 중인 국제핵융합실험로ITER가 있다.

ITER은 2025년 준공, 2035년 핵융합로 완전 가동을 목표로 삼고 있다. 이 계획대로 된다면 2050년 정도에 상용 발전이 가능할 것이라는 것이 핵융합 발전 전문가들의 전망이다.

그러나 이 예상대로 된다고 하더라도 지금의 기후위기 진행속도와 비교하면 상용화가 상당히 늦는 셈이다. 현재의 기후위기 진행속도를 보면 2050년 이전에 임계점에 도달할 것이기 때문이다. 더구나 핵융합로가 상용화된다 할지라도 기존의 발전 시스템을 모두 대체하기까지는 꽤 긴 시간이 걸릴 것이다. 계획대로 된다고 하더라도 21세기 후반은 되어야 성과가 나타날 수 있다. 2050년에 과연 상용화가 가능할지에 대해서도 전문가들의 회의적인 시선이 꽤 많은 실정이다.

쟁점

1. 핵융합 발전은 다른 발전 방식에 비해 부작용이 거의 없는 꿈의 발전 방식으로 불린다.
2. 핵융합 발전을 위해서는 1억 ℃ 이상의 온도를 얼마나 유지하는지가 중요한 기술이다.
3. 핵융합 발전에서도 중저준위 폐기물은 발생한다.

논제

1. 핵융합 발전이 가능한 원리와 장점에 대해 설명하고, 이를 구현하기 위한 조건을 과학적으로 기술하시오.
2. 핵융합 발전 이후의 미래 사회는 어떠할지 과학적으로 전망하시오.
3. 핵융합 발전의 한계를 과학적으로 기술하고, 이 한계를 어떻게 극복할 수 있을지 과학적으로 기술하시오. 극복하기 힘들다는 의견이 있다면 그 이유와, 이에 취할 수 있는 우리의 태도를 기술하시오.

키워드

핵융합 발전 / KSTAR / ITER / 핵융합 상용화

용어사전

동위원소 어떤 원소와 같은 수의 양성자와 전자를 가지지만, 다른 수의 중성자를 가진 원소

중수소 수소의 동위원소 중 하나로 양성자 한 개와 중성자 한 개로 구성된 원자핵을 가지는 원자

사용후핵연료 원자로 연료로 사용된 뒤 배출되는 핵연료 물질로 고준위 방사성 폐기물이라고도 불린다

고준위 핵폐기물 사용하고 남은 핵연료 또는 핵연료의 재처리 과정에서 발생한 방사선의 세기가 강한 폐기물

전기적 반발력 같은 극의 전하를 붙이려고 하면 서로 밀어내는 성질

플라즈마 구성 입자들이 이온화된 기체로 있는 상태

임계점 중요한 변화가 일어나는 지점

찾아보기

박재용. (2019). 1.5도, 생존을 위한 멈춤. 뿌리와이파리.

김성태. (2019. 03.30). '인공태양' KSTAR, 목표는 1억℃·300초. 중앙일보.

송경은. (2018.10.15). 꿈의 에너지 '인공태양'··· 2025년 핵융합 발전 첫발. 동아일보.

오철우. (2010.10.20). "꿈의 에너지 핵융합도 한계···인간탐욕 줄여야". 한겨레.

핵융합이란. 국가핵융합연구소 [웹사이트]. Retrieved from https://www.nfri.re.kr/kor/pageView/14

핵융합 발전. 위키백과 [웹사이트]. Retrieved from https://bit.ly/35Uda7C

수소연료전지 자동차

들여다보기

수소를 이용해 만들어진 전기로 움직이는 차를 수소연료전지 자동차라 한다. 운행 과정에서 나오는 것은 물뿐 온실가스도 없고 미세먼지나 기타 오염물질도 나오지 않는다. 또 공기를 빨아들여 그 속의 산소를 취하게 되는데 이 과정에서 필터가 미세먼지를 걸러내 공기청정기 역할도 한다.

하지만 수소연료전지 자동차 역시 단점이 있다. 첫 번째 문제는 수소를 어떻게 만들 것이냐 하는 점이다. 수소는 가장 가벼운 물질이라서 수소기체가 생기더라도 아주 쉽게 우주로 날아가 대기 중에 거의 존재하지 않는다. 둘째로 수소는 폭발위험성이 아주 큰 물질이며, 액화되는 온도가 굉장히 낮다. 따라서 수소를 운반하는 데 많은 비용이 든다.

수소를 만드는 과정에는 여러 가지 방법이 있는데 먼저 석유화학 공정에서 부산물로 나오는 부생수소가 있다. 이어 천연가스를 개질하여 만드는 추출수소가 있고, 재생에너지의 잉여전력으로 물을 전기분해하여 만드는 수전해수소와, 해외에서 들여오는 해외생산수소가 있다. 이 중 부생수소는 그 양이 얼마 되지 않아 본격적인 수소연료로는 사용할 수 없다. 더구나 이미 온실가스 배출량이 많은 석유화학공업을 수소를 만들기 위해 확장하기도 어렵다.

재생에너지로 수소를 만드는 것은 그 자체로는 온실가스가 발생하지 않으나 실제로는 비효율적인 일이다. 재생에너지가 이미 전기로 만들어져 있기 때문에 이를 그대

2019년부터 서울 시내 일부 노선에는 수소연료전지 자동차(버스)가 도입되어 시범 운행 중이다.

로 전기자동차에 공급하면 된다. 굳이 물을 분해해서 수소를 만들고 이를 다시 운반해 공급한다면 그 과정에서 에너지의 일부가 소실될 뿐이다. 계산해 보면 에너지 효율은 전기를 직접 공급하는 것의 절반에 미치지 못할 것이다. 물론 재생에너지가 아주 풍족하여 우리나라 전체의 전기 수요를 다 감당하고도 남아 잉여 전력이 있다면 모르겠지만 말이다.

해외생산수소는 오스트레일리아와 같이 사막이 아주 넓은 지역에서 태양광 발전으로 만들어진 전기로 물을 분해해 만들어진 수소를 운반하여 사용하는 방법이다. 이는 우리나라의 온실가스 배출을 줄여주는 효과가 있다. 하지만 아직 오스트레일리아 등에서 생산하는 태양광에너지의 양이 우리가 바라는 규모만큼 생산되지 않고 있으며 앞으로도 꽤 긴 시간이 필요할 것이다. 또한 그 비용도 다른 방식에 비해 높을 것으로 예측된다.

경제성을 따지자면 천연가스에서 수소를 추출하는 추출수소가 가장 저렴하고, 초기 인프라를 구축하는 데도 가장 용이하다. 그런데 천연가스에서 수소를 추출하는 과정에서 온실가스가 발생한다. 휘발유차가 1,620kg의 이산화탄소를 만들 때 천연가스 추출수소로 달리는 차는 1,361kg의 이산화탄소를 내놓는다. 정부의 '수소경제 활성화 로드맵'에 따르면 2030년까지 추출수소의 비중은 50%가 될 것이고, 2040년에도 30%는 될 예정이다. 결국 수소연료전지 자동차는 기존 자동차에 비해 절반 정도의 이산화탄소를 계속 만들게 될 것이란 뜻이다.

재생에너지를 이용하는 수전해수소의 경우 앞서 이야기한 것처럼 별 의미가 없는 것이기도 하다. 참고로 정부에서 계획하고 있는 우리나라의 재생에너지 발전 비율은 2030년에 20%, 2040년에 최대 35% 정도다. 남아도는 재생에너지가 없는 것이나 마찬가지다.

또 앞서 지적한 것처럼 수소가스는 취급이 용이하지 않다. 수소 가스는 고압 상태로 보관되고 수송되어야 하는데 폭발성 가스이기 때문에 이에 대한 안전장치를 만들려면 기존의 다른 연료에 비해 대단히 많은 비용이 든다. 수소가스를 자동차에 공급하려면 전국적인 인프라가 요구되는데 이에 어마어마한 비용이 들게 된다.

더구나 우리나라의 자동차산업은 내수는 물론 수출 역시 중요한 비중을 차지한다. 때문에 전 세계에 수소차를 판매하려면 각 나라들에도 인프라가 필요하게 된다. 이에 대한 대안을 마련하는 것 또한 쉽지 않다.

쟁점

1. 수소연료전지 자동차는 운행할 때 환경오염물질을 전혀 배출하지 않는다.
2. 그러나 원료인 수소를 생산할 때 천연가스와 같은 화석연료를 이용하는 경우 이산화탄소가 발생하고, 물을 전기분해 하는 경우 전기에너지가 사용된다.
3. 또 수소를 고압으로 압축할 경우 폭발성 기체가 되므로 보관과 운송에 어려움이 있다.

논제

1. 수소연료전지 자동차의 장단점에 대해 기술하고, 단점을 극복할 수 있는 방안을 과학적으로 제시하시오.
2. 수소를 생산하는 방법에는 화석연료를 이용하는 방법과 화석연료를 이용하지 않는 방법으로 나눌 수 있다. 두 방법을 비교하고, 더 나은 방법을 제시하시오.
3. 수소는 폭발성 기체로 위험도가 높다. 이를 안전하게 보관하고 운송할 과학적 방안을 제시하시오.

키워드

연료전지 / 수소연료전지 / 추출수소 / 부생수소 / 수전해수소 / 해외수소 / 수소연료전지 자동차

용어사전

개질 탄화수소의 질을 개선하기 위하여 구조를 변화시키는 과정

찾아보기

박재용. (2019). 1.5도, 생존을 위한 멈춤. 뿌리와이파리.

김기만, 정채형. (2016). 수소에너지 연료전지의 기회 성장 그리고 과제. 녹색기술센터.

수소사회를 이끄는 연료전지의 모든 것. 현대자동차그룹 [웹사이트].Retrieved from https://bit.ly/2FNXRTw

수소자동차. 위키백과 [웹사이트]. Retrieved from https://bit.ly/2FSOi5C

수소전기차의 모든 것. 현대자동차그룹 [웹사이트]. Retrieved from https://bit.ly/38jI9vJ

연료전지. 위키백과 [웹사이트]. Retrieved from https://bit.ly/30pqY9i

라돈, 생활방사능

들여다보기

2018년 5월, 한 유명 브랜드의 침대 매트리스에서 방사능 물질인 라돈이 검출되었다. 품질검사 과정에서 검출된 것이 아니라 소비자가 우연히 발견한 것이다. 원인 물질은 속커버에 바른 모자나이트로 이후 조사에 의해 21종 총 87,749개의 매트리스에 모자나이트가 도포된 것으로 확인되었다. 모자나이트에는 우라늄이 포함되어 있고, 우라늄이 붕괴하는 과정에서 라돈이 생성된다. 이 사건으로 사람들은 생활 속에서도 방사능에 노출될 수 있다는 공포에 휩싸이게 되었다.

앞서 말했듯이 라돈은 우라늄의 붕괴에 의해 만들어지는 비활성기체다. 따라서 공기 중에는 미량의 라돈이 항상 포함되어 있다. 특히 우리나라는 화강암 지형이 많은데 화강암에는 우라늄이 포함되어 있다. 단층이 뒤틀릴 때도 지하에 라돈이 발생하기도 하는데 물에 잘 녹아 지하수에서 검출되기도 한다. 그러나 이렇게 우리가 자연으로부터 접하는 라돈 가스는 극미량이기 때문에 '생활주변방사선 안전관리 규정'에서 제안하는 1mSv(밀리시버트)를 초과하지 않는다.

라돈 가스는 건물의 지하층에서도 발생한다. 건물의 균열을 타고 지하의 화강암층에서 생긴 라돈 가스가 건물의 지하층으로 유출되는 것이다. 라돈 가스 자체는 반감기가 짧기 때문에 곧 사라지지만 암반층에서 지속적으로 생성되면 지하층에 누적될 가능성이 높다. 지상층의 경우 창문을 열어 환기를 하면 라돈 가스도 대기 중으로 퍼져 별 문제가 없지만 다른 기체보다 무거운 라돈 가스가 지하층에 누적되면 쉽사리 빠져나가지 못해 문제가 될 수 있다.

원자력안전위원회의 자료에 따르면 매트리스에서 발생하는 외부 피폭량은 1년 내내 침대 위에서 생활을 해도 0.144mSv로 안전 기준보다 낮기 때문에 문제가 없다. 그러나 내부 피폭의 경우 문제가 달라지는데, 폐 속으로 들어간 라돈이 알파입자를 배출하고 이 알파입자가 폐 속에서 방사능을 방출하는 경우는 아직 안전기준이 마련되어 있지 않다. 라돈 가스는 폐암의 주요원인으로, 폐암 원인의 3~15%가 라돈 가스에 의한 것이라 알려져 있다.

라돈 방사능에 대한 논란은 모자나이트로 번졌다. 모자나이트가 매트리스에 도포된 이유는 음이온을 방출하는 물질로 알려졌기 때문이다. 모자나이트는 일부 온열매트, 건강팔찌의 원료로도 자주 사용되는 물질이다. 그러나 이는 과학적 검증이 없는 유사과학에 불과할 뿐이다. 라돈 사태는 음이온이 건강에 좋다는 유사과학에 따른 맹신이 불러온 것이기도 하다. 모자나이트 등 음이온이 발생하는 물질에 대해 미국 등지에서는 폐기를 권고하고 있다.

쟁점

1. 침대 매트리스에 도포된 모자나이트 때문에 라돈이 검출되면서 생활방사능에 대한 사회적 공포가 생겨나기 시작했다.
2. 모자나이트는 음이온을 방출한다고 알려져 있지만 이는 전혀 검증된 것이 없으며, 오히려 모자나이트에 포함된 우라늄이 붕괴되는 과정에서 방사능과 라돈을 만들어 낸다.
3. 라돈은 대기 중에 미량 존재하는 기체이고, 외부 피폭의 경우 대부분 안전기준 이하로 피폭되므로 문제가 없으나 내부 피폭에 대해서는 안전 기준이 마련되어 있지 않다.
4. 라돈은 1급 발암물질로 폐암의 원인 물질로 여겨지고 있다.
5. 라돈 사태는 음이온이 건강에 좋다는 유사과학적 맹신이 불러일으킨 사건이기도 하다.
6. 모자나이트에 대한 허가 기준이 없는 것 역시 문제가 되고 있다.
7. 라돈 가스는 지하 암반층에서 자연스럽게 생성되는데 건물 지하에 균열이 있을 경우 문제가 될 수 있다.

논제

1. 침대 매트리스에 방사능 물질인 라돈이 검출된 것에 대한 문제점을 지적하고, 그 근거를 제시하시오. 앞으로 이런 사태를 만들지 않기 위한 방안도 함께 제시하시오.
2. 음이온이 건강에 좋다는 것은 과학적으로 검증된 적이 없는 사이비과학이다. 이런 유사과학이 존재하는 이유를 분석하고, 이를 방지하기 위한 방안을 제시하시오.
3. 라돈 가스가 누출되는 건물 지하에 주거지를 가지고 있거나 작업장이 있는 경우 문제가 될 수 있다. 이에 대한 해결책을 제시하시오.

키워드

라돈 / 라돈 매트리스 / 음이온 / 모자나이트 / 생활방사능

용어사전

모자나이트 세륨, 란나튬, 토륨 등의 희토류 원소를 포함하는 적갈색의 인산염 광물로 여러 가지 종류가 있다

비활성기체 주기율표 18족에 해당하는 원소들을 부르는 이름으로 이들 원소는 보통 조건에서 반응성이 아주 낮고 무색, 무취의 단원자 기체로 존재한다

밀리시버트 천분의 1Sv. Sv(시버트)는 방사선의 흡수량에 생물학적 효과를 반영한 단위다

반감기 어떤 양이 절반이 되는 데 걸리는 시간

피폭 방사선원으로부터 방출된 방사선에 노출되는 일

알파입자 헬륨원자의 원자핵으로 중성자 2개와 양성자 2개로 이루어져 있다

음이온 원자가 전자를 얻은 상태

찾아보기

박경북. (2019). 생활 속에서 알아야 할 라돈 이야기. 지우북스.

박재용. (2018). 과학이라는 헛소리. MID.

조승연. (2019). 라돈, 불편한 진실. 동화기술.

김준래. (2018.05.15). 침대에서 라돈이 검출된 원인은?. 사이언스타임즈.

여다정. (2018.06.08). "과학적 검증 없었다" 몸에 좋다는 음이온 알고보니 유해물질. 일요신문.

유봉식. (2018.06.27). '라돈침대'뿐 아니라, 건강에 좋다는 음이옴제품도 안전하지 않아. 웰니스라이프 [웹사이트]. Retrieved from https://bit.ly/2NtQRzn

최지원. (2018.05.14). 정말 건강 위협? 라돈 침대, 그것이 궁금하다. 동아사이언스.

대진침대 라돈 기준치 초과 검출 사건. 나무위키 [웹사이트]. Retrieved from https://bit.ly/2RhSOjr

이중용도기술

들여다보기

'이중용도기술'은 평화적인 목적과 군사적인 목적 모두에 사용될 수 있는 기술을 말한다. 예를 들어 탄소섬유는 가볍고 튼튼하다. 그래서 비행기나 자동차의 동체를 만드는 데 사용되기도 하지만 미사일의 동체를 만드는 데도 사용된다. 동결건조기 역시 인스턴트 커피를 만드는 데에도 사용되지만 생물학무기를 만드는 데도 사용된다. 트리에탄올아민이라는 생소한 화학제품은 샴푸나 비누, 농약을 만드는 데 사용되지만, 한편으로 화학무기를 만드는 데 사용되기도 한다.

기술이 발전하면서 이렇게 이중용도에 해당하는 제품이나 기술들이 점점 늘어가고, 이를 통제할 방법은 점점 사라지고 있다. 특히 군사적 목적으로 사용되는 경우 이제는 적대국가나 진영뿐 아니라, 테러집단이나 개인적 공격에 대해서도 신경을 써야 할 수밖에 없다. 대표적인 이중용도 제품에 해당하는 슈퍼컴퓨터의 경우 수출입에 커다란 제약이 따른다.

2011년 12월, H5N1 바이러스에 관한 논문 2편이 발표되었다. H5N1 바이러스는 고병원성 조류인플루엔자 바이러스로 21세기 들어 우리나라에도 끊임없이 나타나 커다란 손실을 불러일으키고 있다. 그나마 다행인 것은 조류에서 사람으로의 감염이 그리 쉽지 않다는 것이다. 그런데 두 논문이 발표한 내용은 H5N1 바이러스를 사람에게 감염될 수 있도록 변형하여 제조하는 데 성공했다는 내용이었다. 물론 제조 방법 또한 논문에 모두 기재되어 있었다.

당시 미국의 국가과학자문위원회[NSABB]는 두 논문의 내용 중 일부, 즉 제조 방법을 삭제하고 출간할 것을 논문이 투고된 『사이언스』지와 『네이처』지에 요청하기도 했다. 그러나 세계의 여러 과학자들이 이와 관련해 논쟁을 벌였고, 결국 논의가 지지부진해지면서 논문은 출간되었다.

유전자가위 기술의 등장 역시 비슷한 경우다. 유전자가위는 특정 영역의 DNA를 잘라내고 삽입하는 신기술이다. 크리스퍼[CRISPR] 유전자가위 기술의 경우 원래 1987년 일본에서 처음 발견된 유전자 서열인데, 이 유전자 서열을 이용하면 이전보다 DNA의 원하는 특정부위를 잘라내는 것이 아주 손쉬워진다. 이를 본격적으로 활용할 수 있게 된 것이 2012년부터인데, 기존의 방식과는 비교할 수 없을 만큼 쉽고 정확하게, 원하는 유전자만 잘라내고 다시 붙일 수 있게 되어 각종 유전질환에 대해 엄청난 효과가 있을 것으로 보인다. 이는 생물학계, 특히 유전학계에 큰 반향을 일으켰다.

하지만 한편으로 이런 것도 상상할 수 있다. 미국의 누군가가 염기서열 분석기로 특정 병원체, 예를 들면 에볼라바이러스의 염기서열을 분석한다. 그리고 특정 질환을 일으키는 유전정보를 확보한다(현재 많은 연구소에서 실제로 하고 있는 일이다). 중국이나 러시아 혹은 동남아의 누군가에게 이 데이터를 인터넷으로 전송한다. 전송받은 곳에서는 크리스퍼를 이용해 기존의 바이러스에 이 유전자 정보를 삽입한다. 이제 에볼라바이러스와 유사한 질병을 일으키는 병원체가 탄생한다.

현재 크리스퍼 기술을 활용하는 곳은 몇몇 연구소에 그치지 않는다. GMO를 개발하는 몬산토 등의 곡물종자회사, 대규모 축산기업, 제약회사 등 생물학과 관련된 다양한 회사의 연구소들이 이를 활용하기 위해 열을 올리고 있다.

쟁점

1. 산업적 용도와 군사적 용도 모두로 이용할 수 있는 기술을 이중용도기술이라고 한다.
2. 이중용도기술은 수출입이 엄격히 통제되고 있다.
3. 기술의 발달에 의해 다양한 기술과 제품이 군사적으로 악용될 여지가 늘어나고 있다.

논제

1. 이중용도기술을 악용하지 못하도록 할 제도적 방법에는 어떠한 것들이 있을지 논의하시오.
2. 4차 산업혁명을 이끌 기술로 대표되는 인공지능, 자율주행, 드론, 3D프린터, 크리스퍼 중 하나를 선택해 군사적 이용의 가능성을 파악하고, 이에 대한 대처 방안을 제시하시오.

키워드

이중용도기술 / 탄소섬유 / 동결건조기 / 인공지능 이중용도 / 드론 이중용도

찾아보기

박재용. (2018). 4차 산업혁명이 막막한 당신에게. 뿌리와이파리.

박재용. (2018.10.17). 누구나 테러가 가능한 시대...이중용도 기술의 '이중성'. 뉴스톱 [웹사이트]. Retrieved from http://www.newstof.com/news/articleView.html?idxno=1003

WMD와 이중용도품목이란?. 전략물자관리원 [블로그]. Retrieved from https://bit.ly/2tXAp3B

적정기술

들여다보기

적정기술appropriate technology은 공동체의 문화, 정치, 환경적인 면을 고려하여 만들어진 기술로 거대 자본에 의해 만들어진 첨단기술이 아닌, 적은 자원을 사용하면서도 유지하기 쉽고 환경에 더 작은 영향을 주는 기술을 말한다. 1966년 영국의 경제학자인 에른스트 슈마허가 개발도상국에 적합한 소규모 기술 개발을 위해 중간기술개발그룹을 설립한 것이 시초가 되었다.

적정기술의 대표적인 예로 모저 램프Moser lamp가 있다. 모저 램프는 전기를 사용하지 않는다. 지붕에 구멍을 뚫어 천장에 표백제를 조금 넣고, 물을 가득 담은 패트병을 다는 것이 끝이다. 페트병에 모인 빛이 굴절되어 실내를 밝히는데 백열전구 하나 정도의 빛을 발한다. 물론 햇빛이 있는 낮 동안만 쓸 수 있지만 전기를 쓸 수 없는 곳에서는 대단히 유용하게 사용된다. 현재 모저 램프는 필리핀, 인도, 인도네시아 등에서 실제로 이용되고 있다.

히포 롤러Hippo Roller라는 것도 있다. 아프리카의 일부 지역은 식수가 부족하여 늘 먼 곳에서 물을 떠 와야 하는데 이 일은 주로 여성이나 아이가 맡고 있다. 히포 롤러는 굴릴 수 있는 원기둥 모양의 물통 앞에, 손으로 밀 수 있는 핸들이 달린 것이다. 히포 롤러 하나당 90리터의 물을 운반할 수 있는데, 이전에 머리에 이고 나르던 물통에 비하면 5배 정도의 양이다. 덕분에 여러 번 운반해야 할 것을 한 번으로 줄일 수 있게 되었다.

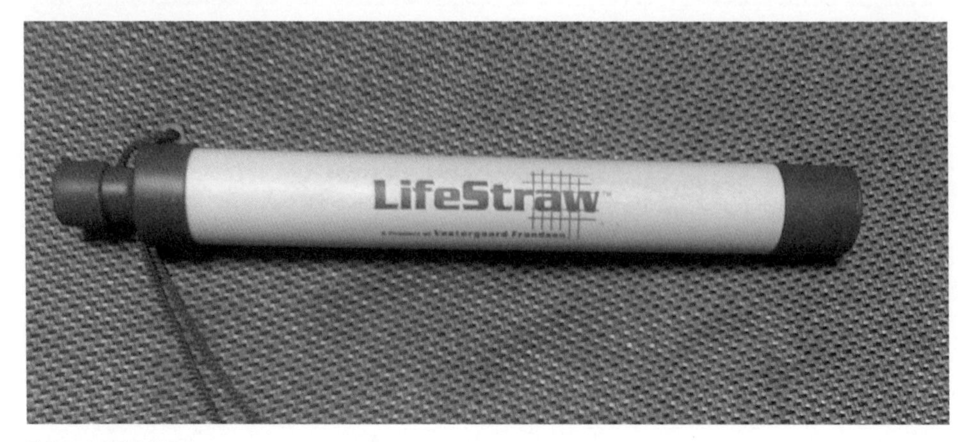

라이프 스트로우의 모습.

라이프 스트로우는 깨끗한 물을 구하기 힘든 곳에서 사용하는 일종의 개인용 정수기다. 라이프 스트로우 하나당 700리터의 물을 정수할 수 있는데 이는 대략 한 사람이 1년 정도 사용할 수 있는 양이다. 빨대로 물을 빨아들이면 필터를 통해 99.999%의 세균과 98.7%의 바이러스를 걸러낼 수 있다.

이런 적정기술은 영국의 프랙티컬 액션, 미국의 국립적정기술센터, 콜롬비아의 가비오따스 등 각국의 정부기구나 비정부기구NGO에서 주로 개발되었다. 하지만 21세기 들어 미국의 대학들이 적정기술 관련 수업을 개설하기 시작하면서 대학과 과학기술자들 또한 모여 다양한 프로그램을 만들고 있다.

이런 과정에서 기업도 등장했다. 이들은 선의와 기부에만 의존해서는 적정기술의 발달이 더디게 진행될 것이라고 생각한다. 따라서 이들은 적정한 가격의 돈을 받고 판매하는 비즈니스가 구축되어야 적정기술이 지속가능하게 운영될 수 있다고 주장하고 있다.

쟁점

1. 적정기술은 해당 공동체의 문화, 정치, 환경적 측면을 고려한 기술이다.
2. 적정기술은 첨단기술은 아니지만 더 적은 자원을 사용하여 유지하기 쉽고, 환경에 더 적은 영향을 주는 기술이다.
3. 다양한 적정기술이 가난한 이들에게 실제적인 도움이 되고 있다.
4. 현재 적정기술을 비즈니스화하려는 움직임도 있다.

논제

1. 적정기술을 상업화하는 것의 장단점을 파악하고, 찬반 입장을 정하여 그 근거를 제시하시오.
2. 우리나라에 적정기술이 필요하다면 그 종류가 어떠한 것이 있을지 제시하시오.
3. 적정기술을 위해 우리나라에서 제도적으로 시행할 수 있는 것이 무엇이 있을지 제시하시오.

키워드

적정기술 / 히포 롤러 / 모저 램프 / 라이프 스트로우 / 프랙티컬 액션

찾아보기

박재용. (2018). 4차 산업혁명이 막막한 당신에게. 뿌리와이파리.

IBR Editor. (2013.03.01). 기술, 인간의 얼굴을 하다 : 적정기술의 개념과 대표 성공 사례. 윤서영, 조아라(번역). 임팩트 비즈니스 리뷰 [웹사이트]. Retrieved from http://ibr.kr/275

적정기술. 나무위키 [웹사이트]. Retrieved from https://bit.ly/2ssTM47

적정기술. 위키백과 [웹사이트]. Retrieved from https://bit.ly/2RjwIx1

과학의 발전 혁명적 vs 점진적

들여다보기

과학은 한 번에 모든 문제를 해결하는 것이 아니다. 하나의 문제를 해결하고, 이를 적용하면 그로부터 다시 새로운 문제를 발견하게 된다. 그리고 그 새로운 문제를 해결하기 위해 연구하고 또 다른 해결책을 제시한다. 그 과정에서 과학은 점진적으로 발전하게 된다.

뉴턴의 유명한 말 중 '자신은 거인의 어깨 위에 서 있었을 뿐'이라는 말이 있다. 이때 거인은 누구 한 사람을 가리키는 것이 아니다. 여러 사람이 1층을 만들고, 그 위에 또 다른 사람들이 서고, 그 위에 또 다른 사람이 서서, 멀리서 보면 마침내 거인이 되었을 뿐이다. 먼저 아리스토텔레스가 있었고, 이슬람의 과학자가 있었고, 뷔리당이 있었으며, 갈릴레오가 있었고, 케플러와 데카르트, 하위헌스가 있었다. 그리고 뉴턴은 인정하기 싫어했지만 훅이 있었기에 뉴턴이 존재할 수 있었다. 그들 모두는 개인에게는 커다란, 그러나 과학 역사 전체를 놓고 보았을 때는 작은 돌 하나를 쌓았고, 그 돌 위에 새로운 돌이 쌓여 커다란 탑이 세워진 것이다. 칼 포퍼는 과학의 역사를 이렇게 이해했다. 그러나 포퍼와 다르게 과학을 이해한 사람도 있다. 꽤 유명한 그는 바로 토머스 쿤이다.

쿤은 과학의 발달이 점진적이라기보다는 단속적이라고 생각했다. 일정한 기간 동안 과학은 정체된다. 물론 과학자가 게을러서가 아니다. 과학계 전체를 아우르는 거대 이론이 나오면, 그 이론을 각 분야에 적용하고 확인하는 과정이 필요하다. 그 과정에서 수행되는 연구는 대부분 이론의 확장에 해당된다.

그런데 시간이 지나며 기존 이론에 의한 적용과 확장이 거의 완료될 때쯤 삐걱거리는 부분들이 생겨난다. 처음 이론이 제시될 때는 모든 문제가 그로 인해 해결될 것처럼 여겨지지만 세상의 일은 그리 만만한 것이 아니어서 각 분야에 구체적으로 적용하다 보면 실제 현상과 잘 맞지 않는 부분이 나타나는 것이다. 물론 처음에는 기존 이론으로 현상을 설명하려 노력하지만, 결국 한계에 부딪치게 된다. 그러면서 기존 이론에 대한 의심이 연구자들 사이에서 생겨나고, 새로운 현상과 기존 이론의 괴리를 새로운 이론으로 극복하려는 시도가 이어진다.

그리하여 기존 이론의 확장이 아닌, 전복이 일어난다. 쿤의 표현대로라면 '패러다임 쉬프트paradigm shift'가 일어나는 것이다. 새로운 이론이 과학자 사회의 전반적 지지를 획득하게 되면 다시 과학의 발전은 정체된다. 이제 새로운 이론이 제 분야의 구석구석으로 흘러들어가 구체성을 획득하고, 현상에 대한 해석 과정에서 자신의 정당성을 누적적으로 확보하는 과정이 진행된다.

그리고 그 과정에서 다시 현상과의 마찰이 일어난다. 그러면 다시 새로운 이론이 나타나고 패러다임이 변하게 되는 과정이 진행된다는 것이 토마스 쿤의 주장이다. 쿤의 이러한 주장은 과학을 좀 한다는 사람이라면 다들 읽어보려 한다는 『과학혁명의 구조』라는 책으로도 많이 알려져 있다.

쟁점

1. 많은 과학자들이 과학기술은 점진적으로 발달한다고 믿었다.
2. 그러나 토머스 쿤은 저서 『과학혁명의 구조』에서 과학은 일정 기간 정체되었다가 패러다임이 바뀌면서 혁명적으로 변한다고 주장하고 있다.

논제

1. 과학의 발전은 점진적으로 일어나는지 혁명적으로 일어나는지 하나의 입장을 선택하고, 이에 대한 근거를 들어 주장하시오.
2. 패러다임 쉬프트의 예를 『과학혁명의 구조』 이외의 것으로 찾아보고, 그 근거를 제시하시오.

키워드

과학 발전 / 과학혁명의 구조 / 칼 포퍼 / 토마스 쿤 / 패러다임 쉬프트

용어사전

단속적 끊어졌다 이어졌다 하는 상태

찾아보기

Thomas Samuel Kuhn. (2013). 과학혁명의 구조. 김명자, 홍성욱(번역). 까치글방.

박재용. (2019). 웰컴 투 사이언스 월드. 개마고원.

김호기. (2016). "과학 발전은 '혁명적'으로 이뤄진다"…인류 지식체계에 충격파. 경향신문.

Jaeseung Mun. (2016). 과학혁명의 구조. 브런치 [웹사이트]. Retrieved from https://brunch.co.kr/@jaeseungmun#works

니케. (2007.04.29). 과학의 발전은 점진적인가 혁명적인가. 송알송알 논술방 [블로그]. Retrieved from https://blog.naver.com/songsks7/10016815696

칼 포퍼. 위키백과 [웹사이트]. Retrieved from https://bit.ly/35VlYdx

우주개발의 정당성

들여다보기

21세기에 접어들면서 우주개발이 활발해지고 있다. 미국은 물론 중국과 러시아, 유럽연합과 인도, 일본 등 여러 나라들이 우주개발에 뛰어들고 있다. 일론 머스크의 '스페이스X'나 제프 베조스의 '블루 오리진', 리처드 브랜슨의 '버진 갤럭틱' 등 민간 기업도 본격적으로 우주개발에 뛰어들고 있다.

우주개발을 하는 이유로는 우선 경제적 목표가 있다. 이미 70억이 넘어선 인류가 사용하는 자원은 점점 늘어나는 데 비해 지구가 가진 부존자원은 제한적이기 때문이다. 우주개발이 이뤄지면 이를 달이나 화성, 그리고 소행성 등에서 확보할 수 있다. 자원 확보뿐만 아니라 우주 공간의 정지궤도에 태양광 발전판을 설치하면 지표면보다 10배의 효율을 올릴 수도 있고 초진공과 무중력 상태를 이용한 새로운 물질의 개발도 가능하다.

우주개발의 두 번째 목표는 우주의 군사화다. 기존 협약에 따르면 지상으로부터 100km까지의 대기권은 각국의 공역에 속하지만, 그 위는 누구나 오갈 수 있는 자유로운 공간이다. 이 공간을 통해 첩보위성이 다른 나라의 상세한 정보를 파악하고 있는 것은 현재도 이루어지고 있는 일이다. 우주선을 발사시키는 로켓기술은 대륙간 탄도 미사일에도 그대로 적용되고 있다. 이에 더해 인공위성에서 레이저 무기를 통해 대륙간 탄도 미사일을 요격하는 시스템을 구축할 수도 있다. 우주로의 진출이 활발해지면 더 다양한 군사적 이용이 가능해진다.

1957년 스푸트니크 1호의 발사로부터 시작된 우주에 대한 열망은 현대에 와서 더욱 다양한 방향으로 분화하고 있다.

우주개발의 세 번째 목표는 인류의 이주다. 세계 인구의 폭발적 증가로 지구는 이미 포화 상태며, 지구온난화 등으로 다양한 재난 또한 닥칠 수 있으니 화성 등 우주의 다른 공간에 새로운 주거지를 찾자는 것이다.

그러나 이러한 우주개발에 우려를 표명하는 목소리도 있다. 우주개발 자체에 들어가는 천문학적 금액이면 지구 환경을 개선하거나 인류 복지를 위해 사용할 때 더 긍정적인 효과를 기대할 수 있다는 것이다. 또 우주개발에 들어가는 비용에 비해 인류가 얻는 편익이 너무 적다는 지적도 있다. 더불어 '지구가 아닌 다른 곳에 대해 지구인이 권리를 가질 수 있는가'라는 근본적인 질문 또한 대두되고 있다.

쟁점

1. 우주개발을 찬성하는 입장은 우주개발이 인류에게 꿈을 심어주고, 우주의 자원을 개발할 수 있게 하며, 환경 변화로 지구에 살기가 어려워질 경우 이를 대비하게 해 준다고 주장한다.
2. 우주개발을 반대하는 입장에서는 우주개발에 천문학적 비용이 든다는 점, 대형 사고가 발생할 경우 비행사의 생존율이 매우 낮으며, 우주개발이 생각보다 비효율적이라는 점을 든다.
3. 우주개발의 주요한 동력 중 하나는 무기의 개발이다.

논제

1. 우주개발이 인간에게 필요한 일인지에 대한 찬반 입장을 정하고, 그 근거를 제시하시오.
2. 우주개발에서 우선적으로 해야 할 일들을 과학적 근거를 들어 주장하시오.
3. 우주를 무대로 한 무기 경쟁에 대한 입장을 밝히고, 그 근거를 제시하시오.

키워드

우주개발 / 우주 인류의 미래 / 우주자원개발

용어사전

부존자원 한 국가가 가지고 있는 자연, 노동, 자본을 총칭하는 말

정지궤도 인공위성의 주기가 지구의 자전주기와 같아서 지구상에서 보았을 때 항상 정지하고 있는 것처럼 보이는 궤도로 통신위성·방송위성·기상위성 등의 궤도로 많이 이용되고 있다

찾아보기

김병희. (2013.09.02). "우주개발은 인류의 지속적 생존 위해 필요". 사이언스타임즈.

박병률. (2018.11.19). 천문학적 돈 드는 우주개발 '하얀 코끼리'. 주간경향.

우종학. (2012.11.27). 우주개발 피할 수 없는 인류의 미래. 매일경제.

정부교. (2013.10.02). 우주의 군사화, 그 시작. 대학원신문.

미국 우주 전문가들, 우주개발 비용의 효율성에 의문 제기. (2003.10.18). VOA.

외계 지적생명체

들여다보기

만약 지구의 밖에 인간과 교신할 수 있는 지적생명체가 있다면 그 확률은 얼마나 될 것인가를 수학적으로 정리한 것을 드레이크 방정식이라고 한다. 드레이크 방정식은 1960년대 프랭크 드레이크 박사가 최초로 고안했다.

방정식은 다음과 같으며, 방정식의 각 항은 다음을 의미한다.

$N = R^* \times f_p \times n_e \times f_l \times f_i \times f_c \times L$

N 우리은하 내에 존재하는 교신 가능한 문명의 수
R^* 우리은하 안에서 1년 동안 탄생하는 항성의 수
f_p 이들 항성들이 행성을 가지고 있을 확률
n_e 항성에 속한 행성들 중에서 생명체가 살 수 있는 행성의 수
f_l 조건을 갖춘 행성에서 실제 생명체가 탄생할 확률
f_i 탄생한 생명체가 지적 문명체로 진화할 확률
f_c 지적 문명체가 다른 별에 자신의 존재를 알릴 통신 기술을 가지고 있을 확률
L 통신 기술을 가지고 있는 지적 문명체가 존속할 수 있는 기간

처음 드레이크 방정식이 제안되었을 때는 이 중 대부분이 해답이 없다 보니 개인마다 상당히 다양한 값을 내놓았다.

드레이크 방정식이 외계의 지적생명체 존재 가능성을 추측하는 방정식이라면, 실제로 외계의 지적생명체와 직접 교신을 시도하는 프로젝트도 있다. 외계지적생명체탐사Seach for Extra-Terrestrial Intelligence, SETI 프로젝트가 바로 그것으로, 외계 행성으로부터 오는 전자기파를 찾거나, 반대로 전자기파를 보내어 외계 생물을 찾는 것을 목표로 한다. 처음에는 미국 정부의 후원을 받는 프로젝트였으나 별다른 성과가 없자 이제는 인터넷에 연결된 컴퓨터를 이용해 탐사를 하는 민간 프로젝트로 운영되고 있다.

외계지적생명체탐사 프로젝트는 우리은하 내에 지적생명체가 존재한다는 것을 전제로 삼고 우리은하만을 대상으로 탐사한다. 우리은하 밖의 생명체와는 물리적 거리가 너무 멀어서 상호작용을 할 가능성이 거의 없으며, 전자기파를 보내거나 받더라도 그 강도가 아주 약해 파악하기 힘들 것이기 때문이다.

그런데 사실 지적생명체와 직접 만나는 것이 아니라 통신을 통해 상호 확인을 한다는 것은 오히려 실제로 인간이 외계 지적생명체와 직접 접촉할 가능성이 대단히 낮다는 것을 의미한다. 태양계에서 가장 가까운 항성도 무려 4광년 거리에 있다. 따라서 이보다 훨씬 더 먼 곳에 지적생명체가 존재한다면, 이들이 실제로 지구를 찾아올 가능성은 0에 가깝다고 할 수 있다.

쟁점

1. 외계인의 존재 가능성에 대한 다양한 의견이 존재한다. 이와 별개로 외계인을 만날 가능성에 대한 논란도 함께 존재한다.
2. 외계에서 온 인공 전파를 찾아내려는 외계지적생명체탐사 프로그램이 민간에서 진행되고 있지만, 별다른 성과가 없는 실정이다.
3. 외계인을 찾는 노력에 대한 낭비 및 접촉했을 때의 위험성 등 이에 대한 비판 역시 존재한다.

논제

1. 드레이크 방정식의 각 항에 구체적 숫자를 넣어 보고, 그 이유를 설명하시오.
2. 외계 생명 및 외계 지적생명체의 존재 가능성에 대해 논하시오.
3. 외계인을 찾는 노력에 대한 장단점을 논하고, 찬반 입장을 선택하여 그 근거를 주장하시오.

키워드

외계 지적생명체 / 외계지적생명체탐사 / SETI

용어사전

우리은하 수많은 별들의 집단을 '은하'라고 하며, 태양계가 속해 있는 은하를 '우리은하'라고 한다

항성 융합 반응을 통해 스스로 빛을 내는 고온의 천체로 대표적으로 태양이 있다

행성 항성 주위를 도는 스스로 빛을 내지 못하는 천체의 한 부류로, 질량이 충분하여 구형을 유지해야 하고 다른 행성의 위성이 아니어야 하며, 궤도 주변의 다른 천체는 배제되어야 한다. 태양계 안에는 8개의 행성이 존재하고 태양계 밖에도 행성이 존재한다

찾아보기

박재용. (2019). 엑스맨은 왜 돌연변이가 되었을까?. 애플북스.

김은영. (2017.07.28). "외계인? 99.9% 있지만 못 만나". 사이언스타임즈.

외계의 지적생명탐사. 위키백과 [웹사이트]. Retrieved from https://bit.ly/2TxlQOZ

개인 인공위성

들여다보기

2013년 미디어아티스트인 송호준 씨가 개인으로는 세계 최초로 인공위성을 쏘아 올려 화제가 되었다. 그는 대전의 우주항공전문기업에서 2개월 인턴을 했던 경험을 살려 직접 인공위성을 제작했다.

1999년 미국의 스탠퍼드대학과 캘리포니아 폴리테크닉주립대학에서는 초소형 인공위성 큐브셋CubeSat이 처음 개발됐다. 큐브셋은 손으로 간단히 들 수 있을 정도로 작은 위성을 말한다. 기존 위성의 경우 제작과 발사에 몇천억 원의 비용이 드는 데 비해, 큐브셋은 제작비와 발사비가 각각 1억에서 3억 원 사이로 비교적 저렴하다.

연구용으로 시작되었던 큐브셋은 이제 상업용 위성 시장을 넘보고 있다. 상업용 큐브셋 분야에서는 미국의 플래닛랩스라는 기업이 두각을 나타내고 있는데, 최신 큐브셋은 그 크기가 가로세로 10cm, 높이는 30cm에 불과하다. 이들은 큐브셋 141개를 지구 저궤도에 띄워 지구 전 지역을 매일 촬영하는데, 이 소형 위성이 하루에 약 120만 개의 이미지를 생성한다. 이 영상은 국방, 기상 관측, 자연 재해 등 다양한 분야에 활용되고 있다.

미국의 항공우주사 스페이스워크스는 현재 운용 중인 소형 및 초소형 위성 중 상업용 비중은 약 56%이지만 2022년 경에는 전체의 70% 이상을 차지할 것으로 전망하고 있다. 미국의 벤처기업 스파이어는 60여 개의 큐브셋으로 전 세계 바다의 7만 5,000천 척 선박을 실시간으로 추적하고 있다. 일론 머스크의 스페이스X는 2020년까

큐브셋은 한 손에 들 수 있을 정도로 그 크기가 작은 편이다.

지 4,400개의 통신 중계용 위성을 띄워 전 세계를 인터넷으로 연결하는 프로젝트를 추진 중이다.

우리나라에서도 한국항공우주연구원이 큐브셋을 개발했으며 연세대와 경희대 학생들이 큐브셋 벤처회사인 나라스페이스테크놀로지를 설립하기도 했다.

현재 미 항공우주국에서는 손톱만한 크기의 위성을 개발하고 있다. 그리고 2020년에는 1kg의 위성을 우주로 쏘아 올리는 데 필요한 비용을 951달러, 한화로 약 100만 원 조금 넘는 금액으로 낮출 것이라 한다. 그리고 2040년까지 이를 다시 10만 원이 되지 않는 수준으로 낮출 계획이다. 이렇게 되면 개인이 수십만 원 정도의 비용으로 인공위성을 만들고, 이를 우주로 보내 운영할 수 있게 된다.

쟁점

1. 큐브셋이라는 초소형 크기의 인공위성이 개발되어 기존 위성에 비해 대단히 적은 비용으로 인공위성을 쏘아 올릴 수 있게 되었다.
2. 우리나라에서도 오픈소스를 통해 2013년 개인 인공위성을 쏘아올렸다.
3. 기술이 발달하면 지금보다 더 작은 크기의 인공위성을 수십만 원 정도의 비용으로 우주로 보내 운영할 수 있을 것이다.

논제

1. 개인이 인공위성을 우주로 보낼 수 있게 된다면 가장 잘 활용할 수 있는 영역은 어디일지 근거를 들어 제시하시오.
2. 개인이 인공위성을 쏘아 보낼 수 있게 된다면 발생할 수 있는 문제로는 어떤 것이 있을지 근거를 들어 제시하시오.

키워드

개인 인공위성 / 큐브셋 / 나라스페이스테크놀로지

찾아보기

김연희. (2013.09.16). 인공위성, 개인도 쏘아올릴 수 있다. 사이언스타임즈.

안병익. (2019.07.03). '100만원에 내 위성', 큐브셋 시대가 열린다. 포춘코리아.

최경일. (2018.02.28). 우주개발 2018년 연구 및 기술동향 전망. 한-EU 연구협력센터 [웹사이트]. Retrieved from https://bit.ly/2NvfCuS

큐브위성. 위키백과 [웹사이트]. Retrieved from https://bit.ly/2QWemmU

우주 태양광 발전

들여다보기

지상에서의 태양광 발전은 태양광이 대기에서 흡수되거나 반사되는 양만큼 줄어들기도 한다. 날씨에 따라서도 발전량이 일정하지 않으며, 밤에는 불가능하다는 단점이 있다. 낮에도 태양의 고도에 따라 발전량에 변화가 있다는 문제가 존재한다.

그런데 태양광 발전이 우주로 나가면 지상에서의 날씨 변화나 낮과 밤의 변화, 그리고 대기에서의 흡수나 반사와 같은 변화에 상관없이 일정한 수준의 태양광 발전이 가능하다. 이론적으로 지구 주변 궤도에서 얻을 수 있는 태양빛의 강도는 지구 표면 최대 강도의 144%이다. 더구나 지표면에서는 하루 중 평균 29%만 에너지를 얻을 수 있는 데 비해, 궤도상에서는 24시간 에너지를 얻는 것이 가능하다.

그러나 우주에서 태양광 발전을 하게 되면 전기에너지를 어떻게 지상에 보낼지에 대한 문제가 있다. 과학자들은 이를 대기 투과율이 높은 파장의 전자기파를 통해 지상으로 전달할 수 있다고 주장한다. 일본 우주항공연구개발기구는 2020년까지 10~100MW급, 2030년까지 1GW급의 태양광 발전위성을 우주에 올리겠다고 밝혔다. 이는 원자력 발전소 1기와 맞먹는 발전용량이다.

우주 태양광 발전을 위해서는 일단 우주에 태양광을 모으는 태양광 전지판이 있어야 한다. 지구에서처럼 중력의 영향은 크게 받지 않지만, 대신 유성진이나 플레어 같은 우주 특유의 위험요소에 대한 대처가 필요하다.

또 생산한 전력을 지구로 전달할 수단이 필요하다. 현재 과학자들은 이를 마이크로파 전송으로 해결하려 하고 있다. 마지막으로 지구에서 전력을 수신하는 장치가 있어야 한다. 이 부분의 경우 기존의 연구 결과에 따르면 커다란 기술적 문제는 없는 것으로 밝혀졌다.

우주 태양광 발전의 가장 큰 난제는 초기 비용이다. 개념적으로 가상 설계한 한국형 우주 태양광 발전위성의 경우 1GW급 발전을 위해 폭 1km에 길이가 4.2km인 태양광 패널이 필요한데, 총 무게가 6,000톤 이상이다. 이를 한 번에 쏘아 올릴 수 없기 때문에 수십 차례에 걸쳐 쏘아올린 뒤 우주에서 다시 조립을 해야 한다. 현재 정지궤도에 5톤의 인공위성을 올리는 데 1~2억 달러가 필요한 것을 생각하면 2,000억 달러(약 2조 4천억 원)에 해당하는 비용이 든다는 뜻이다.

그러나 현재 인공위성 발사체를 두세 차례에 걸쳐 재활용하는 방법으로 기존에 비해 1/10로 비용을 줄이는 것이 가능해지고 있다. 더구나 발사 수요가 늘어 대량 생산 체제가 갖추어지면 현재의 1/20로도 줄어들 수 있을 것으로 보인다. 원자력 발전소 건설 비용보다 훨씬 싼 가격에 설치가 가능해지는 것이다.

쟁점

1. 우주 태양광 발전은 지상 태양광 발전에 비해 훨씬 효율적이고 안정적이다.
2. 태양광 발전 장치를 우주궤도로 쏘아 올리는 등의 과정으로 인해 우주 태양광 발전에는 많은 비용이 든다.
3. 우주에서 생산된 전기에너지는 마이크로파를 통해 지상으로 보낼 수 있다.

논제

1. 우주 태양광 발전을 추진하는 과정에서 발생할 수 있는 문제점을 파악하고, 이에 대한 해결 방안을 제시하시오.
2. 우주 태양광 발전을 추진하는 과정에서 추가로 얻을 수 있는 이익에는 어떤 것이 있으며, 이를 극대화하기 위해서는 어떠한 조치가 필요할지 제시하시오.

키워드

우주 태양광 발전 / 마이크로파 송전 / 발사체 비용

용어사전

대기 투과율 전자파 에너지가 대기를 통과하는 비율. 보통 대기의 질량이나 수분 또는 먼지 함유율에 따라 달라지며, 입사광에 대한 투과광의 비로 계산한다

유성진 우주에서 지상으로 내리는 작은 우주의 먼지로 대부분 대기에서 증발, 기화하지만 일부는 고체로 떨어진다

플레어 태양의 채층이나 코로나 하층부에서 돌발적으로 다량의 에너지를 방출하는 현상

마이크로파 주파수가 약 10^9Hz~$3*10^{11}$Hz인 범주의 전자기파

찾아보기

김창훈. (2017.10.06). “원전 제로, 무한 에너지 ‘우주 태양광 발전’이 답인데…”. 한국일보.

조승한. (2019.02.15). "우주에서 전기 만들자" 우주 태양광 연구에 세계가 뛰어든다. 동아사이언스.

우주 엘리베이터

들여다보기

우주 엘리베이터는 우주로 사람과 물자를 운송하기 위해 지표면에서 지구의 정지궤도까지 뻗어 있는 거대 엘리베이터 구조물을 말한다. 지표면에서 정지궤도까지의 엘리베이터와 이로부터 이어지는 정지궤도상의 구형 구조물, 그리고 인력의 균형을 맞춰줄 무게추로 구성된 우주 엘리베이터는 아직은 구상 단계에 있으며 실제 설치로 이어지기 위해서는 많은 기술적 문제를 해결해야 한다.

우주 엘리베이터의 장점은 기존 로켓 방식에 비해 훨씬 효율적인 물자 이동이 가능하다는 점이다. 로켓의 경우 연료의 연소로 발생하는 에너지 중 대부분이 가스의 운동에너지로 변환되기 때문에 정작 로켓 자체를 밀어내는 데 쓰이는 부분은 아주 적다. 또 로켓 자체의 무게 중 많은 부분이 발사체와 연료이므로 실제 우주 공간에서 필요한 인공위성 등에 전달되는 에너지는 그중에서도 아주 작다. 그러나 우주 엘리베이터는 외부로부터 밀폐된 공간에서 물자를 실어 나르므로 로켓에 비해 아주 효율적인 운송 수단이 될 수 있다.

일본우주항공연구개발기구는 2018년 초소형 큐브셋 위성을 통해 길이 10m의 강철 케이블 위에서 우주 엘리베이터 첫 예비실험을 했다. 또 일본의 건설업체 오바야시구미는 2050년까지 우주 엘리베이터를 공급할 것이라는 구상을 2014년에 발표한 바 있다. 이들이 추정한 총 건설비용은 90억 달러다.

하지만 우주 엘리베이터가 아직 실용화되지 못하고 있는 이유는 먼저 엘리베이터

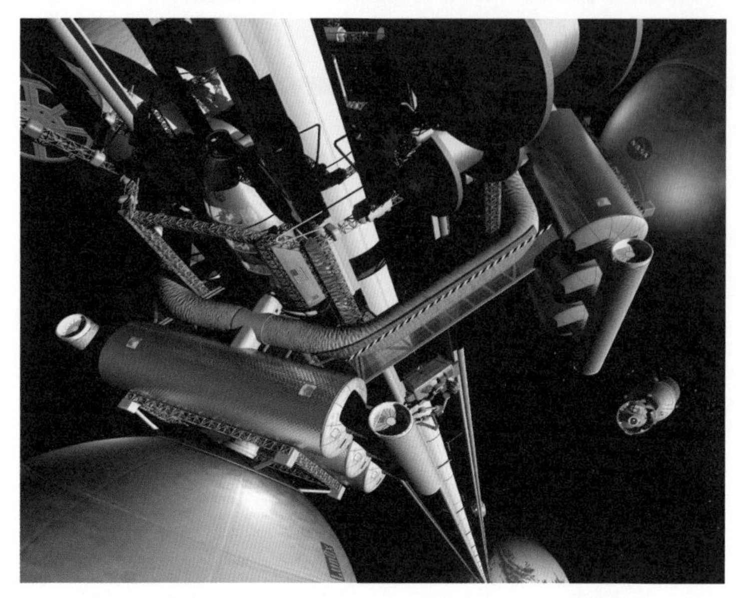

우주 엘리베이터의 개념 자체는 2000년대 초반부터 거론되고 있었다. 2000년에 나사에서 발표한 우주 엘리베이터의 컨셉 아트.

의 케이블 재료가 개발되지 못했기 때문이다. 현재 가장 가능성 있는 것으로는 탄소나노튜브가 있다. 탄소나노튜브는 가볍고 강도가 높아 이론적으로는 케이블의 재료가 될 수 있다. 그러나 정지위성까지 약 3만 6,000km 길이의 케이블을 건설해야 하는데 이를 어떻게 가능케 할지에 대해서는 연구가 더욱 진척되어야 한다.

안전 문제도 있다. 만약 우주 엘리베이터에 사고가 생겨 추락하게 되면 지상에서 대규모 참사가 일어날 수도 있다. 이런 점 때문에 우주 엘리베이터를 바다 한 가운데 세우자는 주장도 있다.

작용-반작용의 원리 문제 역시 존재한다. 우주 엘리베이터가 지상의 물체를 끌어올리게 되면 반대로 우주 엘리베이터는 지상의 물체에 의해 끌어 내리는 힘을 받게 된다. 따라서 이를 극복하기 위해 아주 무거운 무게추를 엘리베이터의 궤도 바깥에 위치하게 하려는 구상이 있다. 그러나 이런 경우 아주 무거운 물체를 우주 공간으로 쏘아 올리는 것 자체가 다시 문제가 된다. 이에 대한 대안으로 지구와 가까운 곳의 소행성을 이용하자는 제안이 있기도 하다.

쟁점

1. 우주 엘리베이터는 지구와 우주 사이 물자·사람의 이동 경비를 낮추고 접근성을 강화할 수 있다.
2. 우주 엘리베이터 케이블 소재로는 탄소나노튜브가 유력하나 아직 실험을 통해 확인된 바는 없다.
3. 우주 엘리베이터가 실제 설치된다면 안전 문제의 해결이 가장 중요하다.
4. 작용-반작용의 문제를 해결하기 위해 지구와 가까운 소행성을 이용하자는 제안도 있다.

논제

1. 우주 엘리베이터의 케이블이 왜 정지 인공위성 궤도에 설치되어야 하는지를 분석하고 이를 더 효율적으로 설계할 대안을 제시하시오.
2. 만약 지구 근처의 소행성을 균형추로 쓴다면 이를 어떻게 우리가 원하는 궤도로 유도하고 안정적으로 궤도를 유지할 수 있을지 제안하시오.
3. 우주 엘리베이터의 장단점을 분석하고, 우주 엘리베이터의 상용화가 불가능하다면 이를 대신할 대안을 제시하시오.

키워드

우주 엘리베이터 / 궤도 엘리베이터 / 탄소나노튜브 / 소행성 포획

용어사전

탄소나노튜브 탄소 6개로 이루어진 육각형들이 서로 연결되어 관 모양을 이루는 원통(튜브) 형태의 신소재로, 튜브의 직경이 나노미터 수준으로 극히 작은 영역의 물질

찾아보기

곽노필. (2018.09.29). '3만 6천km 우주엘리베이터' 첫 예비실험. 한겨레.

Markus Landgra. (2013.03.29). An Elevator to Space. TEDx Talks [동영상]. Retrieved from https://www.youtube.com/watch?v=f8CpnKBnPC0

우주로 가는 엘리베이터. (2015.09.14). YTN 사이언스 [동영상]. Retrieved from https://bit.ly/2snTvzc

마인드 업로딩

들여다보기

인간의 정신을 업로드하여 컴퓨터와 인터넷에 영원히 살게 하는 것이 과연 가능할까? 결론부터 말하자면 '거의' 불가능에 가깝다. 인간의 정신을 컴퓨터로 옮기는 것을 보통 마인드 업로딩Mind Uploading이라 하는데 이는 단순히 인간의 기억을 옮기는 것만을 뜻하지 않는다. 인간의 기억을 옮기는 일 역시 쉬운 일은 아니지만, 마인드 업로딩은 사고방식과 습관, 인지 능력, 지능 등을 모두 옮기는 것을 포함한다.

마인드 업로딩이 거의 불가능한 첫 번째 이유는 우리 뇌의 구조 때문이다. 뇌는 약 1,000억 개의 뇌신경으로 이루어져 있다. 일부 연구자들은 850억 개밖에 되지 않는다고도 하지만 그렇다 하더라도 어마어마한 숫자다. 하지만 더 엄청난 것은 이들 사이의 관계다. 신경세포는 혼자서는 아무 일도 할 수 없기 때문이다. 서로간의 연결을 통해 기억을 하고, 감각을 전달하고, 명령을 내린다.

이를 위해 신경세포에는 다른 신경세포로부터 정보를 받아들이는 수상돌기와 다른 신경세포로 정보를 전달하는 축색돌기가 존재한다. 그런데 신경세포 하나에 존재하는 수상돌기와 축색돌기의 수가 무려 1만여 개에 달한다. 1천억 개의 신경세포가 각각 수천에서 1만에 이르는 연결을 이루고 있는 것이다. 대부분의 전문가들은 약 820조 개의 연결 지점이 있다고 이야기한다. 인간게놈프로젝트에서 인간의 유전자를 분석하는 데 13년이 걸렸다, 이 때 분석한 염기쌍이 총 30억 개였는데 이에 비해 신경세포들의 연결 지점은 단순 숫자로만 비교해도 20만 배가 넘는 숫자다. 이를 데이터로 환산하면 몇백만 기가바이트가 된다. 몇백 기가바이트 정도 되는 하드디스크 1만 개가 필요한 양이다.

또 하나 중요한 점은 이 연결 지점들이 사람마다 다르다는 것이다. 신경세포 간의 연결은 엄마 뱃속의 태아시절에만 만들어지는 것이 아니다. 태어나서 자라는 동안 배우고 학습한 내용과 기억, 오래된 습관 등이 이런 연결에 영향을 끼친다. 일란성 쌍둥이가 겉모습은 같지만 성격이나 습관이 다른 것은 바로 이들이 자라면서 겪은 여러 가지 환경과 기억, 그리고 학습 등이 다르기 때문인데, 이들의 뇌를 비교해 보아도 신경세포 사이의 연결이 서로 다른 것을 확인할 수 있다. 따라서 우리의 정신을 컴퓨터에 옮기려면 이들 연결이 어떤 것인지에 대해 알아야 한다. 820조 개가 어떻게 연결되어 있는가만 파악해서 되는 것이 아니라, 그 연결들이 어떤 의미인지까지 파악해야 하는 것이다.

설령 뇌의 정보를 전부 업로드하는 데에 성공한다고 하더라도, 육체의 한계를 완전히 벗어날 수 있는 것은 아니다. 우리의 뇌는 감각기관과 운동기관의 조율에 굉장히 많은 영역이 배당되어 있다. 이 부분을 잘라내고 기억과 생각만 옮긴다면 그것이 온전히 혹은 제대로 작용할지에 대한 의문이 생긴다. 가령 사고를 팔을 하나 잃은 사람의 경우 절단 수술이 끝난 뒤에도 자신에게 두 팔이 있다고 여기는 경우가 있다. 이성적으로는 팔이 사라졌음을 알고 있지만, 사라진 팔의 특정 부위가 간지럽기도 하고, 통증을 느끼기도 한다. 전신마비 환자의 경우도 신경을 통해 움직일 수 있다는 신호가 계속 확인된다. 내부의 장기 또한 정상적으로 움직인다. 만화나 영화에서처럼 머리가 몸에서 완전히 분리된 채로 생존한다는 것은 아직까지는 전혀 가능하지 않은 일이다.

마찬가지의 이유로 마인드 업로딩 역시 불가능해 보인다. 그런데 이것이 가능하다고 주장하는 사람들도 있다. 네덜란드 신경과학자 란달 쿠너는 인간의 두뇌 구조를 정교하게 매핑mapping하고 뇌 활동을 계산 가능한 형태로 변환한 뒤 코딩하면 이것이 컴퓨터 속에 존재할 수 있다고 주장한다. 카본카피즈라는 비영리단체도 이와 같은 방법을 모색 중에 있다.

쟁점

1. 뇌는 1천억 개의 신경세포로 이루어져 있다.
2. 이들 사이의 연결 지점 개수는 820조 개가량 된다.
3. 이 연결들이 어떤 의미를 가진 것인지까지 파악해야 마인드 업로딩이 가능할 것이다.
4. 뇌와 몸의 연결이 뇌에 어떠한 영향을 미치는지에 대해서도 파악해야 한다.
5. 그럼에도 기술이 발달한다면 마인드 업로딩이 가능할 것이라는 주장도 있다.

논제

1. 어떤 기술이 확보되면 마인드 업로딩이 가능할지와 이에 대한 근거를 제시하시오.
2. 만약 마인드 업로딩이 가능하다고 할 때 마인드 업로딩이 만들어 낼 윤리, 사회적 문제에 대해 파악하고, 해결방안을 제시하시오.
3. 마인드 업로딩이 하나의 컴퓨터로 이루어진다면 이 컴퓨터 역시 인격체로 보아야 할지에 대해 찬반 입장을 정하고, 그 근거를 제시하시오.

키워드

마인드 업로딩 / 뇌공학 / 뇌과학

찾아보기

박재용. (2019). 엑스맨은 왜 돌연변이가 되었을까?. 애플북스.

임창환. (2017). 바이오닉맨. MID.

정재승. (2016.10.01). 당신의 뇌를 컴퓨터에 '업로딩'할 수 있을까 한겨레.

스캡틱 협회 편집부. (2017). 한국 스켑틱 SKEPTIC, 7.

Robin Hanson. (2017). 뇌를 컴퓨터에 업로드하면 벌어지는 일. SeungGyu Min(번역). TED [동영상]. Retrieved from https://bit.ly/35RZTMR

트랜스휴먼, 바디 임플란트

들여다보기

몸안에 전자칩 같은 기계 장치를 삽입해 신체 기능을 업그레이드하려는 움직임이 늘어나고 있다. 영국의 엔지니어 원터 므라즈는 자신의 몸에 여러 개의 전자칩을 삽입했다. 왼손에는 집 열쇠 기능을 하는 RFID칩을 삽입했는데 덕분에 열쇠를 휴대하지 않아도 되고 분실할 우려도 없다. 오른손에는 혈액형과 각종 의료정보, 명함정보 등을 담은 NFC칩이 있다. 삽입된 칩은 스마트폰과 태블릿의 NFC칩과 같은 기능을 가지고 있어 정보 교환이나 결제용으로도 사용할 수 있다. 또 그는 몸에 2개의 LED 임플란트를 심어 자성을 가진 물질이 피부 위를 스칠 때마다 점등되어 깜빡거린다. 트랜스휴먼 시술을 받은 이들은 이 시술이 자신들을 업그레이드 시킬 자연스러운 시도라 생각한다.

이러한 시도는 앞으로 더욱 강화된 형태로 나타날 것이다. 테슬라와 스페이스X의 CEO 일론 머스크는 뉴럴링크라는 기업을 설립해 인간의 뇌와 인공지능을 결합한 형태인 뉴럴 레이스를 연구 중이다. 한 마디로 뇌에 칩을 심어 컴퓨터와 연동하는 '뇌 임플란트' 기술이다. 우리나라의 국회미래연구원은 2050년 인간의 뇌로 로봇을 조종하는 뇌-컴퓨터 접속 기술이 현실화될 것으로 예측하고 있다. 실제로 2012년 미국 피츠버그대학의 앤드루 슈워츠 신경생물학 교수는 인간의 뇌에 조그만 칩을 넣어 로봇의 팔을 움직이는 데 성공했다.

트랜스휴먼은 이처럼 인간이 스스로 더 확장된 능력을 갖춘 존재로 자신을 변형시

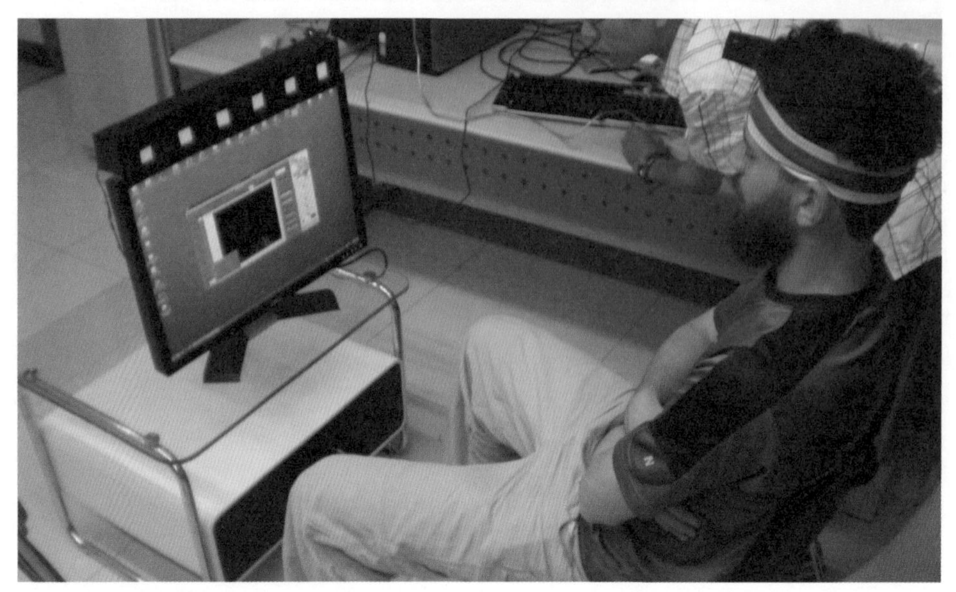

뉴럴링크에서 연구 중인 뇌 컴퓨터 접속 기술은 이미 어느 정도 발전을 거듭해 뇌파만으로 마우스 커서를 움직이거나, 몸에 연결된 기계(바디 임플란트)를 움직이는 데 성공한 바 있다.

키는 것을 의미한다. 1998년 철학자 닉 보스트롬과 데이비드 피어스는 세계 트랜스휴머니스트 연합을 설립했는데 이들 단체에 따르면 트랜스휴머니즘이란 두 가지로 정의된다.

1. 노화 제거 및 지능, 육체, 정신을 강화시키기 위한 기술을 개발하고, 이성의 응용을 통해 인간 조건 개선의 가능성과 정당성을 지지하는 지적 문화적 운동

2. 인간의 근본적 한계를 극복하기 위한 기술의 잠재적 위험과 영향을 연구하고, 이러한 기술의 개발 및 사용과 관련한 윤리적 문제를 연구하는 활동

이에 대해 프랜시스 후쿠야마는 트랜스휴머니즘이 세계에서 가장 위험한 사상이라고 논평했고, 반면 로널드 배일리는 트랜스휴머니즘을 인류의 대담하고 용감하고 기발한, 이상적 열망이 담긴 운동이라고 반박했다.

한편 국회미래연구원은 미래 사회의 가장 큰 위협 요소로 통제를 벗어난 과학기술과 극단적으로 불평등해진 신계급사회를 들었다.

쟁점

1. 사람의 몸안에 전자칩 등을 심어 능력을 확장하는 트랜스휴먼이 등장했다.
2. 머지않은 미래에 인간의 뇌와 컴퓨터를 연결하는, 보다 확장된 트랜스휴먼이 나타날 것이다.
3. 이러한 트랜스휴머니즘에 대한 반대와 찬성 입장이 심각하게 대립하고 있다.
4. 트랜스휴머니즘이 본격화되면 기술이 사회 통제를 벗어나거나 불평등이 야기될 수 있다.

논제

1. 인간의 몸에 전자 장치를 심고 인터넷과 연결하는 트랜스휴먼에 대해 찬반 입장을 밝히고, 그 근거를 제시하시오.
2. 트랜스휴먼 시대가 되면 기술이 사회의 통제를 벗어난다는 주장에 대해 찬반 입장을 밝히고, 그 근거를 제시하시오.
3. 트랜스휴먼 시대가 되면 불평등이 극단적으로 심해질 것이라는 주장에 대해 찬반 입장을 밝히고, 그 근거를 제시하시오.
4. 기술이 사회의 통제를 벗어날 수 있다고 가정하고, 이에 대한 대안을 제시하시오.

키워드

트랜스휴머니즘 / 바디 임플란트 / 뇌 임플란트 / 트랜스휴먼

용어사전

RFID 반도체 칩이 내장된 태그, 라벨, 카드 등의 저장된 데이터를 무선주파수를 이용하여 비접촉으로 읽어내는 인식시스템

NFC 10cm 이내의 거리에서 무선 데이터를 주고받는 통신 기술

찾아보기

구본권. (2019.10.10). 전자칩 이식한 '트랜스휴먼' 늘어난다. 한겨레.

최연구. 트랜스휴먼 시대의 인간과 인간 정체성. 교육부 행복한교육 [웹사이트]. Retrieved from https://bit.ly/30l78fe

해

들여다보기

인구가 점점 늘어나고 과학과 산업이 발전함에 따라 지구의 자원 중 그 고갈 정도가 심각한 물질들이 늘어나고 있다. 이를 해결하기 위한 방안으로 많은 나라와 기업들이 지구 밖으로 눈을 돌리고 있다.

태양계에 존재하는 소행성은 약 50만 개에 달하며 이들 소행성에는 지구 표면보다 희귀 광물이 많을 것으로 추정되고 있다. 지구는 초기 형성 과정에서 '마그마의 바다'라는 과정을 거쳤다. 지구 전체가 고온으로 액화된 상태였던 것이다. 그 과정에서 무거운 광물들이 중심부로 가라앉아 지구 표면에는 무거운 광물들이 아주 낮은 비율로 존재한다. 이에 비해 소행성은 '마그마의 바다' 과정을 거치지 않았기 때문에 행성 표면에도 지구보다 훨씬 높은 비율의 무거운 광물들이 존재할 것으로 추정된다. 가장 주목을 받는 광물은 백금 계열의 금속이다.

중국은 소행성의 주요 광물을 캐기 위해 2020년 탐사 우주선을 발사할 것을 고려하고 있다고 한다. 우주선을 소행성에 밀착시킨 뒤 여러 개의 로켓 추진 장치를 이용해 소행성을 달 궤도로 옮기는 것이다. 아직 광물 채취 기술이 개발되기 전이기 때문에 달과 같은 지구 인접 궤도에서 지구를 안정적으로 공전하도록 만든 뒤 필요한 광물을 채취하겠다는 구상이다.

미국 또한 2021년과 2023년에 소행성 탐사 우주선을 발사할 예정에 있다. 미국의 민간 우주개발업체인 딥 스페이스 인더스트리스는 룩셈부르크 정부와 손을 잡고

소행성광산업은 인류의 오랜 꿈이었다. 1977년 발표된 소행성광산업의 컨셉 아트.

2019년에서 2023년 사이 '프로스펙터1'이라는 우주선을 쏘아 올려 지구 가까이의 소행성과 랑데부를 시킬 예정이라고 발표했다. 그리고 미국의 또 다른 민간기업인 플래니터리 리소시스의 설립 목적 역시 미네랄과 물이 풍부한 소행성에 우주선을 보내 희토류 광물과 백금 등을 채취하는 것이다.

그러나 이런 움직임은 1967년에 제정된 UN 우주조약과 상충되는 측면이 있다. 이 조약에 따르면 지구 밖에서 획득하는 자원은 인류의 공동 유산으로 간주하여 상업적 이용을 제한해야 한다. 따라서 개별 기업이나 국가가 앞선 자본력과 기술력으로 우주의 자원을 독점하는 것은 문제가 있을 수밖에 없다는 것이다. 비슷한 예로 남극은 어떠한 국가도 자원 채취를 할 수 없고, 이를 영토로 선언하지 못하도록 남극조약을 맺고 있다.

마틴 엘비스 미국 하버드-스미소니언 천체물리학센터 연구원은 논문을 통해 태양계에 있는 행성과 달, 그리고 소행성 중 8분의 1만 채굴하거나 개발할 수 있도록 해야 한다고 주장하기도 했다.

쟁점

1. 인구의 증가와 산업 발전에 따라 지구의 자원이 점점 빠르게 고갈되고 있다.
2. 이에 인간에게 필요한 자원을 지구 외의 소행성에서 채취하려는 움직임이 나타나고 있다.
3. 한편에서는 우주가 인류 공통의 것이므로 개별 국가나 기업이 이를 독점하도록 허용할 수 없다는 주장이 제기되고 있다.

논제

1. 소행성 광물 개발을 위해서는 어떤 기술이 개발되어야 할지 제시하시오.
2. 소행성 광물 개발을 일부 국가나 기업이 먼저 시작하는 것에 대한 찬반 입장을 정하고, 그 이유를 제시하시오.
3. 인간이 소행성 개발을 하는 것의 정당성에 대해 찬반 입장을 정하고, 그 이유를 제시하시오.

키워드

소행성 개발 / 소행성 광물 / UN 우주조약

용어사전

랑데부 2개의 우주선이 같은 궤도로 우주공간에서 만나 서로 나란히 비행하는 것

찾아보기

Steven Kotler. (2018). 투모로우랜드. 임창환(번역). MID.

곽노필. (2016.08.11). 우주소행성에서 광물 캐러 나선다. 한겨레.

김민수. (2019.05.25). 우주를 향한 '골드러시' 과학자들 "태양계를 국립공원처럼". 동아사이언스.

최현석. (2017.05.12). 中,태양계 소행성서 '돈되는' 광물캔다…"2020년에 탐사우주선". 연합뉴스.

테라포밍

들여다보기

테라포밍은 지구 이외의 장소를 지구처럼 만든다는 뜻으로, 지구를 이르는 말인 'terra'에 만든다는 뜻인 'forming'을 붙여 만든 말이다.

현재의 테라포밍은 대부분 그 대상이 화성이다. 인류가 다른 곳으로 이주한다면 가장 가능성이 높은 곳이 화성이기 때문이다. 테라포밍은 이렇듯 대량 이주의 전제가 된다. 이때 테라포밍이 제대로 되지 않는다면 화성의 인류는 차폐된 건축물 안에서 주로 거주해야 한다. 그렇다면 테라포밍을 위해 먼저 해야 할 일들에는 어떤 것들이 있을까?

일단 화성은 지구에 비해 연평균기온이 낮고 기압도 낮다. 이 둘을 동시에 해결하기 위해 화성의 극지방에 얼어있는 극관을 녹여 이산화탄소와 수증기를 대기 중으로 보내는 것이 우선되어야 한다.

그 방안으로 영하 60도 정도의 극한 환경과 지구보다 아주 약한 빛으로도 광합성이 가능한 검은색의 조류나 세균을 제안하는 과학자들이 있다. 이들이 화성의 극지방에 안착하면 검은색이 빛을 흡수하여 극관의 일부를 녹일 수 있다. 극관이 녹으면서 이산화탄소가 대기 중으로 빠져나오면 온실효과로 화성의 기온이 더 올라간다. 그러면 극관의 나머지 부분도 녹아 대기압이 높아지고 기온이 상승할 수 있다는 것이다.

조금 더 빠르고 쉽지만 폭력적인 방법도 있다. 화성과 목성 사이의 소행성대에서 적당한 크기의 소행성을 골라 화성에 충돌시키는 것이다. 백악기 말 지구에 충돌한 소행성보다 조금 더 큰 행성이 화성과 충돌한다면 온도 상승효과가 꽤 될 것이다. 굳이 하나일 필요도 없다. 우리가 바라는 정도로 온도가 올라갈 때까지 몇 개고 충돌을 시킬 수도 있다. 소행성을 많이 충돌시키면 부가적으로 화성의 질량이 커지는 효과도 있다. 질량이 커지면 중력이 커질 것이고, 중력이 커지면 일단 대기를 잡아두는 힘이 커진다.

그러나 소행성을 마구잡이로 충돌시킬 순 없다. 화성의 질량을 크게 만드는 것은 반대로 지구에 위협이 될 수도 있기 때문이다. 지구는 가장 중요하게는 태양과 달의 중력에 영향을 받지만 그 외 가까운 금성과 화성의 중력에도 영향을 받는다. 만약 화성의 질량이 유의미하게 커지면 지구의 공전 궤도에도 교란이 일어날 수 있다.

일시적으로 기온이 높아지는 것 역시 완전한 해결책은 아니다. 사람이 화성에서 대기에 노출된 채 살기 위해서는 대기 밀도를 지구와 엇비슷한 정도로 만들어야 하는데 지금과 같은 방법으로 질소나 기타 공기를 공급할 수 있을까하는 의문이 존재한다. 결국 대기 밀도 문제가 해결되지 않는다면 화성의 사람들은 집밖으로 나갈 때마다 산소 공급장치와 여압장치가 딸린 옷을 입어야 한다.

해결되어야 할 또 다른 문제도 있다. 화성에는 행성자기장이 없다. 지구는 행성자기장이 있기 때문에 대기권 상층부에 밴 엘런대라는 전리층이 형성된다. 이 전리층이 지구로 날아오는 태양풍을 막아준다. 태양풍은 양성자, 전자, 헬륨의 원자핵 등으로 구성되어 있는데 자기장이 이들을 막아주지 않는다면 우리는 1년 365일 내내 원자폭탄이 옆에서 터지는 경험을 하게 된다. 물론 화성의 경우 태양까지의 거리가 지구보다 훨씬 멀기 때문에 그 양이 적기는 하겠지만, 그렇다고 안심할 수 있는 수준은 아니다. 만약 이 문제에 대한 대책이 없다면 화성 거주민은 방사선 차폐막이 둘러진 건물 안에서만 생활해야 한다.

이에 대해 테라포밍에 진지한 사람들은 인공자기장을 만들 수 있는 장치를 화성 궤도에 띄우는 것을 고민하고 있다. 또는 화성의 자전궤도를 올려 더 빠르게 돌게 하면 될 것이라는 주장도 있다.

쟁점

1. 화성의 테라포밍은 인류가 대량 이주를 할 수 있을 것인가에 대한 전제가 된다.

2. 화성의 테라포밍에 대한 첫 번째 이슈는 대기압의 상승과 평균기온의 상승이다.

3. 화성의 테라포밍에 대한 두 번째 이슈는 행성자기장을 형성하는 것이다.

4. 화성의 테라포밍은 거대한 기술적 난관을 해결해야 가능할 것이다.

논제

1. 화성의 테라포밍이 꼭 필요한 것인가에 대해 찬반 입장을 정하고, 그 이유를 제시하시오.

2. 화성의 기온을 지구와 비슷하게 만들 수 있는 방안을 제시하시오.

3. 화성에 행성자기장을 만들 수 있는 방안을 제시하고, 불가능하다면 그 대안을 제시하시오.

키워드

테라포밍 / 화성 테라포밍 / 행성자기장

용어사전

극관 화성의 극에서 얼음으로 덮여 하얗게 빛나 보이는 부분

여압 기압이 낮은 고도를 비행하는 항공기 따위에서, 꽉 막혀 기체가 통하지 않는 기내에 공기의 압력을 높여 지상에 가까운 기압 상태를 유지하는 일

행성자기장 행성 구성물질의 회전에 의해 생성되는 자기장

밴 앨런대 태양풍이 지구자기장에 들어오면서 2중의 도넛 모양으로 이온이 배치된 지역

찾아보기

박재용. (2019). 엑스맨은 왜 돌연변이가 되었을까?. 애플북스.

김준래. (2018.08.22). 화성을 지구처럼 바꿀 수 있을까. 사이언스타임즈.

허정원. (2018.07.31). '테라포밍' 화성의 지구화는 불가능...원인은 이산화탄소 부족. 중앙일보.

테라포밍. 위키백과 [웹사이트]. Retrieved from https://bit.ly/384RGGw

해피드럭

들여다보기

해피드럭happy drug은 애초에 우울증 치료제를 지칭하는 말이었다. 약을 복용하는 것만으로 기분이 좋아지고 우울증 증상이 사라진다는 의미에서다. 하지만 이후 해피드럭의 개념은 질환의 치료보다 탈모, 발기부전, 비만, 흡연 등 삶의 질과 관련한 다양한 증상을 개선해 주는 의약품을 지칭하는 말로 변했다.

해피드럭 중 시장규모가 가장 큰 것은 '발기부전 치료제'다. 그 다음으로 탈모 환자가 늘면서 '탈모 치료제'도 주목받고 있다. 탈모 치료제는 먹는 약과 바르는 약으로 구분되는데 현재 500억 원 규모를 뛰어 넘을 것으로 예측하고 있다. 또 국가적으로 금연을 촉구하는 정책이 활발해지면서 금연 치료제 역시 주목받고 있다.

이외에도 바르면 속눈썹이 자라는 약품도 있다. 원래 녹내장 치료제를 임상시험하다 그 부작용 중 하나로 속눈썹이 자란 것에 착안해 개발된 약품이다. 따라서 의사의 처방을 받아 사용해야 한다. 피임약 시장도 성장하고 있다. 세계적으로 피임약 시장은 연간 8.5%의 성장세를 보이고 있다. 월경전증후군 치료제도 꾸준한 성장을 보이고 있으며 특히 생약 성분 치료제가 각광을 받고 있다.

환자의 편의성을 개선한 약물도 일종의 해피드럭으로 취급된다. 골다공증 치료약은 원래 하루 2회 복용이었는데 지금은 월 1회, 연 1회 복용하는 치료제들이 잇달아 나왔다. 매일 먹는 불편함을 덜어준 것이다. 여기에 뼈를 생성하는 약물도 등장했다. 폐경 후 골다공증 환자가 1년에 한 번, 15분간 정맥 주사를 맞으면 3년 이상 모든 유형의 골절 발생률을 감소시킬 수 있다.

그러나 이들 약품 또한 다른 약들처럼 부작용을 유발한다. 약은 항상 잘 쓰면 득이 되지만 잘못 쓰면 독이 된다. 미국 식품의약국과 영국 건강제품통제국에 따르면 금연 치료제인 챔픽스에서 '자살에 대한 충동, 돌발 행동, 운전이나 기계 작동 시 졸음' 등의 증상이 발견되었다. 그 외에도 발기부전 치료제의 경우 심장마비 부작용이, 발모제의 경우 성욕 감퇴나 발기부전 부작용이 나타나기도 했다. 비만 치료제의 경우에도 일부 부작용이 나타나고 있다.

고령화 사회로 진입하면서 노화와 관련된 질병을 예방, 치료하는 동시에 마음의 상태도 조절해주는 각종 해피드럭이 계속 개발될 전망이다. 특히 뇌과학의 발달과 인간 유전학의 발달은 이러한 약물 개발을 더욱 촉진할 것으로 예측된다. 하지만 해피드럭도 또 다른 차별문제를 야기할 수 있다. 해피드럭을 구매하고 복용하는 데 상당한 비용이 들어가기 때문이다. 또한 이를 해결하기 위해 정부가 의료보험 혜택을 주어야 하는가에 대해서도 찬반이 엇갈리고 있다.

쟁점

1. 인류의 평균 수명이 길어짐에 따라 삶의 질을 높여주는 해피드럭이 주목받고 있다.
2. 비싼 가격에 의해 해피드럭 또한 빈부격차를 심화시키는 요인이 될 수 있다는 주장도 있다.
3. 해피드럭 자체의 부작용에 대한 우려도 있다.

논제

1. 해피드럭이 어느 범위까지 허용되어야 하는지에 대한 경계를 정하고, 그 이유를 설명하시오.
2. 해피드럭에 의해 발생하는 빈부격차 문제에는 무엇이 있을지 살펴보고, 이에 대한 해결책을 제시하시오.

키워드

해피드럭 / 발기부전 / 탈모 / 우울증 / 노화 방지 / 고령화 사회

용어사전

우울증 기분장애의 일종이며, 우울한 기분, 의욕·관심·정신 활동의 저하, 초조(번민), 식욕 저하, 불면증, 지속적인 슬픔·불안 등을 특징으로 한다. 감정을 조절하는 뇌의 기능에 변화가 생겨 '부정적인 감정'이 나타나며 전 세계 1억 명 이상이 앓고 있다

녹내장 시신경 위축증의 형태를 띠면서 망막 신경총 세포를 포함 시신경에 생기는 질환의 총칭

월경전증후군 생리 2주 내지 1주일 정도 전부터 일어나, 월경 시작과 함께 사라지는 일련의 신체적, 정신적 증상을 나타내는 증후군

생약 천연물을 거의 가공하지 않고 복용하는 약으로 식물의 뿌리, 줄기, 수피, 종자, 과실 등이 대부분이며 동물이나 광물도 있다

찾아보기

박기택. (2009.10.20). 해피 드럭, 삶의 질 높이고 약값도 높였네. 매일경제.

오윤헌. (2008.01.28). '해피 드러그', 행복과 건강 주고 부작용도 준다. 시사IN, 20.

이현정. (2017.01.11). 삶의 질 높여주는 의약품, '해피드럭' 아세요?. 헬스조선.

지구 근접물체 프로그램

들여다보기

매일 수만 개의 운석이 지구에 떨어지고 있다. 다만 그 크기가 워낙 작아 대기에서 그냥 타버리기 때문에 별똥별로 우리에게 보일 뿐이다. 지름 1mm 정도의 운석은 30초마다 하나 꼴로 지구에 떨어진다. 그보다 더 작은 것은 더 자주 떨어지고, 지름 1m 정도의 꽤 큰 크기는 1년에 한 번 정도 떨어지는데 이 경우 역시 땅에 떨어지기도 전에 폭발하고, 파편도 대기와의 마찰로 인해 타버리고 만다.

그런데 지름이 큰 운석이 떨어지는 경우는 다르다. 지금으로부터 약 100년 전, 1908년 러시아 퉁그스 지역에서 지름 100m 정도 크기의 운석이 충돌한 것으로 추정된다. 이 경우 지표에 충돌했다기보다 공중에서 폭발을 하게 됐는데 그럼에도 결과는 수소폭탄이 터진 것에 버금갔다. 당시 퉁구스는 사람들이 별로 살지 않던 오지였기 때문에 피해가 크지 않은 것이 다행이었다. 폭발의 여파로 주변 나무 약 8천만 그루가 쓰러졌고, 그 충격파로 인해 450km 떨어진 곳의 열차가 전복됐다. 한 마디로 부산에서 일어난 폭발로 서울의 열차가 쓰러진 것이다. 이런 정도의 충돌은 1,000년에 한 번 정도 일어나는 일이다.

때문에 운석이 될 가장 유력한 후보인 소행성과 혜성을 관측하고, 지구로 돌진하는 녀석들을 피하기 위한 프로젝트가 기획됐다. 미 항공우주국 제트추진연구소JPL에서 만든 지구 근접물체 프로그램Near Earth Objects Program이 그것이다. 이들의 목표는 인간의 문명을 파괴할 만한 크기의 소행성을 초기에 식별하고 분석하는 것으로, 100년에 대

여섯 번 나타나는 지름 10m 크기의 운석부터 시작된다. 운석이 바다나 산에 떨어지면 상관이 없지만 도심지에 떨어지면 꽤 피해가 크다. 이들의 주장에 따르면 100년에 한 번 꼴로 떨어지는 지름 60m짜리 소행성은 도시 하나를 파괴하기에 충분하다고 한다. 이 정도 크기의 소행성이 사람이 많이 사는 인구밀집지역에 떨어질 확률은 10% 정도에 불과하지만, 만에 하나 도시에 떨어지게 되면 몇십만 명의 사망자가 예상되기에 조심해서 나쁠 것이 없다.

연구소가 제시하는 '지구 최후의 날'을 막는 방법은 다음과 같다. 먼저 지구와 충돌 가능성이 있는 소행성을 포착하고, 소행성으로 로봇을 태운 우주선을 보낸다. 우주선이 도착하면 로봇이 소행성에 구멍을 뚫는다. 그리고 폭탄을 집어넣고 폭파시킨다.

그러나 이렇게 폭탄으로 제거할 수 있는 소행성은 크기가 작은 경우에만 가능하다. 백악기에 떨어진 운석이나 영화 〈아마겟돈〉에 나오는 텍사스 주 정도 크기의 거대 소행성이라면 미국이나 러시아가 보유한 핵폭탄을 모두 터트려도 무용지물이다. 혹 서너 조각이 난다고 하더라도, 영화의 내용처럼 그 조각이 지구에 떨어지면 끔찍한 일이 일어나게 된다.

그래서 과학자들은 거대한 돛을 단 우주선을 제작해 소행성과 태양 사이를 가리자는 주장을 하기도 한다. 햇빛이 소행성에 닿을 때 그 에너지가 소행성의 궤도에 나름 영향을 주기 때문이다. 이것을 가려서 궤도를 조금 흔들면 된다는 논리다. 아주 먼 거리에서 발견하기만 하면 궤도를 1도 정도만 틀어도 지구를 비껴갈 수 있다. 핵폭탄을 이용하더라도 소행성 내부에서 터뜨리는 것보다 소행성 바깥 근처 공간에서 터뜨려 궤도를 바꾸는 방법이 더 현실적이다. 또 로켓 여러 대를 소행성에 착륙시킨 뒤 한쪽 방향으로 힘을 가하는 방법도 연구 중에 있다.

어느 것 하나 현재의 기술 수준으로 쉬운 것은 없지만, 이를 가능하게 하려면 먼저 지구 근처의 소행성들을 면밀히 파악하는 것이 우선이다. 때문에 현재도 많은 천문학자들이 지구 근접물체 프로그램에서 일을 하고 있다.

쟁점

1. 지구 주위의 소행성이 지구에 충돌하는 일은 항상 일어나고 있다.
2. 인류에게 커다란 위협이 되는 천체의 충돌도 일정한 비율로 지구 역사 이래 꾸준히 일어나고 있다.
3. 인류에게 위협이 되는 천체를 사전에 파악하는 지구 근접물체 프로그램이 현재 진행 중에 있다.
4. 이런 천체가 발견되었을 때, 그 경로를 바꾸거나 파괴하는 데는 아직 기술적 어려움이 있다.

논제

1. 비교적 작은 천체는 파괴하기가 쉽지만 인류에게 위협이 되는 커다란 천체는 파괴하거나 그 경로를 바꾸기가 어렵다. 이에 대한 대안을 제시하시오.
2. 지구 근접물체 프로그램은 미 항공우주국에 의해 진행되고 있다. 인류 전체의 생존이 걸린 문제인데, 한 곳에서만 연구가 진행되는 것은 문제가 없을까? 만약 나사가 근접물체를 놓치게 되는 경우도 생각해 봐야 할 것이다. 이에 대해 살펴보고 대안을 제시하시오.
3. 백악기 말 지구와 충돌한 소행성 정도 규모의 천체가 다시 지구를 향한다면 어떤 대책이 필요할지 제시하시오.

키워드

지구 근접물체 / 지구 근접물체 프로그램 / 소행성 충돌 / 백악기 대멸종

찾아보기

박재용. (2019). 엑스맨은 왜 돌연변이가 되었을까?. 애플북스.

이성규. (2016.01.21). 소행성 충돌 걱정은 이제 그만!. 사이언스타임즈.

전지성. (2009.08.31). '우주선 중력이용' 소행성 지구충돌 막는다. 동아일보.

문경수. (2018.02.06). 과연 지구는 안전한가?. 스페이스타임즈 [웹사이트]. Retrieved from https://bit.ly/2uRwyFD

인공지능과 그 친구들

21세기 들어 가장 주목받는 기술은 인공지능입니다. 로봇과 같은 기존 기술도 인공지능과 결합하면서 강력한 힘을 발휘하고 있습니다. 특히 운송부문에서의 자율주행은 인공지능이 만들 가장 극적인 모습 중의 하나일 것입니다. 자율주행 자동차는 우리 삶의 대단히 중요한 변화를 이끌 것이기 때문입니다. 그러나 자율주행 자동차의 전면적인 도입은 반대로 엄청난 규모의 실직을 야기하기도 합니다.

사물인터넷 또한 새로운 변화의 시작입니다. 우리 주변의 많은 기계들이 서로 소통할 것이고, 궁극적으로는 인공지능에 의해 최선의 결과를 만들기 위해 노력하게 되겠지요. 동시에 개인정보 노출 등 다양한 사회문제를 일으킬 수 있다는 염려 또한 안고 있습니다.

인공지능으로 대표되는 새로운 변화가 인류에게 어떤 전망과 문제를 보여줄 것인지 면밀히 고민하고 토론할 시점입니다.

AI

인공지능의 공정성

들여다보기

미국 스탠퍼드대학의 제임스 주 박사와 론다 쉬빙어 박사에 따르면 구글 번역기 등이 채택한 인공지능 응용 프로그램이 여성과 유색인종 등 특정 집단에 대해 체계적인 차별을 하고 있다고 한다. 프로그램이 더욱 정교한 알고리즘을 만드는 데만 주의를 집중하고, 데이터 수집이나 처리 및 구성 방법에는 관심을 기울이지 않는 것이 그 원인으로 꼽혔다.

인공지능에서 주요한 것은 훈련 데이터다. 대부분의 기계 학습은 빅데이터 세트로 훈련된다. 이미지 분류를 위한 딥뉴럴네트워크는 1,400만 개 이상의 레이블 이미지 세트인 '이미지넷ImageNet'을 이용한다. 그런데 이미지넷 데이터의 45% 이상이 세계 인구의 4%를 차지하고 있는 미국인이다. 중국과 인도는 세계 인구의 36%를 차지하지만 이미지넷 데이터에서 차지하는 비율은 3%에 불과하다. 백인인 미국인 신부의 사진에는 '신부', '옷', '여자', '결혼식'이란 레이블이 따라 붙지만, 전통복장의 인도 신부에게는 '공연예술'과 '의상'이란 레이블이 붙는다.

의학의 머신러닝에서도 마찬가지다. 사진으로 피부암을 확인하기 위해 딥러닝을 사용했는데 그들이 모델링에 사용한 이미지 세트의 60%는 구글 이미지에서 스크랩된 것이었다. 그러나 흑인의 이미지는 5% 미만에 불과했다. 이런 데이터를 이용한 결과 상업용 얼굴 인식 시스템의 성별 오류가 검은 피부의 여성에서는 35%의 비율로 나타났고, 밝은 피부의 남성에게서는 0.6%의 비율로 나타났다. 범죄 전과자의 얼굴

인공지능 개발이 어디서 되고 있느냐에 따라 특정 지역의 예식이 공연으로 분류되기도 한다.

이미지를 기반으로 재범률을 추론하는 알고리즘을 테스트 했을 때에도 백인에 비해 흑인의 재범률이 실제보다 훨씬 높게 추론된 것으로 나타났다.

이러한 데이터 편향성은 다양한 편향 유형 중 '선택편향'에 해당한다. 예를 들어 직업과 관련된 성적 편향이 나타날 수 있다. 가사 도우미나 식당 종업원 등을 여성에 편향된 직업, 경비원이나 대통령을 남성에 편향된 직업으로 분류하는 식이다. 이는 결국 인간이 가진 편향, 특히 인공지능 개발자를 포함한 인공지능 산업 종사자들이 갖고 있는 편향이 그대로 인공지능에 투영될 가능성이 높은 것으로 볼 수 있다.

이에 따라 인공지능을 개발하는 대표적인 기업인 구글이나 마이크로소프트 등에서는 인공지능의 공정성을 높여 윤리적 인공지능을 만들고자 하는 시도가 진행되고 있다.

쟁점

1. 인공지능이 인종이나 성차별적인 판단을 하는 경우가 종종 있다.
2. 이 편견은 데이터의 불균형에서 발생한다.
3. 데이터의 불균형은 실제 사회의 불균형으로부터 발생한다.
4. 이에 따라 인공지능 개발 회사는 차별을 금지하는 원칙을 세우고, 인공지능이 내리는 차별적인 판단에 대한 알고리즘을 연구하고 있다.

논제

1. 인공지능이 차별적인 판단 또는 발언을 하는 사례를 찾아보고, 그 원인에 대해 과학적으로 분석하시오.
2. 아마존 신입사원 면접에서, 인공지능이 여성 지원자에 비해 남성 지원자에게 더 많은 점수를 준 결론을 내린 바 있다. 그동안 채용된 직원 대부분이 남성이었고 그 데이터를 이용했기 때문이다. 이런 문제를 어떻게 해결할 것인지 그 대안을 제시하시오.
3. 데이터가 차별적임에도 불구하고, 인공지능이 차별적인 판단을 하지 않도록 할 수 있는 방안을 과학적으로 제시하시오.

키워드

인공지능과 성차별 / 인공지능 데이터 불균형 / 인공위성 소수자 차별

용어사전

딥뉴럴네트워크 뇌 신경을 모방하여 구조화된 네트워크로 인공지능을 구현하는 방법

머신러닝 인간의 학습 능력과 같은 기능을 컴퓨터에서 실현하고자 하는 기술 및 기법

선택편향 표본을 사전 또는 사후에 선택하게 되면서 통계 분석이 왜곡되는 오류. '표본편향'이라고도 한다. 상당히 많은 자료들을 검토하였으나 그 자료를 선택하거나 해석함에 있어 중요한 측면을 간과하게 되어 잘못된 결론에 도달하는 경우를 말한다

찾아보기

박재용. (2019). 엑스맨은 왜 돌연변이가 되었을까?. 애플북스.

김승만. (2018.07.21). AI, 성 • 인종 차별 주의자 될 수 있다…머신러닝 데이터 공정성 필요. 사이언스 모니터 [웹사이트]. Retrieved from https://bit.ly/2sy8maA

이진솔. (2019.06.25). 편향에 감염된 AI…머신 러닝 공정성으로 막는다. 인더뉴스 [웹사이트]. Retrieved from https://bit.ly/36Xrmhn

AI는 신뢰로부터 시작한다. (2018.04.23). 마이크로소프트 [웹사이트]. Retrieved from https://bit.ly/2uSRITP

인공지능을 위한 일상의 윤리. (2018.09). IBM [웹사이트]. Retrieved from https://ibm.co/2FX2Ssl

킬러로봇

들여다보기

2018년 4월 초, 외국의 저명한 로봇 학자 50여 명이 카이스트에 경고 서한을 보냈다. 카이스트와 한화시스템이 공동으로 개소한 '국방 인공지능 융합연구센터' 때문이었다. 서한에는 인간의 통제 없이 자율적으로 결정하는 무기를 개발하지 않겠다는 카이스트 총장의 약속이 있을 때까지 카이스트와의 공동 연구를 거부하겠다는 내용이 들어있었다. 카이스트 총장이 결코 그런 일은 없을 거라는 서한을 보내는 것으로 사건은 마무리가 되었다.

비슷한 시기 구글 직원 3,100명이 순다르 피차이 최고 경영자에게 '구글은 전쟁 사업에 참여하지 않겠다고 선언하라'는 청원서를 보내기도 했다. 미 국방부가 공군 무인전투기(드론)의 타격 능력을 향상시키기 위해 구글의 클라우드 기반 인공지능 기술을 바탕으로 한 메이븐이란 프로그램을 기획했기 때문이다.

물론 지금도 일종의 로봇이 전쟁에서 활용되고 있다. 2015년 시리아에서 러시아제 군사 무인로봇 기갑차량인 '플랫폼-M'이 실전 배치되었다. 또 '우란-9'이라는 무인전투차량이 기관포와 대전차로켓을 가지고 이슬람국가 무장단체IS를 공격하는 모습이 유튜브를 통해 방송되기도 했다.

2016년 러시아 크론슈타트 그룹의 아르멘 이사키안 대표는 "무인 미사일, 항공기용 인공지능 소프트웨어를 개발 중"이라고 밝히며 "이들은 지상 인공지능 체계가 가진 데이터와 연동되어 자율 판단으로 임무를 수행할 것"이라고 했다. 2017년 보리스

오브노소브 러시아 전술 미사일 개발 회사 최고경영자는 모스코바의 에어쇼에서 "스스로 방향과 고도와 속도를 조절하는 인공지능 미사일을 개발하고 있다"고 밝혔다.

최첨단 무기를 보유하고 있는 미국이 손 놓고 기다릴 리는 없다. 알카에다와 IS 소탕 작전을 벌일 때 가장 많이 투입되었던 것 역시 무인기다. 'MQ-1 프레데터', 'MQ-9 리퍼' 같은 무인기들이 공대지미사일과 레이저 정밀 유도 폭탄으로 아프가니스탄과 파키스탄에서 정밀 폭격을 통해 적군의 지도자들을 암살하는 데 공을 세웠다. 미 해병대는 '저비용 무인기 군집기술LOCUST'을 활용하여 드론 떼를 상륙전에 앞장세우는 전략을 수립할 것이라 밝혔다. 미 해군은 무인 함정 '시 헌터Sea Hunter'를 공식 배치했다. 보잉사는 무인 잠수정 '에코 보이저Echo Voyager'를 개발했고 미 해군에서 시험 운항을 했다. 미 공군은 현재 개발되어 배치된 공군기 이후에는 새로운 전투기를 개발하지 않겠다고까지 선언했다. 앞으로 개발될 전투기는 모두 무인기 형태가 될 것이라는 것이다.

두 나라뿐만이 아니다. 중국은 글라이더 형태의 공중 드론 '하이이海翼'를 실전 투입했고, 영국은 스텔스 무인기 '타라니스Taranis'를 개발했다. 한국은 사격이 가능한 센트리 가드 로봇 'SGR-A1'을 비무장지대에 배치했었다.

물론 방아쇠를 당기는 판단은 인간의 몫이다. 그러나 현재의 수준은 언제든지 그 판단을 인공지능에게 돌릴 수 있을 정도다. 결국 2017년 UN에서는 킬러로봇을 주제로 첫 공식 회의가 열리기까지 했다. 스위스 제네바에서 열린 특정재래식무기금지협약 회의에서도 인공지능 무기 사용에 대한 논의가 이루어졌다.

쟁점

1. 킬러로봇은 인간의 개입 없이 살상이 가능한 로봇이다.
2. 로봇을 활용할 경우 아군의 피해를 줄이며 전쟁을 수행할 수 있다.
3. 드론, 무인 전투기, 사격로봇, 무인 함정 등의 로봇은 이미 전쟁에 참여하고 있다.
4. 사람이 아닌 로봇에게 살인의 결정권을 주는 것이 가장 핵심적인 문제다.

논제

1. 킬러로봇의 개발이 가시화되고 있다. 킬러로봇의 장점과 단점을 논하고, 윤리적 문제점을 지적하시오.
2. 인공지능에게 인간에 대한 사살 판단을 내릴 수 있게 하는 것에 대한 찬반 입장을 정하고, 그 근거를 제시하시오.
3. 인공지능이 사살에 대한 근거를 인간에게 제공하는 것에 대해 찬반 입장을 정하고, 그 근거를 제시하시오.

키워드

킬러로봇 / 인공지능 무기 사용 / 국방 인공지능 융합연구센터 / 센트리 가드 로봇

용어사전

클라우드 기반 인공지능 개별 디바이스가 아닌 클라우드의 서버에 인공지능 프로그램을 탑재하여 디바이스에서 인공지능을 구현하는 시스템

기갑차량 장갑으로 방호하고 무기를 탑재하여 거친 지형에서 사용하는 군사용 차량

공대지미사일 항공기에 탑재하여 공중에서 지상에 있는 목표를 공격하는 데 사용하는 유도미사일

스텔스 상대의 레이더, 적외선 탐지기, 음향탐지기 및 육안에 의한 탐지까지를 포함한 모든 탐지 기능에 대항하는 은폐 기술

특정 재래식무기 금지협약 정식 명칭은 「과도한 상해나 무차별한 영향을 초래하는 특정 재래식 무기의 사용 금지 또는 제한에 관한 협약」이며, 일명 비인도적 재래식무기협약으로 지칭된다. 1983년 12월에 발효되었으며, 1995년 9월 제1차 평가회의를 통해 제2의정서를 개정하고 제4의

정서를 채택하였고, 2003년 11월 CCW 당사국 회의 시 채택된 제5의정서는 제3차 평가회의 중인 2006년 11월에 발효되었다

찾아보기

박재용. (2019). 과학이라는 헛소리 2. MID.

구본권. (2016.07.18). 킬러로봇의 등장…사람 개입 없어 효율적이지만 그래서 위험. 한겨레.

윤동영. (2015.05.21). 킬러 로봇 "인간성 위배" vs "차라리 인간보다 인간적" 연합뉴스

이강봉. (2017.08.22). '킬러 로봇' 어디까지 왔나?. 사이언스타임즈.

드론 테러

들여다보기

드론이 일상으로 들어오고 있다. 싱가포르 팀브레 식당에서는 드론이 음식을 테이블로 배달한다. 미국의 180개 소방서는 실종자 구조와 화재 진압에 드론을 쓴다. 미국의 전자상거래 업체 아마존은 드론으로 택배를 하는 시범 사업에 들어갔다. 범죄 단속이나 기후 환경오염 모니터링 등에도 드론을 활용하려는 움직임이 활발하다.

하지만 드론의 시초는 1930년대에 정찰 목적으로 개발된 군용 무인비행기였다. 비행 소리가 마치 벌이 날아다닐 때 나는 소리와 비슷하다 하여 수벌을 뜻하는 드론drone이란 이름이 붙었다. 그래서였을까? 드론은 군용 무기로도 사용된다. 1990년대 이후 미군이 드론을 폭격용으로 사용하기 시작했다. 그리고 이제는 테러용 무기로도 사용되고 있다.

2018년 크리스마스 시즌 영국 개트윅공항에서는 활주로에 드론 2대가 수십 차례 날아들어 36시간 동안 운영이 마비되었다. 군과 정보기관이 총동원되었지만 아직 범인이 잡히지 않았다. 2019년 1월에는 예멘 알아나드 공군기지에서 정부군 행사가 진행되는 중에 반군의 드론 폭탄이 터져 정부군 6명이 사망하고 관료 12명이 부상당했다. 2018년 7월에는 환경단체 그린피스가 원자력 발전소가 드론 공격에 얼마나 취약한지를 확인하는 실험을 했다. 프랑스의 원자력 발전소 안으로 드론을 날렸는데 어떠한 제지도 받지 않고 폐연료 저장고를 들이받았다.

그리고 2019년 9월, 사우디아라비아의 국영 석유회사 아람코의 석유 탈황 정제시

예멘 반군이 유전을 타격하는 데 사용한 것으로 알려진 콰세프-1의 잔해.

설과 인근 유전을 예멘 반군의 드론 10대가 공격했다. 이 공격으로 시설은 불이 나고 가동이 중단되었다. 대당 1,000만 원 정도의 드론 10개로 사우디아라비아 석유 생산량의 70%를 책임지는 시설이 며칠 동안 가동 중단이 된 것이다.

드론에 3~4kg의 폭탄을 탑재해 타격하면 핵심 시설에 피해를 줄 수 있고, 만약 방사성물질이나 생화학물질을 탑재해 도심에서 폭파시키면 인명 피해 규모 역시 상당할 것이다. 이에 대비하기 위해 드론의 위치와 목적지까지의 과정을 파악하기 위해 이용하는 GPS를 교란하는, 가짜 GPS 신호를 보내는 방법 또한 연구되고 있다. 인공지능을 탑재한 드론 탐지 레이더 역시 개발 중이다.

쟁점

1. 드론은 사람이 직접 운전하지 않고, 크기가 작아 레이더에 잡히지 않는다는 장점이 있어 군용 무기로서 효율적인 공격이 가능하다.
2. 실제로 사우디의 원유 시설에 드론을 이용한 공격이 발생하기도 했다.
3. 드론으로 인한 테러를 방지하기 위해 가짜 GPS 신호를 만들어 내는 기술이 고안되고 있다.

논제

1. 드론 기술의 장점을 과학적으로 논의하고, 이를 방지하기 위한 방안을 제시하시오.
2. 드론 기술의 한계를 과학적으로 논의하고, 한계를 극복하기 위한 기술을 고안하시오.
3. 드론 기술의 악용에 대한 대책을 제시하시오.

키워드

드론 테러 / 드론 탐지 레이더 / 가짜 GPS / 드론 원자력 발전소

용어사전

GPS 위성에서 보내는 신호를 수신해 사용자의 현재 위치를 계산하는 위성항법시스템. 항공기, 선박, 자동차 등의 내비게이션 장치에 주로 쓰이고 있으며, 최근에는 스마트폰, 태블릿 PC 등에서도 많이 활용되는 추세다

찾아보기

김귀근. (2019.09.16). '드론 테러' 현실이 되다…1대에 3~4㎏ 폭탄으로 핵심시설 타격. 연합뉴스.
이해성. (2019.09.20). '드론 테러' 꼼짝 마…AI 레이더로 찾고 가짜 GPS 신호로 사냥. 한국경제.

강한 인공지능

들여다보기

인공지능은 인간 지적 능력의 일부 혹은 전부를 인공적으로 구현한 것을 말한다. 그중 알파고나 파파고와 같은 인공지능을 '약한 인공지능'이라고 한다. 구글에서 개발한 알파고는 바둑은 잘 두지만 번역은 하지 못하고, 네이버에서 개발한 파파고는 번역은 잘 하지만 바둑은 둘 수 없다.

현재의 인공지능은 알파고나 파파고처럼 특정 영역에서의 인간 업무를 대체하는 수준의 '약한 인공지능'으로 존재한다. 이와 반대로 인간이 하는 일의 전반적인 영역을 스스로 학습해 스스로 목표를 설정하고 이에 따른 다양한 영역의 업무를 모두 대신할 수 있는 인공지능을 '범용 인공지능' 혹은 '강한 인공지능'이라 부른다.

인공지능이 지배하는 사회를 우려하는 사람들이 말하는 특이점singularity은 이런 범용 인공지능이 탄생하는 지점을 일컫는 말이다. 하지만 인공지능 전문가들 대부분은 21세기 내에 강한 인공지능이 등장하기는 힘들 것이라고 예측한다. 알파고와 같은 현재의 인공지능조차도 사람이 계속 관리하지 않으면 제대로 기능하기 힘들 뿐더러 현재와 같은 알고리즘이나 방법론으로는 강한 인공지능을 만들기 힘들 것이라 판단하기 때문이다.

그러나 일론 머스크나 스티븐 호킹과 같은 이들은 강한 인공지능의 시대가 예상보다 빠르게 도래할 수 있다고 지적하며 이를 심각하게 우려하고 있다. 특히 사업가인 일론 머스크는 적극적으로 강한 인공지능에 대비하려는 모습을 사업적으로 보여주고 있는데, 인간의 능력을 비약적으로 강화할 수 있는 트랜스휴먼 프로젝트인 '뉴럴링크'나 약한 인공지능을 더 강력하게 만들 수 있는 'OpenAI'와 같은 회사가 그의 주도하에 만들어졌다. 그는 이런 사업을 진행하며 공공연하게 이 사업이 강한 인공지능에 인간이 맞서 싸울 수 있게 하기 위함이라고 이야기하기도 했다. 한편 양자컴퓨터가 도입되면 이를 통해 강한 인공지능을 개발하는 시점이 더 빨라질 수 있을 것이라고 보는 시각도 존재한다.

강한 인공지능이 개발된다 하더라도, 인공지능에 의한 인간 지배가 가능할 것인지에 대한 판단은 전문가들 사이에서도 그 입장이 각각 다르다. 미래학자인 레이 커즈와일은 잘 알려진 저서 『특이점이 온다』를 통해 특이점이라는 단어를 널리 알렸는데, 이 책에서 그는 강한 인공지능의 긍정적 가능성과 함께 그 위험성에 대해 다루고 있다.

쟁점

1. 인공지능은 강한 인공지능과 약한 인공지능으로 나눌 수 있다.
2. 약한 인공지능은 좁은 분야에서 이미 인간을 넘어섰지만, 인간이 데이터를 제공하고 목표를 설정해야 하는 등 그 한계를 지닌다.
3. 강한 인공지능은 자아를 가지고 인간처럼 사고하는 인공지능을 말하지만, 아직은 그 개념조차 구현되지 못하고 있다.
4. 일부 전문가는 강한 인공지능의 출현 가능성을 부정하고 있으나 다른 전문가들은 양자컴퓨터 등의 하드웨어 시스템의 발전, 인공지능이 인공지능을 개발하는 등의 방식으로 강한 인공지능의 발생 가능성을 우려하고 있다.

논제

1. 강한 인공지능을 정의하고 이를 위해 필요한 기술은 무엇인지 과학적으로 논하시오.
2. 강한 인공지능의 출현 가능성에 대해 과학적으로 근거를 제시하고 주장하시오.
3. 강한 인공지능이 출현한다면 과연 인간을 지배할 수 있을 것인지에 대해 구체적 근거를 제시하고, 가능 여부를 논하시오.
4. 강한 인공지능이 출현한다면 그들과 인간은 어떠한 관계를 가져야 할 것인지에 대해 논하시오.

키워드

인공지능 / 강한 인공지능 / 약한 인공지능 / 초지능 / 특이점

용어사전

양자컴퓨터 양자역학의 원리에 따라 작동되는 미래형 첨단 컴퓨터

찾아보기

Ray Kurzweil. (2007). 특이점이 온다. 김명남(번역). 김영사.

박재용. (2018). 4차 산업혁명이 막막한 당신에게. 뿌리와이파리.

자율주행 자동차 전면 도입

들여다보기

자율주행 자동차는 개인용 차량보다는 상업용 운송차량에 먼저 도입될 것으로 예상된다. 가장 먼저는 철도라는 제한된 공간에서 사고 발생요소가 적은 열차에 적용될 것으로 보인다. 이 경우도 사람을 태우는 경우보다는 화물을 수송하는 열차에 먼저 적용될 것이다.

두 번째로는 특정 구간을 반복해서 운행하는 화물차량에 도입될 것이다. 그중에서도 항구와 내륙의 물류거점을 오가는 화물트럭에 가장 먼저 도입될 것으로 보인다. 이 경우도 군집운행이라는 형태로 시작될 것으로 보이는데, 여러 대의 화물차가 같이 움직일 때 제일 앞의 차에는 사람이 탑승하고 뒤따라오는 차들은 자율주행 자동차로 배치하는 것이다.

그 다음으로는 일정한 노선을 운행하는 차량들이 자율주행에 동참할 것으로 예상된다. 고속버스나 시외버스 등이 이에 해당된다. 마지막으로 택시 등도 자율주행 자동차로 대체될 것이다. 이럴 경우 문제는 운수업에 종사하는 사람들이 일자리를 잃게 된다는 것이다. 우리나라 노동자의 경우 운수업에 종사하는 사람들이 노동자의 1/4~1/5 정도 되는데 이들 중 상당수가 직업을 잃게 될 가능성이 있다. 아직 젊은 경우 직업전환훈련 등을 통해 다른 직업으로 이동할 수 있지만 중장년층은 그마저도 쉽지 않을 것으로 보인다.

더구나 인공지능과 로봇의 도입 등으로 다른 직업군의 일자리 또한 늘어날 보장이

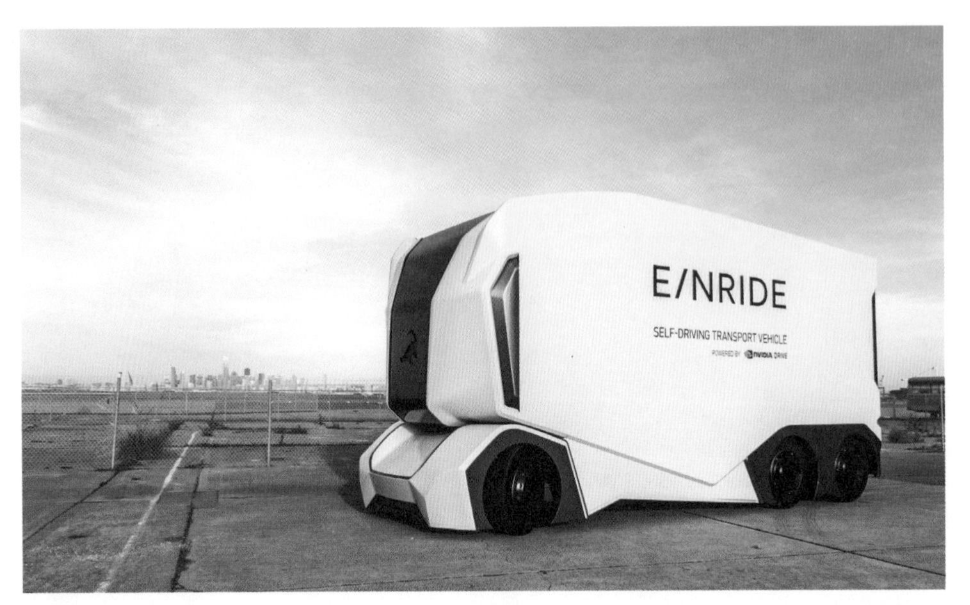

스웨덴의 자율주행 자동차 회사 에인라이드에서 활용 중인 에인라이드 파드. 2019년 5월에 스웨덴의 도로에서 시험주행을 수행한 바 있다.

없는 상황에서, 운송부문에서 대량의 실직사태가 일어나면 사회적으로도 심각한 문제가 될 수 있다.

반면 자율주행 자동차가 전면적으로 도입되면 개선될 지점도 있다. 사람이 운전을 할 때보다 정체가 줄어들어 동일한 도로에 더 많은 차가 운행할 수 있다. 새로 도로를 건설할 필요가 줄어들고 더 빠르게 목적지에 도착할 수 있다. 교통사고 발생률도 크게 감소하여 교통사고 부상자나 사망자 수가 줄어들 것이며 그로 인한 사회적 비용도 감소할 것이다. 현재 도심에서 문제가 되고 있는 주차난 역시 해소될 것으로 보인다.

쟁점

1. 자율주행 자동차는 인간의 개입 없이 스스로 운전하는 자동차를 말한다.
2. 자율주행 자동차가 일반화되면 운수업에 종사하는 많은 사람들이 실직할 위험이 있다.
3. 자율주행 자동차는 상호간의 통신에 의해 운행이 이루어지기 때문에 인간이 운전할 때보다 교통사고의 위험이 줄어들고, 자동차 소유의 필요성이 줄어들어 주차장 등의 공간에 여유가 생길 것으로 예상된다.

논제

1. 자율주행 자동차가 전면화될 경우 발생하는 실직 문제가 심각하다. 이에 따라 도입 속도를 조절하자는 주장이 있다. 이 주장을 어떻게 판단하는 것이 좋을지 논의하시오.
2. 자율주행 자동차가 도입될 때 이익을 보는 집단과 손해를 보는 집단이 있다. 어떠한 집단이 이익을 보고 손해를 볼지를 살펴보고, 이들 간의 갈등을 어떻게 해소해야 할지 논하시오.
3. 자율주행 자동차 도입이 가지는 장점을 개인과 사회 국가 전반에 걸쳐 정리해보고, 이를 극대화할 방안을 논하시오.

키워드

자율주행 자동차 / 자율주행 운수업 / 군집주행 / 자율주행 자동차 교통사고

찾아보기

박재용. (2018). 4차 산업혁명이 막막한 당신에게. 뿌리와이파리.

김성하. (2018.02.13). 자율주행 차량 시대, 천국일까 지옥일까?. 프레시안 [웹사이트].
Retrieved from https://bit.ly/2swOkgE

박재용. (2018.12.14). 자율주행택시 운행 시작...미래는 어떻게 바뀔까. 뉴스톱 [웹사이트].
Retrieved from https://bit.ly/2QWv85l

부형권. (2017.05.24). "美, 자율주행 자동차 보편화땐 年30만명 실직". 동아일보.

자율주행 자동차 사고책임

들여다보기

자율주행 자동차가 실제로 거리를 달리게 되면 일어날 여러 변화 중, 특히 사고에 관한 문제가 최근 대두되고 있다. 사람이 운전하는 경우 사고의 책임이 운전자에게 있다는 것이 분명하지만, 사람이 운전하지 않는 경우 문제가 복잡해지기 때문이다.

그렇다면 자율주행 자동차 사고의 주요 원인에는 어떤 것들이 있을까? 먼저 자율주행 자동차에는 차량과 사람, 장애물 등을 파악할 수 있도록 센서가 여러 개 부착되어 있는데 이 센서가 오작동하는 경우가 있을 수 있다. 두 번째로 센서는 제대로 작동하지만, 이 센서의 정보를 취합해 적합한 명령을 내려야 하는 인공지능이 오작동하는 경우가 있을 수 있다. 세 번째는 인공지능까지 제대로 작동했지만 이 명령에 의해 움직여야 할 각종 구동장치에 문제가 있을 수 있다. 네 번째로 자율주행 자동차 시스템 모두에 문제가 없지만, 탑승한 사람의 적합하지 못한 행동으로 사고가 생길 수 있다. 마지막으로 자율주행 자동차가 기존의 의도대로 정확히 운행을 했으나 불가항력적인 외부 상황에 의해 사고가 생길 수 있다.

첫 번째에서 세 번째 원인까지가 자율주행 자동차 자체의 문제라고 본다면, 이런 문제가 발생했을 때의 근원적 책임을 다시 따져 보아야 한다. 각종 센서와 구동장치 등에 근본적 결함이 있는 것인지, 또는 일정한 시점마다 점검하고 정비해야 할 필요가 있는데 그에 대한 책임을 소유주가 소홀히 한 것인지에 따라 책임 소재가 달라질 것이다.

2016년 5월 미국 플로리다 주에서 있었던 자율주행 사고로 운전자가 사망했다. 해당 사고가 있었던 차량의 잔해.

자율주행 자동차와 사람이 운전하는 자동차 간의 사고도 고려해야 한다. 연구에 따르면 도로 위의 자동차가 모두 자율주행 자동차인 경우 사고 발생률이 현격히 낮아질 것으로 예상된다. 이러한 경우 스스로 차량을 운전하고 싶은 개인의 자유를 침해할 여지가 있다.

이러한 책임 소재의 문제는 차량 소유와 관련해서도 달라질 수 있다. 자율주행 자동차가 본격적으로 등장하면 주로 탑승자가 이를 소유할 수도 있지만, 이를 대여해서 사용하는 경우도 많아질 것으로 보인다. 흔히 이야기하는 공유경제 모델이다. 이러한 경우 차량의 정비를 누가 책임져야 할지 등에 대해서도 법적 다툼의 여지가 많다.

쟁점

1. 자율주행 자동차는 기존 자동차와 달리 기계가 시스템을 조종하기 때문에 사고 시 책임 소재가 복잡해질 것으로 보인다.
2. 자율주행 자동차의 사고에서는 운전자의 과실, 센서의 과실, 프로그램의 과실, 통신 시스템의 과실 등 다양한 원인이 복합적으로 작용할 수 있다.
3. 자율주행 자동차가 등장하면서 본격화 될 차량 공유 모델도 이러한 책임 문제를 더욱 복잡하게 만들 것으로 보인다.

논제

1. 자율주행 자동차 사고의 다양한 조건을 상정하고 이에 따른 예방 방법에 대해 논하시오.
2. 자율주행 자동차와 인간이 운전하는 자동차가 혼재할 경우 사고 발생량이 늘어날 수 있다. 그렇다면 주요 도로를 자율주행 자동차 전용으로 하는 문제에 대해 어떻게 판단해야 할 것인지 논하시오.
3. 대중에게 판매하는 상품에 하자가 있어 생기는 문제에 대한 '제조업자 배상제도'가 있다. 그렇다면 자율주행 자동차의 시스템에 문제가 생겨 사고가 발생하는 경우에도 자동차 회사에 책임을 물을 수 있을까? 책임을 묻는다면 그 범위는 어떻게 정할 수 있을지를 논해보시오.

키워드

자율주행 자동차 사고책임 / 자율주행 자동차 보험 / 공유 경제

용어사전

구동장치 기계·계측기(計測器) 등의 작동 기구를 움직이는 장치

공유경제 이미 생산된 제품을 여럿이 함께 공유해서 사용하는 협력 소비경제

찾아보기

이새하. (2018.04.24). 자율주행 자동차 사고땐 車보유자가 책임. 매일경제.

황현아. (2018.08.29). 자율주행사고 배상책임제도 관련 주요국의 사례와 시사점. 보험연구원.

김익현. (2018.04.13). 자율주행 자동차 사고의 법적 책임. 리걸 타임즈 [웹사이트]. Retrieved from https://bit.ly/2Trh5GD

김인경. (2018.11.16). 자율주행 자동차 사고 책임은 누구에게 있는가 BLOTER [웹사이트]. Retrieved from http://www.bloter.net/archives/324513

사물인터넷과 개인정보

들여다보기

5G 통신이 본격적으로 시작되면서 사물인터넷Internet of Things, IOT이 광범위하게 활용될 여지가 더 커지고 있다. 우리 삶에서는 구체적으로 어떤 변화들이 생겨날까? 먼저 개인의 몸에 부착하는 각종 전자기기들이 인터넷에 계속해서 연결될 것이다. 이미 스마트워치와 스마트밴드 등이 연결되었고, 이어 무선이어폰도 연결되었다. 향후 스마트안경 또한 활용될 여지가 크며 스마트가방이나 신발 등도 현재 연구 중에 있다.

그 외에도 심장병이나 당뇨병 등의 만성 질환을 체크하고 약물을 투여하는 기구들이 인터넷으로 연결될 것이다. 가정에서는 전기계량기나 가스계량기, 수도계량기 등이 인터넷에 연결될 것이고 TV, 냉장고, 세탁기, 공기청정기 등 각종 전자제품과 전등 역시 인터넷에 연결되고 있다. 가정에서 학교, 혹은 직장으로 가는 길의 가로등과 CCTV도 인터넷에 연결되고 자동차와 오토바이, 자전거 등의 모빌리티도 인터넷으로 연결될 것이다. 이렇게 각종 기기들이 인터넷에 연결되면 사람이 직접 수집하지 않아도 많은 데이터들이 수집되고, 이를 이용한 효율적인 삶이 가능해질 것이다.

이런 장점이 있는 만큼 스마트기기들로부터 얻어지는 정보는 개인의 사생활을 침해할 여지가 있다. 예를 들어 가정의 각종 계량기 등으로부터 수집된 자료를 모으면 한 가정에 몇 사람이 거주하는지 혹은 각 가정에서의 동선이 어떻게 되는지 등도 알 수 있다. 특히 의료기기나 스마트워치 등을 통해 수집된 정보의 경우 건강 정보와 동선 등 민감한 개인적인 정보들이 담겨 있기도 하다.

따라서 이런 정보를 수집하는 기업이나 정부 기관의 개인정보 관리가 더욱 엄격해질 필요가 있다. 개인정보의 활용 범위도 제한해야 하며, 각 기관의 담당자가 함부로 열람할 수 없도록 내부 보안시스템 또한 구축되어야 한다. 한편에서는 기관에서 자신의 어떠한 정보를 수집했는지를 개인이 열람할 수 있어야 하고, 필요시 해당 정보의 삭제 또한 요구할 수 있어야 한다고 주장하기도 한다.

이전까지 해킹은 대부분 컴퓨터에 대한 공격으로 여겨졌다. 하지만 사물인터넷이 늘어날수록 이들 역시 해킹의 대상이 된다. 때문에 사물인터넷 네트워크에 대한 보안은 갈수록 더욱 중요해지고 있다. 개인정보를 수집하고, 이를 취급하는 기관들에 대한 감시와 규제 또한 요구되고 있다.

쟁점

1. 사물인터넷은 정보의 범위가 광범위하다는 장점을 가지고 있다. 동시에 사물인터넷 디바이스와 이와 관련한 네트워크가 늘어나면서 보안과 승인, 암호화 측면에서 그 취약점이 우려되고 있기도 하다.
2. 구체적으로는 불법 감시, 프라이버시 침해, 기업 보안 네트워크에 대한 위협, 다양한 스마트기기의 통합적 관리 방법 부재 등이 지적되고 있다.
3. 사물인터넷의 보안을 위한 개념으로 검증된 보안, 데이터 최소화, 투명한 공개, 데이터 이동성, 잊혀질 권리 등이 제안되고 있다.

논제

1. 사물인터넷을 통해 개인의 기호나 습성 등 많은 개인정보가 데이터화 되면서 보안에 관한 우려가 커지고 있다. 사물인터넷의 특성을 분석하고, 이와 관련한 피해를 방지하기 위한 기술을 고안하시오.
2. 사물인터넷 해킹을 막기 위해 개인이 조심해야 할 부분과, 기업 및 정부가 노력해야 할 부분을 나누어 정리하시오.
3. 사물인터넷에서 수집된 개인정보에 대한 개인의 권리가 어디까지 보장되어야 하며, 이를 수집한 기관의 권리는 어디까지 보장되어야 할지 논의하시오.

키워드

사물인터넷 개인정보 / 사물인터넷 보안 / 사물인터넷 해킹 / 사물인터넷 데이터 이동성 / 잊혀질 권리

찾아보기

박재용. (2018). 4차 산업혁명이 막막한 당신에게. 뿌리와이파리.

Jennifer Lonoff Schiff. (2015.03.13). IoT가 안겨줄 3가지 보안 과제. CIO Korea [웹사이트]. Retrieved from http://www.ciokorea.com/news/24418

인공지능 안면인식

들여다보기

인공지능의 발달에 따라 사람의 얼굴을 인식하는 기술이 일반화되고 있다. 페이스북 등의 SNS에 얼굴이 나온 사진을 올리면 자동으로 이름이 태그가 되고, 핸드폰 잠금해제 기능도 안면인식으로 이루어지고 있다.

그런데 이 안면인식 시스템이 원치 않는 사생활 공개로 이어질 우려도 나타나고 있다. 실제로 중국의 경우 우리의 경찰에 해당되는 공안들이 역 대합실이나 공항 등 사람들이 많이 모이는 곳에서 동영상 카메라로 사람들의 얼굴을 스캔하고, 이를 수배자 데이터베이스와 대조하여 범인 검거에 사용하고 있다. 또 안면인식 시스템을 통해 위구르 등지에서 독립을 요구하는 소수 민족 지도자들의 동향을 파악하고 있는 것으로도 드러나고 있다.

향후 우리 주변의 CCTV 또한 안면인식 시스템과 결합될 경우, 치안이 철저해진다는 장점과 함께 사생활 노출 또한 공공연해질 수 있다는 단점이 따라올 수 있다.

한편 미국의 한 연구팀에서는 동성애자 커뮤니티와 이성애자 커뮤니티에 올라온 이용자들의 인물 사진을 데이터로 활용하여 인공지능에게 학습시켰다. 그 결과 인공지능이 사진 한두 장만으로도 80% 이상의 확률로 동성애자를 가려냈다. 아직까지 동성애자들에 대한 차별이 존재하고, 그들이 자신의 성적 정체성을 드러내는 데 주저하고 있는 상황에서 이러한 기술은 심각한 문제로 이어질 수 있다.

또 안면인식 시스템은 기존의 빅데이터를 이용해 인공지능을 학습시키는데, 이로

향후 우리 주변의 CCTV 또한 안면인식 시스템과 결합될 경우, 치안이 철저해진다는 장점과 함께 사생활 노출 또한 공공연해질 수 있다는 단점이 따라올 수 있다.

인해 혐오를 조장하거나 차별을 낳을 수도 있다. 예를 들어 미국의 경우 역사적으로 이어져 온 인종차별에 의해 흑인들의 평균 경제 수준이 낮고 이에 따라 범죄율 또한 높다. 이러한 데이터를 무분별하게 학습한 안면인식 시스템은 흑인을 잠재적 범죄자로 보는 경향이 있다. 백인 얼굴의 인식률은 높은 반면 흑인이나 아시아인의 얼굴 인식률은 낮은 경향도 보인다.

시민단체들은 이러한 점들을 들어 인공지능에 의한 안면인식 시스템 기술을 적용하는 데 있어 일정한 기준이 부여되어야 한다고 주장하고 있다.

쟁점

1. 최근 안면인식 기술이 발전하면서 촬영된 사진만으로도 얼굴의 인식이 가능해졌다.
2. CCTV 등에서의 안면인식 기능은 보안 측면에서는 도움이 되지만, 실시간 위치가 노출되는 등 개인정보 노출 및 인권 유린의 가능성 또한 가지고 있다.
3. 미국의 한 연구팀에서는 사진 몇 장만으로 개인의 성적 취향을 80% 이상의 확률로 파악할 수 있다는 연구 결과를 얻었다.
4. 중국에서는 안면인식 인공지능으로 역 대합실 등에서 불특정 다수의 얼굴을 촬영해 이를 수배자 파악 등에 이용하고 있다.

논제

1. 안면인식 시스템이 CCTV와 연결될 때의 장단점을 정리하고, 이에 대한 찬반 입장을 정리하시오.
2. 안면인식 시스템이 가장 잘 활용될 수 있는 분야를 찾아보고, 그 이유를 설명하시오.
3. 안면인식 시스템을 치안에 활용할 경우 어떠한 기준을 잡아야 할지 제시하시오.
4. 안면인식 시스템을 악용할 가능성이 있는 분야를 정리하고, 이에 대한 대책을 제시하시오.

키워드

인공지능 안면인식 / CCTV 안면인식 / 안면인식 개인정보 / 안면인식 치안

용어사전

안면인식 시스템 디지털 이미지를 통해 각 사람을 자동으로 식별하는 컴퓨터 지원 응용 프로그램을 말한다. 이는 특정 이미지에 나타나는 선택된 얼굴 특징과 안면 데이터베이스를 서로 비교함으로써 이루어진다

찾아보기

박재용. (2018). 4차 산업혁명이 막막한 당신에게. 뿌리와이파리.

박재용. (2019). 엑스맨은 왜 돌연변이가 되었을까?. 애플북스.

김윤미. (2019.05.02). 얼굴이 '신분증'되는 사회…"사생활 없어진다". MBC.

박간재. (2019.03.31). 'AI 안면인식 개발' CCTV로 미아·실종자·위험인물 즉시 검색 가능. 전남일보.

이준. (2018.09.03). 특정인 안면인식 CCTV 개발...실시간 위치 확인 가능해진다. iPnomics [웹사이트]. Retrieved from https://bit.ly/3aaGsSQ

지일천. (2017.05.01). 얼굴인식과 지능형 카메라가 만나 대중화 '활짝'. 보안뉴스 [웹사이트]. Retrieved from https://bit.ly/38k7buH

한애란. (2018.04.21). 13억 얼굴 3초 내 인식…'빅브라더' 중국의 무서운 AI 기술. 중앙일보.

로봇에게 세금을

들여다보기

2017년 빌 게이츠는 한 매체와의 인터뷰에서 "고도의 자동화로 일자리를 잃은 사람들의 재교육뿐만 아니라 보호가 필요한 노인과 아이들을 보살피는 일에 로봇세가 기여할 수 있다"고 말하며 로봇세를 도입하면 자동화로 인한 실직 사태의 속도를 늦추고, 이를 실직자를 도울 재원으로 쓸 수 있다고 주장했다. 일론 머스크 테슬라모터스 대표와 마크 저커버그 페이스북 대표도 로봇세 도입에 찬성하는 의견을 밝혔다. 반면 같은 날 프랑스의 스트라스부르에서는 유럽의회가 로봇세 도입을 반대하는 결의안을 채택했다.

로봇세를 도입하자고 주장하는 이들은 먼저 로봇으로 인해 일자리를 잃은 사람들에 대한 재교육을 지원할 수 있고, 세수가 증가하니 다른 사람들의 조세 부담을 줄일 수도 있으며, 세금으로 기본소득 또한 지원할 수 있고, 조세 부담의 증가로 인해 로봇의 도입 속도가 조절되므로 급격한 실업 사태를 막을 수 있다고 주장한다. 2017년 프랑스 대선 후보였던 사회당의 브누아 아몽 후보는 로봇세를 도입하여 모든 국민에게 보편적 기본소득제를 선사하겠다는 공약을 내세우기도 했다.

반면 로봇세 도입을 반대하는 사람들은 그 이유로 다음과 같이 주장한다. 먼저 로봇이 도입되면 그 부분의 일자리는 사라지겠지만 로봇의 생산과 개발, 그리고 로봇 관리를 하는 부문의 일자리가 늘어나 실제 일자리 수가 많이 줄어들지는 않을 것이라고 말한다. 세금을 부과하는 로봇에 대한 정의 또한 애매해서 사회적 동의를 얻기 힘

아직까지 로봇 산업의 주류는 산업용 로봇이지만, 서비스 로봇도 급격히 늘어나는 중이다. 감정을 인식하여 대응하는 것으로 알려진 일본의 서비스 로봇 '페퍼'.

들고, 그 과정에서 갈등이 일어날 것이라는 점도 하나의 이유다. 또 생산 비용이 올라가기 때문에 전 세계적으로 로봇세를 동시에 실시하지 않는다면 이를 먼저 도입하는 나라가 경쟁력을 잃게 될 수 있다는 점, 그리고 실직으로 인해 줄어드는 세수는 로봇을 도입하여 수익이 증가하는 기업이 내는 세금과 그 기업의 주식을 가진 이들이 내는 세금이 증가하므로 충분히 상쇄될 것이라는 점을 이유로 꼽는다.

로봇세에 대한 논의가 치열해진 데는 로봇으로 인한 대량 실직이 머지않은 장래에 시작될 것이라는 전망 때문이다. 로봇산업은 2010년대 들어 연평균 16.47%씩 증가하고 있다. 산업용 로봇도 늘어나고 있지만 특히 서비스 부문에서의 로봇 시장이 2019년에서 2024년까지 연평균 25.34%의 성장률을 보일 것으로 예측되고 있다.

쟁점

1. 빌 게이츠는 실직자와 노인, 그리고 아이들을 보살피기 위해 로봇세를 도입해야 한다고 주장한다.
2. 유럽의회는 로봇세 도입에 반대하는 결의안을 채택했다.
3. 로봇세를 도입해 기본소득을 지원하겠다는 공약도 나오고 있다.
4. 현재 로봇 시장은 높은 성장률을 보이고 있어 로봇에 의한 실직 현상이 점점 커지게 될 것으로 보인다.

논제

1. 로봇세 도입에 대해 찬반 입장을 정하고, 그 근거를 제시하시오.
2. 로봇세를 도입한다면 어떠한 종류의 로봇에 대해 도입하면 좋을지 그 기준을 제시하시오.
3. 로봇세를 도입한다면 인공지능에게도 세금을 물릴 것인지에 대해 찬반 입장을 정하고, 그 근거를 제시하시오.

키워드

로봇세 / 유럽의회 로봇세 / 로봇과 실직 / 로봇세 기본 소득

용어사전

자동화 컴퓨터나 전자기기를 이용해 일 처리가 자동으로 되도록 하는 것

기본소득제 재산이나 소득의 유무, 노동 여부나 노동 의사와 관계없이 사회 구성원 모두에게 최소생활비를 지급하는 제도로 보편적 복지의 핵심

찾아보기

강양구. (2017.05.23). 빌 게이츠는 왜 '로봇세'를 주장하나?. 뉴스톱. Retrieved from https://bit.ly/2FQsdol

최창현. (2019.05.28). 서비스로봇 글로벌 시장, 오는 2024년 60조 시장으로 급성장 될 것!. 인공지능신문 [웹사이트]. Retrieved from https://bit.ly/2RjqUDH

하선영. (2017.02.20). 로봇세 내라 vs 말도 안된다 … 인간들 싸움 붙었다. 중앙일보.

로봇시민법

들여다보기

2017년 1월, 인공지능을 가진 로봇의 법적 지위를 '전자인간'으로 인정하고 이를 로봇시민법으로 발전시킨다는 유럽의회의 로봇시민법 선언이 있었다. 인공지능 로봇이 스스로 판단을 내릴 능력을 갖추고, 그 판단에 대한 알고리즘이 인간이 파악하기 어려운 수준까지 발전하면 로봇에게 책임을 물을 수밖에 없다는 것이다. 로봇시민법은 아이작 아시모프의 '로봇 3원칙'을 근간으로 한다.

로봇 3원칙은 70여 년 전 SF작가 아이작 아시모프가 자신의 소설 『런어라운드 Runaround』에서 제시한 것으로, 내용은 다음과 같다.

1원칙 - 로봇은 인간에게 해를 입혀서는 안 된다. 인간이 해를 입는 것을 모른 척 해서도 안 된다.

2원칙 - 1원칙에 위배되지 않는 한 로봇은 인간의 명령에 복종해야 한다.

3원칙 - 1원칙과 2원칙에 위배되지 않는 한 로봇은 자신을 보호해야 한다.

우리나라에서도 박영선 더불어민주당 의원이 '로봇기본법' 제정안을 대표 발의했다. 법안을 보면 '국가는 로봇에게 특정 권리와 의무를 가진 전자적 인격체로서의 지위를 부여하고, 로봇에 의한 손해가 발생할 경우 책임 부여와 보상 방안 등에 관한 정책을 마련해야 한다'고 주장했다.

하지만 인공지능 로봇 · 법학 · 윤리 전문가 162명은 유럽연합 집행위원회에 공개 서한을 보내 로봇에 법적 지위를 부여하는 것은 부적절하다고 주장했다. 로봇에게 법적 지위를 부여하는 것은 로봇에 의해 일어나는 여러 문제에 대한 인공지능 로봇 제조사들의 법적 책임을 피하기 위한 술책이라는 것이다. 그들은 '로봇윤리' 대신 로봇을 제조하고 사용하는 인간의 윤리가 더 중요하다고 강조했다. 즉, 로봇이 인간에게 해를 끼친다면 이는 인간이 잘못 설정한 어떤 목표 때문일 가능성이 더 크다는 것이다.

용어사전

1. 유럽의회는 로봇의 법적 지위를 '전자인간'으로 인정한다고 선언했다.
2. 전자인간의 의무에 대해서는 아이작 아시모프의 로봇 3원칙을 기반으로 적용했다.
3. 같은 해 우리나라도 '로봇기본법'이 발의되었다.
4. 반면 인공지능 로봇 전문가들은 로봇이 해를 끼칠 경우, 로봇을 만들고 운영하는 사람에게 그 책임이 있다고 주장한다.

논제

1. 로봇에게 법적 인격을 부여하는 문제에 대해 찬반 입장을 정하고, 그 근거를 제시하시오.
2. 로봇이 침팬지나 고릴라와 같은 비인간 인격체에 해당되는지에 대해 판단하고, 그 근거를 제시하시오.
3. 로봇에게 법적 인격을 부여한다면 어떠한 조건이 갖추어졌을 때 가능할지에 대해 논하시오.
4. 로봇에게 법적 인격을 부여한다면 사람과는 다른 어떤 조건을 요구할 것인지에 대해 주장하시오.
5. 로봇을 만들고 운영하는 사람의 책임과, 로봇의 법적 지위가 어떻게 공존해야 좋을지 논의하시오.

키워드

로봇 인격 / 로봇 법적 지위 / 로봇 3원칙 / 로봇기본법

용어사전

아이작 아시모프 러시아에서 출생한 미국의 과학 소설가이자 저술가

찾아보기

김보영. (2017.03.08). '로봇시민법' 만드는 EU… 전자인간에 윤리를 명하다. 한국일보.

이대희. (2017.07.19). 한국서도 '로봇기본법' 발의...로봇도 인간 윤리 준수해야. 프레시안.

추가영. (2018.04.14). 'AI 로봇' 사고는 누구 책임?… EU '로봇 인격' 부여 놓고 논쟁 격화. 한국경제.

식물공장

들여다보기

식물공장이란 통제된 시설 내에서 빛, 온도, 습도, 이산화탄소 농도 및 배양액 등의 환경 조건을 인공적으로 제어하여 식물을 재배하는 시설이다. 식물공장에서는 농업 및 IT, BT, ET 등의 기술이 접목되어 발전하고 있다.

식물공장의 가장 큰 장점은 먼저 외부 환경과 독립적으로 식물을 재배하므로 계절의 변화에 상관없는 작물재배가 가능하다는 점이다. 또 외부와 단절된 시스템으로 해충이나 잡초, 세균의 침입을 방지할 수 있어 농약이나 제초제의 사용 없이 식물을 재배할 수 있다는 것이 장점이다. 집약된 시설에서 재배가 가능하기 때문에 농지가 부족한 상황에 대처할 수 있다는 점도 매력적이다.

하지만 식물공장 역시 단점이 존재하는데 먼저 비용이 너무 많이 든다는 것이다. 앞서의 장점을 갖추기 위해서는 환경제어, 반송장치, 조명설비, 전기, 급배수, 수경 등의 시스템을 구축해야 하는데, 이를 위한 초기 투자비용이 꽤 많이 소요된다. 전기료와 재배자재 등의 운영비용도 일반 원예시설보다 많이 든다. 친환경 안전 농산물이라는 프리미엄으로 일반 채소보다 더 비싸게 판매할 수 있지만 채산성을 맞출 수 없는 것이 문제다. 현재 가장 활발히 식물공장 산업을 진행하고 있는 곳은 일본인데 근 30년간에 걸친 정부의 투자와 지원에도 불구하고 현재 흑자를 내고 있는 기업은 약 10% 선에 불과한 것으로 나타난다.

그리고 이렇게 비용이 많이 든다는 것은 바로 이산화탄소 발생량이 많다는 것을 의미한다. 유지비용의 상당수가 빛을 생산하기 위한 전기세인데, 이 전기는 현재까지 화력과 원자력에 의해 제공되고 있기 때문이다. 광합성으로 산소를 만드는 식물공장이지만, 사실 몇 배의 이산화탄소를 이미 소비한 다음 만들어지는 것이다.

그럼에도 불구하고 식물공장에 많은 국가와 기업이 투자와 연구를 하는 이유는 무엇일까? 현재 인구의 증가세가 식량 생산 증가율을 앞지르고, 농지는 점점 부족해지고 있는 상황이기 때문이다. 게다가 농업 인구까지 고령화되어 농업 생산량에 대한 걱정이 점점 커지고 있다. 하지만 식량 자체는 흔히 얘기하듯이 국가 안보차원에서도 일정하게는 확보해야 하는 것이다보니, 많은 나라들이 식물공장에 대해 지속적인 연구를 계속하고 있다. 또 식물공장을 통한 생산이 일반화되면, 남는 유휴농지를 다른 용도로 사용할 수 있다는 점도 대단히 매력적인 지점이다.

수송비용을 절감할 수 있다는 장점도 있다. 실제 농산물 가격에서 수송이 차지하는 비중은 평균 약 70%에 달한다. 도시 근교에 식물공장을 짓는다면 획기적으로 수송비용을 절감할 수 있다. 또 수송과정에서 발생하는 이산화탄소 또한 줄일 수 있다.

그리고 현재의 기술 발전 속도를 볼 때, 10년 정도면 손익분기점에 도달할 수 있을 것이란 예상도 있다. 이와 함께 신재생에너지를 이용한 발전, 인공지능을 통해 최적화된 무인 재배시스템, 식물공장 시스템에 적합한 식물 품종 개량 등의 방법이 함께 강구되고 있다.

쟁점

1. 인구 증가 대비 농업생산량 감소, 토지 부족 문제 등의 대안으로 식물공장의 건설이 주목받고 있다.
2. 식물공장은 계절에 상관없이 일정한 품질의 제품을 만들 수 있다.
3. 식물공장은 제초제나 살충제와 같은 농약을 사용하지 않는다.
4. 하지만 현재의 식물공장은 들어가는 비용에 비해 생산량이 만족스럽지 않다.

논제

1. 식물공장 운영비용 중 가장 커다란 부분은 빛 생산을 위한 전기 사용이다. 이를 획기적으로 줄일 수 있는 대안을 제시하시오.
2. 식물공장 운영이 본격화되면 기존 농업을 운영하는 농민 다수가 실직할 수 있다. 이를 해결할 수 있는 대안을 제시하시오
3. 식물공장 운영이 본격화되면 기존 농지를 다른 용도로 사용할 수 있다. 이를 친환경적으로 이용할 수 있는 대안을 제시하시오.

키워드

식물공장 / 스마트 팜

용어사전

배양액 식물이나 세균, 배양 세포 따위를 기르는 데 필요한 영양소가 들어 있는 액체

IT Information Technology, 정보통신 기술

BT Biology Technology, 생명공학 기술

ET Environment Technology, 환경공학 기술

채산성 경영상에 있어 수지, 손익을 따져 이익이 나는 정도

유휴농지 농작물의 경작 또는 다년성 식물의 재배에 이용하지 않는 농지

손익분기점 특정 기간의 매출액이 같은 기간의 총비용과 일치하는 점. 매출액이 이보다 많으면 이익이 되고 이보다 적으면 손실이 생긴다

찾아보기

박재용, 서검교, 윤신영, 임창환. (2019). 4차 산업혁명 문제는 과학이야. MID.

박재용. (2018). 4차 산업혁명이 막막한 당신에게. 뿌리와이파리.

Fatima Kamata. (2019.10.31). 땅도 없고 농민들도 없는 농업혁신. BBC NEWS 코리아 [웹사이트]. Retrieved from https://www.bbc.com/korean/features-50187323

전황수. (2016.10.26). 식물공장의 국내외 추진 동향. 주간기술동향.

전효진 (2019.11.16). 생산성 기존 농장의 350배...도심속 '식물공장'이 인류 미래 구할까?. 조선일보.

최준호. (2018.12.16.) SF영화에 나올 법한 장면 사람 손 필요없는 식물공장. 중앙일보.

클라우드 로보틱스

들여다보기

20세기 초중반의 로봇은 정해진 시간에 정해진 동작을 수행하는 것이 전부였다. 이런 로봇은 외부 상황의 변화를 전혀 인지하지 못하고, 그저 주어진 작동 순서대로만 움직인다. 그러다 로봇에 감지기가 달리고, 이와 관련된 알고리즘에 의해 로봇이 움직이게 되자 상황이 조금 나아졌다. 재료가 도착하면 감지기가 그 사실을 확인하고, 미리 정해진 움직임으로 용접을 하고, 자르고, 들어올린다. 그러나 이 경우도 제한적인 움직임밖에 할 수 없는 단계다. 물론 그럼에도 불구하고 산업 현장에서는 꽤나 많은 쓰임이 있었다.

감지기의 종류가 다양해짐에 따라 알고리즘이 더 복잡하게 이루어지자 로봇의 활동은 조금 더 개선된다. 물체의 크기와 색에 따라 다른 행동을 할 수 있게 되고, 더 복잡한 일을 수행할 수 있게 된 것이다. 하지만 이런 경우에도 일정한 틀 이내에서만 작업을 수행할 수 있다는 것은 변함이 없다. 현재 활용되고 있는 산업용 로봇은 거의 대부분이 이런 상태다. 그러나 21세기 들어 우리가 로봇에 대해 새로운 관심을 가지게 된 것은 이를 뛰어넘는 새로운 영역이 들어서고 있기 때문이다. 바로 '연결'과 '인공지능'의 문제다.

주변의 전자시스템 및 클라우드 기반의 인공지능과 연결된 로봇 시스템을 '클라우드 로보틱스Cloud Robotics'라고 한다. 사실 21세기 들어 로봇이 주목받는 이유는 바로 이 부분이다. 로봇의 외관 변화보다, 연결성이 중요한 변별 지점이 된 것이다.

산업용 로봇은 정해진 시간에 정해진 동작을 수행하는 것이 전부였으나, 클라우드 로보틱스를 통해 연결되면 더 다양한 일이 가능해질 것이다.

공장에서도 마찬가지다. 이전까지의 용접로봇은 컨베이어 벨트를 따라 오는 지정된 종류의 물체에 대해 지정된 장소에서만 용접을 할 수 있었지만, 이제는 그렇지 않다. 중앙의 클라우드 시스템이 도착하는 물체의 어느 부위에 용접을 해야 될지를 지정해주면 그에 따라 다양한 물품의 용접이 가능해진다. 그리고 용접 부위를 스캔해서 그 정보를 네트워크를 통해 전달하면, 클라우드 기반 인공지능이 불량여부를 바로 가릴 수 있다.

용접에 필요한 부품의 경우도 재고를 파악하여 물류 시스템에 명령을 내려 적절히 조달하는 것이 가능하다. 또 공장 곳곳의 감지기는 조립라인의 속도와 물건, 돌연 사고 등을 확인해 클라우드 기반 인공지능에게 전달한다. 인공지능은 이를 바탕으로 공장 내의 다양한 지점에 적절한 명령을 내릴 수 있다.

이렇듯 21세기 로봇의 특징은 연결성이다. 가정 내의 다양한 전자제품과 연결되고, 인공지능과 연결되며, 인프라와도, 사람과도 연결된다. 클라우드 로보틱스는 사람에 의한 조작과 후처리를 최소화시키게 될 것이다.

쟁점

1. 클라우드를 기반으로 한 인공지능과 연결된 클라우드 로봇이 주목받고 있다.

2. 21세기 로봇의 특징은 연결성이다.

3. 클라우드 로보틱스는 사람에 의한 조작과 후처리를 최소화시키게 될 것이다.

논제

1. 클라우드 로보틱스가 서비스산업에 본격적으로 도입될 때 일어날 상황을 가정하시오.

2. 클라우드 로보틱스에 의해 일어날 실직 사태를 정리하고, 그 대안을 제시하시오.

3. 클라우드 로보틱스를 통해 일어날 정보 독점의 문제를 정리하고, 그 대안을 제시하시오.

키워드

클라우드 로봇 / 클라우드 로보틱스 / 클라우드 기반 인공지능

용어사전

클라우드 기반 인공지능 개별 디바이스가 아닌 클라우드의 서버에 인공지능 프로그램을 탑재하여 디바이스에서 인공 지능을 구현하는 시스템

찾아보기

박재용. (2018). 4차 산업혁명이 막막한 당신에게. 뿌리와이파리.

유성민. (2017.07.21). 클라우드로봇, 재앙이 될 수도. 사이언스타임즈.

클라우드 로봇. 위키백과 [웹사이트]. Retrieved from https://bit.ly/3adtZOk

스마트그리드

들여다보기

지금껏 전력망은 여러 곳의 대규모 발전소와 산업, 운송, 가정 등의 소비지를 연결하는 것이 핵심이었다. 이런 시스템에서는 실제 우리가 사용하는 전기보다 훨씬 더 많은 전기를 생산해야 한다. 여름철 한낮에 전국에서 에어컨을 빵빵 틀게 되면 평소보다 전기를 더 쓰게 된다. 이때 추가로 전기를 생산할 여력이 없다면 어디선가 정전 사태가 나게 된다. 따라서 이에 대한 대비를 해야 한다. 혹은 전국의 발전소 중 어느 한 곳에서 사고가 생겨 발전이 중단되면 이에 대한 대비도 해야 한다. 가뭄으로 수량이 줄어들면 수력발전소의 발전량이 줄어들기도 하기 때문이다.

따라서 좀 더 효율적으로 전력의 공급과 수요를 조절할 수 있다면 다른 조건이 동일할 때도 더 적은 수의 발전소를 짓고, 생산량도 줄일 수 있을 것이다. 그리고 바로 이 지점에서 스마트그리드smart grid가 요구된다. 스마트그리드는 전기의 생산, 운반, 소비 과정에 정보통신기술을 접목한 지능형 전력망시스템을 말한다.

스마트그리드는 전력망에 직비Zigbee, 전력선 통신 등의 정보통신기술을 합쳐 소비자와 전력회사가 실시간으로 정보를 주고받는 것을 기본으로 한다. 이를 통해 전력공급자는 실시간으로 전력 사용량을 파악해 공급을 줄이거나 남는 전력을 양수발전 등으로 돌릴 수 있으며, 전력공급망의 고장도 예방할 수 있다.

반대로 소비자는 전기요금이 저렴할 때, 즉 전기 공급이 남아돌 때 전기를 사용하고, 전자제품의 충전을 주로 전기요금이 저렴한 시간대에 할 수 있다. 또 전력공급망을 더욱 효율화하여 공급과정에서 사라지는 에너지를 줄일 수 있고, 공급 중단 등의 사고가 발생할 경우 이를 대체할 송배전 선로를 통해 전기를 보내는 등의 대처도 가능해진다.

더 중요한 점은 이러한 쌍방향 통신을 중심으로 마이크로그리드micro grid를 도입할 수 있다는 것이다. 마이크로그리드는 거대 발전소를 중심으로 한 광역 전력시스템과 대비되는 개념으로, 개인이나 마을 공동체와 같이 작은 단위의 전력 공급시스템을 말한다. 한 마디로 자체적으로 필요한 전력을 스스로 만들어 내는 곳이다. 그리고 남는 전기를 스마트그리드와 연계하여 공급한다.

이러한 마이크로그리드가 많아지면 그만큼 전기 생산자가 분산됨에 따라 안정적인 전기 공급이 가능해진다. 특히 마이크로그리드는 대부분 태양광 발전이나 풍력 발전과 같은 재생 가능한 에너지를 통해 전기를 생산한다는 점이 장점이다.

그러나 스마트그리드 역시 장점만 존재하는 것은 아니다. 스마트그리드 사업의 핵심 중 하나로 스마트 전력 계량기Advanced Metering Infrastructure, AMI가 있다. 스마트계량기란 현재의 계량기를 대체하는 것으로 가정에서의 전기 소비를 초 단위로 아주 미세한 양까지 측정하여 실시간으로 전력회사에 전송한다. 따로 계량을 할 필요가 없다. 현재 우리나라의 한국전력은 250만 개의 계량기를 스마트계량기로 교체했고, 현재도 지속적으로 교체 중에 있다. 2022년까지 전국 2,000만 호의 계량기를 교체한다는 계획이다. 예산만 1조 5천억 원이 드는 대규모 사업이다.

그런데 이 스마트계량기가 도입되면 네트워크를 통해 자동적으로 검침이 이루어지기 때문에 지금처럼 검침원들이 일일이 매달 검침을 할 필요가 없다. 즉 이들의 일자리가 없어지는 것이다. 스마트계량기가 가스와 수도 또한 확인해주어 가스와 수도 검침원들도 필요가 없어진다. 전국의 가정이 모두 스마트계량기로 교체할 경우 직업을 잃을 검침원은 약 1만 명에 달할 것으로 보인다.

스마트계량기는 또한 앞서 이야기한 것처럼 사생활 해킹의 가능성을 안고 있다. 초 단위의 전기 사용량과 수도 사용량, 그리고 가스 사용량 등은 우리집에 몇 명이 기거하고, 언제 샤워를 하며, 언제 TV를 보고, 잠을 청하는지를 모두 알려준다. 하지만 아직 국내에서는 이와 관련한 개인정보 보호 문제가 거론조차 되고 있지 않다.

스마트그리드의 또 하나의 문제점은 전력 공급의 민영화다. 전력 시장을 민영화하여 경쟁을 유도해 효율을 높이는 것이 좋다는 주장도 있지만, 국민 생활과 직결된 문제를 시장에만 맡겨서는 곤란하다는 의견도 팽팽하게 맞서고 있다.

또 스마트그리드를 통해 전기 사용량이 높을 때의 요금을 높이는 것이 경제적으로 어려운 이들에게 피해가 될 것이라는 점도 지적되고 있다. 피크타임에 전기요금이 높아지면 정작 더울 때 에어컨을 틀기를 주저하게 되고, 추울 때 보일러를 돌리기 힘들어질 수 있기 때문이다.

쟁점

1. 스마트그리드가 상용화되면 국가 전체적으로 지금보다 효율적인 전기 관리가 가능해진다.
2. 스마트그리드가 상용화되면 민간업자의 참여가 가속화될 수 있다.
3. 스마트그리드가 상용화되면 신재생에너지의 사용이 활성화될 수 있다.
4. 스마트그리드 사업의 핵심 중 하나인 스마트계량기의 경우, 검침원들의 일자리 문제에 대한 해결이 함께 고려될 필요가 있다.
6. 스마트계량기 역시 다른 스마트기기와 마찬가지로 개인정보 누출의 우려가 있다.

논제

1. 스마트그리드가 가지는 장단점을 분석하고, 앞으로 스마트그리드 사업이 어떤 방향으로 진행되어야 할지 그 방향을 제시하시오.
2. 전력 산업에 민간기업이 참여하는 것에 대한 장단점을 분석하여 찬반 입장을 정하고, 그 근거를 제시하시오.
3. 스마트그리드 사업으로 만들어지는 방대한 빅데이터를 활용할 방안을 제시하시오.

키워드

스마트그리드 / 마이크로그리드 / 슈퍼그리드 / 스마트계량기

용어사전

직비 Zigzag와 Bee의 합성어로 소형, 저전력 디지털 라디오를 이용해 개인 통신망을 구성하여 통신하기 위한 표준 기술이다

양수발전 수력발전의 한 형태. 야간이나 전력이 풍부할 때 펌프를 가동해 저수지 아래의 물을 저수지 위로 퍼 올렸다가 전력이 필요할 때 방수하여 발전한다

피크타임 어떤 상태나 국면 따위가 가장 높은 시간대

찾아보기

이찬복. (2019). 에너지 상식사전. MID.

박재용. (2018). 4차 산업혁명이 막막한 당신에게. 뿌리와이파리.

스마트그리드. 위키백과 [웹사이트]. Retrieved from https://bit.ly/2tm9L4b

스마트그리드란. 한국전력공사 [웹사이트]. Retrieved from https://bit.ly/2NuwHoT

다음을 기약하며

이 책은 중고등학교 교내 과학토론대회를 준비하기 위한 일종의 지침서이자 자료집입니다. 하지만 이 책에 있는 다양한 과학적 쟁점들을 직접 찾아보고 공부하면서, 과학에 대한 지평이 넓어짐을 스스로 느낄 수 있기를 바라는 마음으로 준비한 책이기도 합니다.

처음 책을 기획할 때는 중고등학생이 알면 좋을 모든 과학 분야를 다루겠다는 야심찬 목표를 가지고 있었습니다. 그러나 생각보다 훨씬 많은, 그리고 다양한 과학 분야와 쟁점들이 있다는 사실을 자료를 찾으며 확인하게 되었습니다. 때문에 단행본이라는 한계 속에서 현재 중고등학생들에게 가장 시급하고 중요한 주제가 무엇일지를 최대한, 잘 고르는 일에 힘을 쏟고자 했습니다.

교과과정 중에서 알 수 있거나 쟁점이 되기 어려운 내용들은 아쉽지만 뒷날을 기약하며, 특히 현재 우리나라와 현대 과학기술이 당면한 다양한 쟁점과 윤리, 사회적 문제를 학생들이 스스로 공부할 수 있도록 논제들을 배치했습니다.

다음 책에서 더 다양하고 풍부한 과학의 쟁점들을 가지고 찾아뵐 것을 기약하며, 열심히 읽어 주신 독자 여러분들께 감사의 말씀을 드립니다.

부록 :
과학토론대회 입론 및 쟁점 토론 예제

부록으로 실제 과학토론대회를 시뮬레이션 할 수 있는 두 가지 예제를 만들었습니다. 예제를 통해 입론과 반론, 질문 및 주장다지기를 하는 과정 전체를 시뮬레이션 할 수 있을 것입니다. 실제 과학토론대회의 모습은 학교마다 조금씩 다르고 다양할 것이나, 과학토론대회 기본기를 익히는 데는 도움이 될 것입니다.

예제 1: 해양 플라스틱 쓰레기 원인과 대책

들여다보기

지구의 바다가 해양 쓰레기로 고통 받고 있다. 특히 플라스틱은 분해가 되지 않기 때문에 매년 나오는 쓰레기가 계속 누적되어 심각한 문제가 되고 있다. 태평양에는 플라스틱 쓰레기로 이루어진 거대한 섬이 형성되어 있으며 그 규모가 나날이 커지고 있다. 해수욕장 등에 매일 밀려오는 플라스틱 쓰레기로 인해 관광객이 감소하고 있으며, 어업 활동에도 지장을 받고 있다. 플라스틱 쓰레기는 선박 고장의 주된 원인이 되기도 한다.

인간뿐만 아니라 해양생물들도 고통을 받고 있다. 미세플라스틱이 해양생물의 체내에 축적되어 이 때문에 폐사하는 생물들이 늘고 있는 상황이다. 플라스틱 쓰레기는 해양식물에게도 피해를 주고 있으며, 폐그물이나 여타 플라스틱이 산호초를 덮으면서 연안의 해양 생태계가 파괴되고 있다. 나날이 늘어나는 해양 플라스틱 쓰레기 문제의 원인은 무엇이며, 그 해결책은 어떠해야 할지 고민해 보자.

쟁점

1. 매년 1,500톤의 플라스틱 쓰레기가 바다로 유입되고 있다.
2. 바닷물이 크게 원을 그리며 순환하는 환류의 발생으로 태평양에 거대한 쓰레기 섬이 형성되고 있다.
3. 바다로 유입된 쓰레기의 1%만이 섬을 형성하고 있으며, 99%는 행방이 묘연하다.
4. 우리나라의 경우 해양 쓰레기의 67%가 육지에서, 33%는 해양에서 발생하고 있다.

논제

해양 플라스틱 쓰레기의 발생 원인을 육지와 해양으로 나누어 정리하고, 이를 줄이기 위한 방안을 고려하시오.

찾아보기

강미주. (2018.08.31). 세계는 '해양 쓰레기'와 전쟁 중. 해양한국, 640.

Angus Chen. (2015.02.15). Here's how much plastic enters the ocean each year. Science [웹사이트]. Retrieved from. https://bit.ly/2u2PuRg

그린피스 서울 사무소. (2016.07.12). 바다에 버려지는 쓰레기 결국 그 피해는 우리에게 되돌아옵니다. 그린피스 코리아. Retrieved from https://bit.ly/373ZWqw

송경은. (2018.04.23). '쓰레기 대란'에 플라스틱 그냥 버렸다간…미세플라스틱으로 식탁까지 위협. 동아사이언스.

황정우. (2018.03.21). 英 과학자들 "바다 플라스틱 쓰레기 10년새 세배로 증가" 전망. 연합뉴스.

해양쓰레기통합정보시스템 [웹사이트]. Retrieved from https://www.meis.go.kr/portal/main.do

키워드

태평양 쓰레기 지대 / 해양 쓰레기 섬 / 해양 쓰레기 원인 / 튜브 울타리

입론

전반적 상황 『사이언스』지에 따르면 2015년 기준 전 세계 바다에 약 1억 5,000만 톤의 해양 쓰레기가 존재한다고 한다. 전 세계적으로 매년 800만 톤의 해양 쓰레기가 발생하고 있으며 이러한 상황은 점차 증가하는 추세다. 이러한 현재의 상황이 지속된다면 2050년에는 물고기보다 해양 쓰레기의 양이 더 많을 것이라 UN은 경고하고 있다.

우리나라의 경우도 1인당 플라스틱 소비량이 증가하면서 주변 바다로 유입되는 해양 플라스틱 쓰레기가 증가하고 있다.

원인별 상황 해양 플라스틱 쓰레기는 크게 육지에서 발생하여 하천을 타고 바다로 유입되는 것과, 해변 혹은 선박에서 버려지는 것으로 나눌 수 있다.

『사이언스』지에 따르면 육지에서 발생되는 플라스틱 쓰레기는 전체 해양 쓰레기의 70%를 차지하는데 우리가 사용한 플라스틱 중 길거리에 버려진 것이 빗물 등에 의해 하수로 유입되면서 발생하는 것이 첫 번째이고, 방치된 폐가나 폐구조물, 불법투기 폐기물 등이 우천 시 빗물에 쓸려 하천으로 유입된 것이 두 번째 원인이다. 또 장마나 폭우 같은 특별한 기후 환경에서 하천으로 유입되는 플라스틱류가 해양으로 유입되기도 하며, 낚시 등 하천 주변에서의 여가 활동에서 발생하는 경우도 있다.

바다와 그 주변 해안에서 발생하는 플라스틱 쓰레기는 전체 해양 플라스틱 쓰레기의 30% 정도를 차지한다. 유입경로를 보면 해수욕장 등지에서 머무를 때 발생하는 쓰레기의 일부가 방치되어 바다로 유입되는 경우가 있고, 바다낚시 등의 여가활동 과정에서 발생하기도 한다. 그러나 주요하게는 연안 어업을 하는 어선 등에서 발생하는 쓰레기들이 다수를 차지한다. 망가진 그물이나 부표, 그리고 어업활동 과정에서 폐기되거나 방출되는 플라스틱 쓰레기가 많기 때문이다. 그 외 연안 항해를 하는 선박에게서 발생하는 플라스틱 쓰레기도 있다.

해양 플라스틱 피해 현황 해양 플라스틱은 바다에서 미세하게 쪼개져 해양생물의 체내로 들어가게 된다. 이렇게 체내에 축적된 플라스틱은 배출되지 않는다. 또한 비닐봉지는 바다에서 마치 해파리처럼 보이기 때문에 해파리를 먹이로 삼는 해양생물에게 피해를 주기도 한다. 폐기된 그물 역시 해양생물에게 위협적인 무기가 되어 해양 생태계를 교란시킨다.

생태계만 문제되는 것은 아니다. 연안 쓰레기의 증가는 연안 어업을 하는 어민들에게도 막대한 피해를 준다. 그물의 절반이 쓰레기로 가득 차게 되면 어망이 망가져 새로 구입해야 하며, 어업 효율 또한 떨어진다. 잡은 물고기를 가공할 때 플라스틱 쓰레기를 골라내는 작업이 추가되기도 한다. 또 플라스틱이 항해하는 선박의 스크류에 감겨 고장을 일으키고, 비닐봉지가 냉각수 파이프에 빨려 들어가 항해가 중단되기도 한다. 우리나라 해양쓰레기통합정보시스템에 따르면 선박 사고 원인 중 10%는 해양쓰레기가 원인이다.

해양 플라스틱 쓰레기가 해류를 타고 해안으로 밀려들면 해안 관광지 경관 또한 해치게 된다. 이는 관광객의 감소나, 플라스틱 쓰레기 수거를 위한 새로운 인력과 비용의 필요로 이어지게 된다.

대책 가장 먼저는 플라스틱 쓰레기의 발생량을 줄이는 것이다. 이를 위해서는 우선 국민들이 해양 플라스틱 쓰레기의 실상을 알아야 한다. 따라서 이와 관련한 다양한 홍보 전략이 필요하다.

둘째로 플라스틱 쓰레기의 많은 부분을 차지하는 일회용 플라스틱의 사용량을 줄여야 한다. 이는 홍보와 더불어 정부의 강력한 정책이 필요한 부분이다. 현재 카페에서는 매장 안의 일회용 컵 사용을 금지하고 있다. 일정 면적 이상의 마트에서도 일회용 비닐봉지의 사용이 금지되어 있다. 이처럼 다양한 영역에서 일회용 플라스틱 사용금지 정책이 실행되어야 한다.

셋째로 플라스틱 제품을 다른 재질의 제품으로 바꾸는 노력이 필요하다. 스타벅스의 경우 빨대를 플라스틱에서 종이로 바꾸었다. 그러나 이런 변화를 기업의 선의에만 기대어 기대한다면 개선 속도가 너무 느리다. 정부의 정책을 통해 플라스틱의 대체재 개발을 독려하고, 이에 세제 혜택을 주는 등의 노력이 뒤따라야 한다.

또 이미 존재하는 해양 플라스틱 쓰레기를 수거하기 위한 대책이 필요하다. 그러나 여기에는 막대한 비용이 들어간다. 이를 효율적으로 수행하기 위해서는 수거된 해양 플라스틱의 재활용 방안이 마련되어야 한다. 유럽은 이를 위해 어업용 쓰레기를 수집, 분류, 재활용하는 시스템 구축 프로젝트를 지원했다. 미국의 경우도 폐어망으로 디젤 연료를 만드는 시스템을 개발해 활용 중이다. 일본은 폐스티로폼 부표를 활용한 보일러를 개발하고 있다.

이처럼 해양 플라스틱 쓰레기를 재활용하는 방안을 마련하여 수거업체와 재활용 업체를 연계해 투여되는 비용을 줄인다면 해양 플라스틱 쓰레기 수거에 커다란 도움이 될 것이다.

이외에도 일반인들의 자원봉사 참여를 독려하는 프로그램을 개발하는 것도 한 방법이다. 해안가에 밀려드는 플라스틱 쓰레기를 수거하는 자원봉사 체제를 갖춘다면 정부나 기업이 미처 처리하지 못하는 해양 플라스틱 수거에 커다란 도움이 될 것이다. 우리나라에서도 '재주도좋아'라는 단체가 해변을 빗으로 빗듯이 파도에 밀려온 쓰레기를 주워 모으는 '비치코밍beachcombing'이라는 활동을 전개 중이다.

결론 플라스틱 쓰레기 생산 자체를 줄이기 위한 플라스틱 덜 쓰기 운동과, 이미 발생한 플라스틱 쓰레기를 수거하는 노력이 정부와 기업, 그리고 시민 모두에 의해 이루어져야 한다.

예상 질문

입론에서 구체적이지 못한 부분을 확인하기 위한 상대팀의 질문

- 일회용 플라스틱 사용을 줄이는 방안을 정부 정책으로 실시하면 기업과 자영업자들에게 추가 비용이 발생할 수 있는데 이는 어떻게 처리할 것인가? 이러한 생산, 유통 비용의 증가는 판매 가격의 인상을 가져올 것이고, 이는 서민 경제에도 부담을 줄 수 있다. 이에 대한 대책은 무엇인가?
- 해양 플라스틱 쓰레기는 주로 연료로 재활용되는데 이때 발생하는 오염 문제는 어떻게 처리할 것인가?

- 해양 쓰레기를 자원봉사자를 활용해 수거하는 방법의 경우 해안 청소가 장기간, 또 자주 이루어져야 한다. 또 자원봉사의 경우 강제성이 없다. 그렇다면 자원봉사자들을 어떻게 동원할 수 있을지, 이에 대한 실제적인 계획이 존재하는가?

예상 반론

입론에서 논리적이지 못한 부분이나 근거가 잘못된 부분에 대한 상대팀의 반론

- 일회용 플라스틱 사용 제한을 정부의 정책을 통해 실시한다면 구매와 사용에 대한 개인의 자유를 침해하는 것은 아닌가? 개인이 자발적으로 일회용 플라스틱 사용을 자제한다면 가장 이상적이겠지만 이를 정책을 통해 규제하는 것은 반발을 살 수 있다.

- 자원봉사는 말 그대로 개인들의 자발성에 기초해야 하는데 이 또한 정책적으로 추진한다면 결국 군인이나 학생들이 반강제로 동원되는 결과를 낳게 될 수도 있다.

주장 다지기

상대팀의 질문과 반론에 대한 답변 및 상대팀 주장에 대한 추가 반론

- 우리는 사회 전체의 이익이 크고 개인의 불편이 사소한 것이라면 개인의 자유를 일정 정도 제한하는 정책을 이미 실행하고 있다. 공공장소에서의 금연이라든가 대중교통 시설에서 음식물 취식을 금지하는 등의 정책이 그러하다. 인류 전체와 생태계를 위해 일회용 플라스틱 사용을 금지하는 것은 이와 같은 성격이므로 개인의 자유가 일정 부분 제한되더라도 시행해야 할 것으로 생각한다.

- 해양 쓰레기의 재활용 과정에서 나오는 이산화탄소 및 오염물질의 경우, 어차피 해양 쓰레기가 아니더라도 연료의 공급을 위해 화석연료를 사용하는 과정에서 오염물질이 발생한다. 때문에 '추가적으로' 환경에 해악을 끼치는 것은 아니라 볼 수 있다. 물론 환경 오염물질 배출을 줄이기 위해 해양 쓰레기를 처리하는 과정에 대한 고민은 함께 이루어져야 한다.

- 또 기업과 개인사업자의 비용 부담 증가는 잘못된 예측일 수 있다. 일회용 비닐봉지 사용이 금지되면서 소비자들이 장바구니를 가져오게 되었듯이, 일회용 컵 사용이 금지되면서 소비자들이 텀블러를 가지고 다니는 것이 일상화된다면 오히려 기존에 제공하던 비닐봉지나 일회용 컵을 사용하지 않게 됨으로써 비용이 감소하게 될 수 있다.

예제 2 : 유전자 조작 아기

들여다보기

2018년 말, 중국에서 수정란 상태에서 유전자 조작이 된 아기가 태어났다. 생명공학, 특히 유전공학의 발달은 이제 인간 배아에서 유전자 조작이 가능한 수준까지 이르렀다. 일부 연구자들은 인간 배아의 유전자 조작에 호의적이기도 하다. 이들은 희귀 난치병 중 상당수가 유전자 변이에 의한 것인데, 이런 경우 배아 상태에서의 유전자 조작을 통해 선제적 치료가 가능해져 인류의 미래에 도움이 될 것이라는 논리를 펼치고 있다.

그러나 대부분의 유전공학자와 과학자들은 인간 배아에 대한 유전자 조작에 반대하고 있으며 각국 정부도 현재로서는 인간 배아에 대한 유전자 조작에 반대하고 있다. 인간 배아에 대한 유전자 조작이 다양한 측면에서 문제점을 보이고 있기 때문이다. 생명윤리 문제, 유전자 조작에 의한 의도치 않은 부작용 문제, 유전자 조작 치료에 대한 범위 문제 등이 그것이다.

그러나 한편에서는 찬성론자들의 주장처럼 희귀 유전질환의 경우 유전자 조작이 가장 근본적인 치료이자 부작용이 가장 작은 방법일 수 있다고 주장하며, 지속적인 연구의 필요성을 제기하고 있다.

쟁점

1. 대물림되고 있는 유전 질환을 치료하거나 증상을 완화하는 과정에서 요구되는 사회적 비용을 줄이기 위해서는 인간 배아를 활용한 유전자 조작 치료가 필요할 수 있다.
2. 생명윤리 차원에서는 인간 배아의 유전자를 편집하는 것이 자기결정권을 침해하는 행위다.
3. 인간 배아의 유전자 조작은 실효성 측면에서도 논란이 되고 있다. 이를 연구하는 과정에서 많은 피해자가 나올 수 있다.
4. 인간 배아의 유전자 조작에는 많은 비용이 든다. 따라서 이 비용을 부담 가능한 이들만이 건강하고 능력이 뛰어나게 되는 현상이 일어날 수 있다.
5. 인간 배아의 유전자 조작은 유전자 검사를 전제로 하는데, 이를 통해 개인의 유전적 정보를 알 수 있게 되면 인종차별이나 학력차별과 같은 유전자 차별 현상이 나타날 수 있다.
6. 특정한 증상이나 질병을 유발하는 유전자가 발견되어도 그 유전자가 가지는 다른 기능이 존재할 수 있다. 이 경우 유전자 조작으로 오히려 의도치 않은 다양한 부작용이 나타날 수 있다.
7. 치명적이지 않은 질환, 증상까지 유전자 조작을 하면 인간의 종 다양성이 훼손될 우려가 있다.

논제

유전자 조작 아기와 관련한 현황에 대해 정리하고, 이를 통해 해결할 수 있는 질병과 새롭게 발생하는 다양한 문제점을 논하시오. 또 유전자 조작 아기를 허용해야 하는지에 대한 찬반 입장을 정하고, 그 이유를 정리하시오.

찾아보기

Michelle Roberts. (2018.11.27). 중국의 유전자 편집 아기 세계 첫 출산 소식을 둘러싼 회의론들. BBC NEWS 코리아 [웹사이트]. Retrieved from https://bbc.in/2TnxvzI

김준혁. (2018.02.14). 유전자 편집의 윤리, 어떻게 바라봐야 할까. 한겨레.

심창섭. (2019.11.18). WHO, 유전자 조작 아기 실험 반대. 사이언스타임즈.

키워드

유전자 조작 아기 / 유전자 맞춤 아기 / 크리스퍼 / 크리스퍼 카스9 / 유전질환 치료

입론

전반적 상황 최근 유전자 편집 기술이 발전함에 따라 인간 배아의 유전자를 정교하게 수정할 수 있는 수준에 이르고 있다. 특히 2012년에 발표된 '크리스퍼 카스9'란 기술의 경우 기존에 비해 더 정확하게 유전자를 잘라내고 수정할 수 있다. 이 기술은 유전자를 잘못 자를 확률이 거의 없어 완벽한 기술로 평가 받고 있다. 이러한 유전공학 기술의 발달로 유전성 난치병 치료의 가능성이 더욱 높아졌다. 더욱이 2018년 중국에서는 이러한 유전공학 기술을 이용한 유전자 맞춤 아기가 탄생하기에 이르렀다. 그러나 유전자 맞춤 아기의 탄생과 관련해 전 세계 과학자들과 정부, 기타 다양한 의견을 가진 그룹들은 인간 배아의 유전자 조작에 대해 반대하고 있는 실정이다.

해결 가능한 유전성 난치병 유전병은 부모의 유전자 변이가 자식에게 물려져 발생하는 질병이다. 그 증상이 아주 약한 경우에서부터 치명적인 경우까지 다양한 유전성 난치병이 존재한다. 이러한 질병은 유전자 자체의 문제로 발생하기 때문에 일단 태어난 이후에 이를 치료하기가 대단히 힘들며 증상을 완화시키는 요법을 평생 적용해야 한다는 문제가 있다. 또 치료 방법이 거의 없어 예고된 죽음을 기다릴 수밖에 없는 경우도 있다. 환자 자신에게도 고통이지만, 이를 진료하는 과정에서 발생하는 막대한 비용으로 가족도 함께 고통을 받고, 사회적 비용 또한 증가한다. 다운증후군, 헌팅턴무도병, 혈우병, 색맹, 페닐케톤뇨증 등이 유전자 변이 등에 의해 나타나는 대표적인 질환인데, 이런 경우 수정란 상태에서 선제적으로 유전자 조작을 함으로써 그 당사자와 가족, 그리고 사회 전체에 커다란 이익을 줄 수 있다.

예상되는 문제점 그러나 인간 배아의 유전자 조작을 통한 예방적 치료에는 많은 문제점이 존재한다. 첫째는 본인이 선택하지 않은 치료라는 점이다. 유전자를 통해 인간의 여러 가지 특성이 일정 부분 정해질 수 있다고 할 때, 이를 결정하는 것은 당사자 본인이 가진 권리로 행사되어야 한다. 때문에 생존에 심각한 영향을 주는 예외적인 경우를 제외한 나머지 질환의 경우 그 결정권이 아이에게 있다는 주장이 있다. 가족력에 의한 유방암 발병 가능성이 아주 높은 경우, 유전자 조작을 거치지 않아도 정기적인 검진을 통해 조기에 유방암을 확인할 수 있고, 이를 통한 치료도 가능하다. 이런 경우 부모라고 해서 아이의 미래를 결정할 유전자를 임의로 조작하는 것이 용인될 수 있을지에 대해 심각한 논란이 예상된다. 더 나아가 외모나 성격 등의 유전적 요인을 조정하기 위한 유전자 조작이 일어날 가능성이 있어, 태어날 아기가 가지게 될 개성을 말살할 우려 또한 존재한다.

두 번째로 현재로서는 인간 배아에 대한 유전자 조작이 실제 실험이 불가능한 영역이라는 점이다. 동물실험을 통해 안정성이 확보된다고 하더라도 인간을 대상으로 임상실험을 할 수 없다는 점은 이 기술이 가진 치명적인 한계다. 인간 배아를 대상으로 하는 임상실험에서 돌이킬 수 없는 부작용이 발생한다면 그 책임은 유전자 조작 치료를 용인한 부모와 그 치료를 권하고 실제 행한 의료행위자 모두에게 돌아가게 될 것이다. 현대의학과 의료법은 이러한 중대한 과실이 발생할 수 있는 치료에 대해 아주 엄격한 기준을 요구하는데, 현재 유전자 조작에 의한 치료 기술은 이를 감당할 수 없는 수준이다.

세 번째로선 천적이라 보이는 질환의 대부분은 다양한 유전자가 이에 관여하며, 또 오직 유전에 의해서만 결정되지 않는 경우도 존재한다. 아주 극히 일부의 질환을 제외한 나머지 질환은 한 가지 유전자의 조작만으로는 막을 수 없다. 다양한 유전자가 관여하는 경우 관련 유전자를 조작하게 되면 이에 의한 부작용이 발생할 확률이 단일 유전자 치료에 비해 훨씬 더 커질 것이고, 이를 예상하는 것 또한 더욱 어렵게 될 것이다.

네 번째로 유전자 치료에 막대한 비용이 든다는 점이다. 부유한 사람들은 그 비용을 부담할 수 있지만 가난한 이들은 이러한 치료를 받기 힘들다. 이에 따라 질병 치료에 있어서도 부익부 빈익빈 현상이 나타날 수 있다.

유전자 조작 아기 허용 여부 인간 배아의 유전자 조작이 가지는 여러 심각한 문제점이 존재하지만 그럼에도 이에 대한 연구는 진행되어야 한다. 생명의 존엄성에 대한 판단은 생명공학이 발전하면서 계속 바뀌어 왔다. 수정관 시술이 처음 도입되었을 때도 생명의 존엄성을 해친다는 이유로 난항을 겪었던 과거를 생각해 보자. 하지만 지금은 다양한 불임클리닉에서 체외수정을 통해 불임부부의 문제를 해결해 주고 있다.

또 유전자 치료에 대해서도 처음에는 유전자 수정 자체에 대한 반대 여론이 많았다. 하지만 현재에 와서는 성체줄기세포에 의한 유전자 치료제의 경우 유전성 난치병뿐만 아니라 암 치료에도 적용되고 있다.

지금까지의 경향으로 본다면 기술의 발달 자체를 막는 것은 불가능하다. 유전자 조작 아기의 탄생은 대부분의 유전공학자들이 반대하고 있으며 대부분의 국가도 금지하고 있지만, 어느 국가에서 먼저 시행하느냐의 문제이지 실제로 일어날 가능성이 높은 일이다. 따라서 이를 무조건 거부하기보다 안전하게 시술을 할 수 있도록 준비를 하는 것이 중요할 수 있다.

그러나 '현재의' 조건에서는 인간 배아에 대한 유전자 조작을 허용하는 것이 부적절하다고 볼 수 있다. 우선 유전자 조작이 가능하기는 하지만 안전하게 시술할 수준에는 도달하지는 못했기 때문이다. 발생할 수 있는 다양한 부작용에 대한 보다 엄밀한 검토가 먼저 진행되어 안심할 수준에 도달해야 한다. 이와 더불어 과학기술적 측면뿐 아니라 사회적 합의를 이끌어 내는 과정 또한 이루어져야 할 것이다.

따라서 현재의 조건에서는 인간 배아의 유전자 조작을 위한 선행 연구와, 이에 대한 다양한 논의를 진행하는 정도가 허용될 수 있는 최대한일 것이다.

예상 질문

입론에서 구체적이지 못한 부분을 확인하기 위한 상대팀의 질문

- 유전자 조작에 의해 일어날 수 있는 부작용에는 어떤 것이 있는가?
- 유전자 조작의 부작용을 극복하려면 어떠한 연구가 필요한가?
- 유전자 조작 아기에 대한 사회적 합의는 어떻게 이루어질 수 있는가?

예상 반론

입론에서 논리적이지 못한 부분이나 근거가 잘못된 부분에 대한 상대팀의 반론

- 유전자 조작에 의한 부작용은 치료를 받은 배아가 성인이 된 후 그 예후를 면밀히 관찰하는 과정을 거치지 않으면 확인하기 어렵다. 때문에 이러한 부분이 확인되지 않은 상태에서 유전자 조작을 허용하는 것은 위험하다. 결국 가장 처음 유전자 조작 처치를 받는 다수의 아기가 부작용에 노출될 가능성이 높아진다.

- 우리나라의 경우 최근 낙태에 관한 법이 위헌이라는 대법원의 결론이 났다. 따라서 임신한 아이를 낙태할 수 있는 권리가 광범위하게 넓어질 것으로 예상된다. 그렇다면 수정란이 심각한 유전적 문제를 가지고 있을 때, 수정란 수준에서 이를 폐기할 권리로도 그 기준이 확장될 가능성이 있다.

- 유전자 조작 아기가 부분적으로라도 허용이 된다면 이후 그 범위를 넓힐 것을 주장하는 이들이 생길 것이고 실제로도 넓어질 가능성이 높다. 처음에는 헌팅턴 무도병이나 페닐케톤뇨증 같은 심각한 유전병의 경우에만 허용이 되겠지만, 이후 유방암이나 기타 치료 가능한 다양한 질병에도 선제적 치료를 요구할 수 있다.

- 초기에는 유전자 치료에 많은 비용이 들겠지만 이는 최신 기술이 처음 적용될 때 나타나는 필연적 현상이다. 치료가 대중화되면 자연스럽게 비용이 줄어들어 누구나 이를 활용할 수 있게 될 것이다. MRI나 인슐린 등도 처음에는 아주 고가였지만 지금은 일반 시민들도 이용할 수 있는 진단 및 치료법이다. 따라서 유전자 조작 비용이 고비용이기 때문에 이를 금지하는 것은 오히려 기술의 발전을 막는 결과를 낳을 수 있다.

주장 다지기

반론과 질문에 대한 답변 및 상대방 주장에 대한 추가 반론

- 부모는 태어날 아이가 건강하게 자라도록 조치를 취할 의무와 권리가 있다. 어릴 때 모유를 먹을지 우유를 먹을지에 대해서도 아이가 선택하지 않고 부모가 선택한다. 또한 백신 접종을 할지, 하지 않을지에 대해서도 아이가 아니라 부모가 선택을 한다. 이에 대해 누구도 아이의 선택권을 주장하지 않는다. 특히 생명에 심각한 영향을 주는 유전병에 대한 선제적 치료는 부모의 의무이자 권리라고 볼 수 있다.

- 유전자 조작 치료가 충분히 안전한 수준으로 발달한다면 생명을 위협하는 심각한 유전질환에 대해서는 치료를 허용하는 것이 사회적 수준에서 합의될 수 있을 것이다. 그러나 그 범위를 더욱 넓히는 것에 대해서는 보다 더 커다란 저항에 직면할 것이며, 이는 그때 다시 생각해 볼 수 있을 것이다.

- 유전자 조작 치료가 대중화되면 가격이 내려갈 것이고, 그에 따라 일반인들도 시술받을 수 있다는 지적은 올바르다. 그러나 이는 단지 한 측면일 뿐이며 유전자 조작 치료가 충분히 안전하다는 사회적 합의를 얻을 때까지는 금지되는 것이 맞다.

100가지 예상주제로 보는 과학토론 완전정복

개정 1쇄 인쇄 2021년 3월 30일
개정 3쇄 발행 2022년 4월 6일

지은이 박재용, 정기영
펴낸곳 (주)엠아이디미디어
펴낸이 최종현
기획 최종현, 김동출
편집 최종현, 김한나
교정 김한나, 이휘주
디자인 김진희, 이창욱

주소 서울특별시 마포구 신촌로 162, 1202호
전화 (02) 704-3448 **팩스** (02) 6351-3448
이메일 mid@bookmid.com **홈페이지** www.bookmid.com
등록 제2011-000250호
ISBN 979-11-90116-41-1 (43400)

책값은 표지 뒤쪽에 있습니다. 파본은 바꾸어 드립니다.